ライブラリ 例題から展開する大学物理学❷

例題から展開する
電磁気学

香取眞理・森山 修 共著

サイエンス社

サイエンス社のホームページのご案内
http://www.saiensu.co.jp
ご意見・ご要望は　rikei@saiensu.co.jp　まで.

まえがき

　本書は，理工系学部のいわゆる教養課程の科目として，電磁気学を半期で学ぶ学生のための教科書である．

　大学入学後，最初の半期で力学を学び，残りの半期で電磁気学を履修しなければならないが，電磁気学を学び始めると，ある種の戸惑いを覚える人も多いことだろう．

　最初の戸惑いは，電磁気学を学ぶために必要な数学の範囲が，力学に比べて広がってくることに起因している．電磁気学で使うベクトル解析の微分や積分定理などは，同時並行的に数学科目で別に習うはずであるが，実際にはまだ全く習わないうちに電磁気学で使わなければならない場面に出くわす．つまり，慣れないこと（電磁気学）を慣れない方法（ベクトル解析）で実践しなければならないことになる．大きな違和感を抱えながら，電磁気の勉強を進めていかなければならないのである．

　力学との違いも戸惑いを起こさせるかもしれない．微分方程式を使った解法や保存則の活用など，ニュートンの運動方程式を唯一の軸として話が展開する力学と異なり，電磁気学は静電気，導体の性質，電流，回路素子，静磁場，交流回路，電磁誘導，電磁波といった各論によって構成されるという印象を強く抱くようになってしまった学生が多く存在するのではないだろうか．古典力学の体系を“美しい”と感じることができた学生でさえも，「電磁気学は単に各論の集合体であった」という失望に近い感覚をもってしまう．そうなってしまうと，将来電気を専門とする学生を除いた多くの学生にとって，電磁気学の勉強が「必要な公式と典型的な問題の解き方を，とりあえずは期末試験に合格するまで覚えればよい」という一過性の修行に陥ってしまう危険性が生じてしまう．

　本書は，電磁気学の理解を助け，そして“教養”として読者の記憶に残り続けるようにするための工夫を行った．

　まず，電磁気学で必要となるベクトル解析を，本書ではあえて使わないことにした．（本書の最後では，ベクトル解析を少々使っているが，あくまでも例外的な使用である．）第1章で場の考え方を身につけることさえできれば，力学をしっかり学んだ学生にとっては，第2章で扱う静電場は中心力や位置エネル

ギーとの類似性のため，理解が容易に進むことであろう．また第2章と第4章では，ベクトル解析を使わずに，系の対称性を中心にした議論によって電気と磁気の性質を学ぶ．この方法が，多くの学生にとって，電磁気学を学ぶ際の敷居を下げる効果をもつことを期待している．（標準的な電磁気の教科書で扱われているベクトル解析の基礎や，それを使った電磁気学の数学的表現については，付録として掲載している．必要に応じて参照してもらいたい．）

　電磁気学が各論の集合体であるように思われる原因の1つとして，その基本法則が4つも存在することが挙げられるだろう．電磁気学の基本法則は19世紀の科学者が，既に完全な形で発見していて，さらに20世紀に入ってアインシュタインによって発見された相対性理論（相対論）により，電気と磁気の関連性がより深く理解されることになった．現在でも多くの教科書は，相対論の知識には触れずに，19世紀の科学者の「これこれの電磁気現象はこれこれの性質をもつ」という，観測事実をもとに電磁気学を理解するアプローチをとっている．他方，本書では，相対論の考え方を紹介することにより，磁場の正体は何か，右ねじの法則とは何か，にまで踏み込んだ解説を行うことにした．これにより，本書による一連の学習において，種々の電磁気学現象（特に電気と磁気）における一貫性を認識してもらうことを狙っている．相対論の考えをとり入れたアプローチをとる電磁気学の教科書としては

- 飯田 修一（監修，監訳），『復刻版 バークレー物理学コース 電磁気』，丸善，2013（本書の英語版である E. M. Purcell and D. J. Morin, *Electricity and Magnetism* 3rd Edition, Cambridge University Press, 2013 は単位系が SI に変更され，内容も大幅に追加されている．本書出版時において，翻訳本の内容は英語版の旧版のままであるため，可能であれば英語版も併せて参照されることを推薦する．）
- ファインマン（著），レイトン（著），サンズ（著），宮島 龍興（翻訳）『ファインマン物理学3 電磁気学』，岩波書店，1986
- ファインマン（著），レイトン（著），サンズ（著），戸田 盛和（翻訳）『ファインマン物理学4 電磁波と物性』，岩波書店，2002

がとりわけ有名であり，本書もこれら3冊を大いに参考にさせてもらった．

　本書の最大の特徴は，読者は例題を解きながら，物理学の考え方を身につけていくことができることである．学習の流れは通常，学校で習うときは"講義

まえがき iii

を受けた後に演習を行う"であり，教科書を読んで学ぶ場合は"解説を理解し，次に練習問題を解く"であるが，その逆のアプローチをとることになる．本書は電磁気学の教科書の中では入門的であり，初心者向けである．何事においても，初心者は目から（⇔ 解説を見る）ではなく，体（⇔ 演習を行う）で覚えていくものなのである．読者は例題の問題文を読み，考え，そしてペンをとって計算することにより，そこに埋め込まれている電磁気学の本質と考え方を"利き腕"から吸収していくことになるであろう．

本書を読了した読者は，身近な電気機器や電波を含めた電磁気現象が，"電荷が存在し，それらが強烈な力をおよぼし合う"ことだけが原因で起こるものであることを学ぶだろう．そして，各論の集合体のように思えた電磁気学も，実は古典力学と同様に美しい体系をもつものであることを知ることだろう．本書により，読者が物理学への興味を一層深めていただければ幸いである．

本書の出版にあたり，サイエンス社の田島伸彦氏および足立豊氏に大変お世話になった．心より感謝する．

2018 年 6 月

香取眞理　森山 修

目　　次

第1章　電磁気学の基礎，本書で学ぶこと　　　1

1.1　電　荷 1
1.2　場 の 導 入 5
1.3　電場と磁場 8
1.4　本書で学ぶこと 11

第2章　静 電 場　　　13

2.1　ガウスの法則 13
2.2　静電ポテンシャル 30
第2章　演習問題 43

第3章　磁場の発生起源と電磁気学の単位　　　46

3.1　磁荷不存在の法則 46
3.2　磁場が発生する仕組み 48
3.3　電磁気学の単位 59
第3章　演習問題 67

第4章　アンペールの法則　　　72

4.1　定常電流が作る磁場 72
4.2　アンペールの法則の一般化：変位電流 82
第4章　演習問題 87

第5章　電 磁 誘 導　　　89

5.1　磁場中を運動する導体 89
5.2　ファラデーの法則 93
5.3　自己インダクタンス 103
5.4　伝搬する場 108
第5章　演習問題 113

目　　次　　v

第6章　電磁気的なエネルギー　　117

6.1　静電エネルギー 117

6.2　回路素子がもつエネルギー 120

6.3　電磁場のエネルギー 125

第6章　演習問題 132

第7章　電磁ポテンシャル　　136

7.1　電磁場と電磁ポテンシャル 136

7.2　定常電流が作るベクトルポテンシャル 138

7.3　遅延ポテンシャル 142

7.4　等速直線運動する点電荷が作る電磁場 146

第7章　演習問題 154

付録A　直線状およびシート状電荷が作る静電場　　156

A.1　無限に長い直線状の電荷 156

A.2　無限に広いシート状電荷 157

A.3　電場の大きさの電荷からの距離依存性 158

付録B　特殊相対論の概要　　160

B.1　ローレンツ変換 160

B.2　固有の長さと固有時間 162

B.3　運動量とエネルギー 163

B.4　4元ベクトル 165

B.5　力 の 変 換 166

付録C　直線電流の近くを運動する荷電粒子にはたらく力　　168

C.1　電流と平行に運動する荷電粒子 168

C.2　電流に向かって垂直に運動する荷電粒子 170

付録D　ベクトル解析　　174

D.1　ベクトルの発散とガウスの定理 174

D.2　ベクトルの回転とストークスの定理 176

D.3　ベクトル解析の応用：電荷の保存 178

D.4　よく使うベクトル演算子と公式 178

付録 E　マクスウェル方程式　　180

　E.1　積分形と微分形 180

　E.2　電磁ポテンシャルを使った表現 182

演習問題解答　　185

索　　引　　205

例題の構成と利用について

導入 例題

　身近な話題をとり上げながらも，物理学を使いこなすために知っておかなければならない法則，概念，基本公式などを問う問題である．本書で描かれるストーリーの導入役を担う．科学の発展史の中で我々の先人が解明した物理法則を問う設問に対しては，その法則のことを全く知らない読者はうまく答えることができないかもしれない．また，物理学における概念，考え方の本質を問う問題の中には，物理未習者にはどう答えてよいのかわからないものもあることだろう．このように【導入】例題は最初に登場する問題ではあるが，単純な問題ではないこともある．答え方がわからない場合は，解答を見ながら考えてほしい．【導入】例題は本質をついた最重要練習問題である．何が問われ，何を答えるべきか，その内容をよく咀嚼することが大切である．

確認 例題

　【確認】例題は，【導入】例題や本文中で既に定義や考え方が提示された題材に対する，最も簡単な練習問題である．本書の内容を理解しながら読み進むことができている読者は，【確認】例題を容易に解くことができるだろう．

基本 例題

　【基本】例題は，本書における応用問題にあたるが，物理学全体の中では基本的・標準的な問題である．本書でそれまでに勉強した内容を思い出し，問題文中に記述されている状況をいくつかの数式に正しく翻訳することができれば，問題は解けたも同然である．【基本】例題を解くうちに，物理の問題を解くパターンが見えてくるはずである．

演習問題

　各章末には演習問題として発展的な問題を課してある．巻末に解答を与えてあるが，まずは独力でチャレンジしてみてほしい．うまく解けないときにも，すぐに解答を見てしまわずに，本文中の例題や解説を読み直して，再チャレンジしてみよう．この作業には時間がかかるが，この反復により，探究心，さらには研究心が育まれるのである．

第1章 電磁気学の基礎，本書で学ぶこと

　電気といえば夏の雷，冬場に感じる静電気，あるいは電気機器を動かす電源・電流などを思い浮かべることだろう．また，磁気といえば永久磁石や地磁気を連想することだろう．こちらもモーターや MRI（磁気共鳴画像）など，社会を支える技術の基礎になっている．このように，我々の生活が電気と磁気に依存しなければならなくなっていることは，誰の目にも明らかである．ただ，これら "電気" と "磁気" を扱う学問はそれぞれ独立した "電気学" と "磁気学" ではなく，"電磁気学" なのである．電気的および磁気的な性質（電磁気的な性質）は電荷の存在に起因しており，互いに関連し合っている．さらに，電波や光は電磁波の一種であり，電磁気学によって説明されるものなのである．これらの電磁気学的な現象と特徴を，これから順を追って学んでいくことにする．まずは本章で，必要となる前提知識を整理し，これから何を学ぶのかを明確にしておこう．

1.1 電　　荷

　電磁気的な性質の全ては，**電荷**の存在に起因している．電荷には，正の値をもつ**正電荷**と負の値をもつ**負電荷**の 2 種類が存在する．正電荷も負電荷も，ともに完全に同じ大きさ

$$e = 1.602176634 \times 10^{-19}\ \mathrm{C} \tag{1.1}$$

を最小単位としている [1]．この量を**素電荷**または**電気素量**という．C は電気量を表す単位を表し，**クーロン**と読む．物質を構成する**素粒子**のうち，**陽子**がもつ電荷の大きさは e であり，こちらを正の値とした．**電子**がもつ電荷の大きさは陽子と同じであるが，こちらは負の値 $-e$ をもつ．これら 2 つの素粒子に対して，**中性子**の電気的な性質は中性である [2]．

---

[1] BIPM, "9th edition of the SI Brochure", 2019.

[2] 我々の周りにある物質のほとんどは，陽子，電子および中性子からできているが，**反粒子**とよばれる素粒子も存在し，**反陽子**は負の，**陽電子**は正の素電荷をもつ．

2　　　　　　　第 1 章　電磁気学の基礎，本書で学ぶこと

正電荷同士は互いに反発し合う力（**斥力**）をおよぼす．負電荷同士がおよぼし合う力も同様に斥力である．他方，異なる符号をもつ電荷の**相互作用**は**引力**である．この電気的な力の大きさについて，以下の法則が知られている．

> **法則 1.1**　2 つの電荷がおよぼし合う力の大きさは，それぞれの電荷の大きさに比例し，それらの距離の 2 乗に反比例する（**クーロンの法則**）．

導入　**例題 1.1**

> 2 つの陽子（電荷の大きさはそれぞれ e）が距離 r を隔てて固定されていると仮定する．このとき，陽子間にはたらく電気的な力の大きさは $F_{\mathrm{e}} = k\dfrac{e^2}{r^2}$ で与えられる．k は定数で，その大きさは $k \fallingdotseq 9 \times 10^9$ である．F_{e} の大きさは陽子間にはたらく万有引力 F_{g} の何倍程度になるかを調べよ．万有引力定数は $G \fallingdotseq 6.7 \times 10^{-11}\,\mathrm{N \cdot m^2 \cdot kg^{-2}}$，陽子の質量は $m_{\mathrm{p}} \fallingdotseq 1.7 \times 10^{-27}\,\mathrm{kg}$ である．

【解答】　万有引力の大きさは $F_{\mathrm{g}} = G\dfrac{m_{\mathrm{p}}^2}{r^2}$ である．よって

$$\frac{F_{\mathrm{e}}}{F_{\mathrm{g}}} = \frac{ke^2}{r^2}\frac{r^2}{Gm_{\mathrm{p}}^2} \fallingdotseq \frac{9 \times 10^9 \times (1.6 \times 10^{-19})^2}{6.7 \times 10^{-11} \times (1.7 \times 10^{-27})^2}$$

$$\fallingdotseq 1.2 \times 10^{36}.$$

電気的な力は万有引力よりもはるかに強力であることが理解できるだろう．

導入　**例題 1.2**

> 力学の問題で惑星や人工衛星などの運動を考えるとき，はたらく力として万有引力のみを考慮すれば，公転運動の周期や速度などを正確に予測することが可能であった．他方，このような問題で電気的な力を考慮することはなかった．その理由を述べよ．

【解答】　惑星や人工衛星などは，それらがもつ正電荷と負電荷が正確に一致しており，電気的に中性である．これが電気的な力を考慮する必要がなかった理由である．他方，万有引力については，考える物体が大きくなればなるほど質

1.1 電 荷 **3**

量は増大するため，万有引力の効果はより重要になる．

物質を構成する**原子**は，陽子と中性子とからなる**原子核**を中心とし，その周りに電子が存在する構造をもっている．原子は 1Å（オングストローム）$= 10^{-10}$ m 程度の大きさをもつが，その中心の原子核は 10^{-14} m 程度の大きさしかない．つまり，原子全体の中で，正電荷をもつ原子核は，ほとんど"点"のような存在であることに注目しよう．電気的な力は，この原子核の大きさのスケールでも同様にはたらくことがわかっている♠3．反対に，大きな方のスケールでは，木星に関する観測で 10^5 km $= 10^8$ m まで電気力が同様にはたらくことが確認されている．これらの事実は，25 桁という膨大な長さのスケールでクーロンの法則が成り立っていることを示している．

ここで点電荷という概念を導入しよう．上記のように正電荷および負電荷の最小の存在はそれぞれ陽子や電子といった素粒子である．それらのスケールに比べ，はるかに大きなスケールでの電磁気現象に興味があるとき，任意の電荷量，例えば q クーロンを，（陽子や原子核，または原子のスケールよりはずっと大きいけれども）対象として考えている規模に比べると無視できる程度の体積領域に閉じ込めてしまえると考える（ただし，閉じ込める方法までは，今は考えないことにする）：

> 原子のスケール
>
> $\ll q$ クーロンの電荷を閉じ込める領域のスケール
>
> $\ll$ 対象とする電磁気現象のスケール．

すなわち，**対象にしている電気的な現象のスケールに比べ，q クーロンの電荷は非常に小さな範囲に存在しているとみなす**ことにするのである．すると，q クーロンの電荷は，ほとんど 1 点に集中して存在しているとみなしてよいことになる．このように，大きさは無視できるけれども，有限の電荷をもつ粒子を

♠3 原子核の内部には 10^{-14} m 程度の大きさに閉じ込められた陽子が**原子番号**の数だけ存在する．当然ながら，これらの陽子の間には，電気力による強烈な斥力がはたらき，原子核をバラバラにしようとする．その電気力による斥力に逆らい，原子核を結び付けている力は**核力**とよばれる．万有引力とも電気的な力とも異なる種類の力であり，いわゆる**原子力**のもとである．この核力，原子核とその周りの電子の間にはたらく力など，非常に微小なスケールで作用する力は，**量子力学**を使って記述する必要がある．

4　　　　　　　第 1 章　電磁気学の基礎，本書で学ぶこと

考え，以降，これを**点電荷**とよぶことにする．

　次に電荷量 q についても，素電荷の大きさに比べはるかに大きな値をもつと仮定してみよう．電荷の大きさは厳密には素電荷の整数倍の値をとる．すなわち "とびとび" の値だけをとることになるが，素電荷よりもはるかに大きな値をもつときは，その値が "なめらかに" 変化できると考えて差し支えない．さらに，そのような大きな電荷量をもつ点電荷がたくさんあり，それらが空間に密に配置されている場合には，電荷は空間的にも連続的に分布しているものとみなせるだろう．すると，各々の位置 $r = (x, y, z)$ および時刻 t において，単位体積あたりの電荷として**電荷密度**を定義し，それを

$$\rho = \rho(r, t) = \rho(x, y, z, t) \, \mathrm{C/m}^3$$

のように r と t の関数として表すことが可能になる．

　ここで電荷に関する重要な法則に触れておこう．

> **法則 1.2（電荷保存の法則）**　孤立系の電荷の和は保存する．

孤立系とは，外部（**外界**）とエネルギーや粒子などを交換しない，閉じた系のことを意味する．すなわち，ある孤立系を考えたとき，電荷が外部から流入，または外部に流出しない限り，系全体の電荷の総和は保存する．例えば空気を閉じ込めた箱に，（電気的に中性である）**光**や**ガンマ線**を照射することで，電荷をもった粒子を箱の中に生成することができる．そのときは必ず正と負の電荷が対で生成され，箱の内部に存在する電荷の総和は変化しない．

🛈 電荷のまとめ

- 電荷には正電荷と負電荷があり，その大きさの最小値が素電荷である
- 同符号の電荷は斥力の，異符号の電荷は引力の相互作用をおよぼし合う
- 電荷が 1 点に集中した状況を表す点電荷という概念と，電荷が空間的に連続的に分布した状況を表す電荷密度という関数を導入する
- 孤立系における電荷の総量は保存する

1.2 場の導入

カンカンに怒った人には近づきにくいものである．これは怒った人が，場の雰囲気をそうなるように変化させているからであろう．電磁気学では，このような"場"がいかに作られるか，を考えることがその主題の1つになっている．"場"とは何かについて，この節でじっくり考えてみることにしよう．

導入 例題 1.3

地球がある座標系の原点に固定されていると仮定する．その周りに位置する物体（人工衛星や月など）が，どの方向にどれくらいの大きさで，万有引力により引っ張られるかについてに考えてみよう．図に点線で描いた2つの同心円上のいずれかの位置に物体があるとき，その物体にはたらく引力を，次の3つの指示に従って矢印で表せ．
- 点線で描かれた円上の点を矢印の始点とすること．
- 2つの円それぞれに対して，始点を4つずつ選んで矢印を4つずつ描くこと．
- 引力の強さが大きいほど，矢印を長くすること．

【解答】 図に示す通り，矢印は
- 常に原点を向き，
- 矢の長さは原点（地球）に近づくほど長く，
- 同じ同心円を始点とする矢の長さは同じになるように描けばよい．■

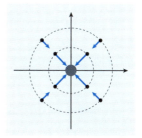

導入例題 1.3 で求めた矢印を次のように解釈してみよう．まず，地球と物体が直接的に力をおよぼし合っているのではなく
- 地球が存在することにより，導入例題 1.3 で求めた矢印で表されるような**場**が空間に作られ，
- その場の中に何か物体を置くと，物体はその地点の矢印の向きに，矢印の長さに比例した力で（原点方向に）引っ張られる．

6　　　第 1 章　電磁気学の基礎，本書で学ぶこと

　万有引力の例では，空間のある点を指定すると，その位置における力の向きと大きさが決まっていた．すなわち，**指定した位置にベクトルが割りあてられている**ことになる．このような場を**ベクトル場**という．他方，**空間の各々の位置にスカラー量が指定されている場**を**スカラー場**という．

> **確認 例題 1.1**
>
> 　以下に示すものを場と考えたとき，それらがベクトル場であるかスカラー場であるかを答えよ：(1) 位置エネルギー，(2) 保存力，(3) 天気予報における気圧配置図，(4) 台風の風向きを示す天気図．

【解答】 (1)　位置エネルギーは座標の関数であり，ある座標を指定すると，その位置におけるスカラー量である位置エネルギーの値が決まる．よって，位置エネルギーはスカラー場である．

　(2)　保存力は位置エネルギー U の勾配に負符号を付けた $-\nabla U$ で与えられるベクトルである．ある座標を指定すると，その位置における力の大きさと向きが決まるベクトル場である．

　(3)　天気予報で見かける気圧配置は，気圧の値を地図の等高線のように示した図である．ある座標を指定すると，その位置における気圧の値を示すスカラー場である．

　(4)　天気予報では，台風などの風向きを矢印で，強さを矢印の長さや色で表す場合がある．いずれの場合も，ある座標を指定すると，その位置における（ある時間帯での平均的な）風の向きと大きさを示したものであり，ベクトル場である．　　　　　　　　　　　　　　　　　　　　　　　　　　　　　　　　■

　導入例題 1.3 では，万有引力の大きさを矢印の長さで表したが，そのようにしなければならない，という決まりはない．例えば，確認例題 1.1 の小問 (3) や (4) の解答で言及したように，スカラー場の値やベクトル場の大きさを，線の疎密や色の違いで表しても構わない．

　最後に，再び万有引力を例にして，ベクトル場は数式を用いてどのように表すことができるか考えてみよう．

1.2 場の導入　　　7

> **導入** 例題 1.4
>
> 　質量 M の地球が，それよりはるかに小さい質量 m の物体と，万有引力によって互いに引き合っている．$M \gg m$ であるから，地球は常にある位置に静止していると考えてよく，その位置を原点 O とする．地球と物体の距離を $r = |\boldsymbol{r}|$，動径方向（すなわち地球から物体への向き）を向く単位ベクトルを $\widehat{\boldsymbol{r}}$ とすると，物体が地球から受ける万有引力は
>
> $$\boldsymbol{F} = -G\frac{Mm}{r^2}\widehat{\boldsymbol{r}} \tag{1.2}$$
>
> と表すことができる．ここで G は万有引力定数である．地球が作る万有引力の場を数式として定義したいとき，どのような候補が挙げられるか，(1.2) 式を参考に考察せよ．

【解答】 　物体の位置が指定されると，地球と物体の間の距離 r と動径方向の単位ベクトル $\widehat{\boldsymbol{r}}$ が決まる．万有引力の向きは常に地球の方を向いていて，その大きさは r の 2 乗に反比例し，地球の質量 M には比例する．また，地球が作る場を考えているので，場は物体の質量 m には依存しない．以上より，万有引力定数 G を含めて，ベクトル

$$\boldsymbol{G}_{\text{地球}}(\boldsymbol{r}) = -\frac{GM}{r^2}\widehat{\boldsymbol{r}}$$

が，地球が作る万有引力のベクトル場の候補となる．このベクトル場 $\boldsymbol{G}_{\text{地球}}(\boldsymbol{r})$ を使うと，質量 m の物体が位置 $\boldsymbol{r}$ にあるときに受ける力は $\boldsymbol{F} = m\,\boldsymbol{G}_{\text{地球}}(\boldsymbol{r})$ と表すことができる．　■

🛈 場のまとめ

- 2 つの物体が何らかの相互作用を行うとき，一方の物体が周りの環境に変化を引き起こし，その変化が他方の物体に影響をおよぼすと考える．この一方の物体が作る環境の変化を場という．
- ある位置において，場を特徴付ける量が風向きのように大きさと向きをもつような場をベクトル場という．
- ある位置において，場を特徴付ける量が標高のように値のみをもつような場をスカラー場という．

1.3 電場と磁場

ベクトル場である**電場 E** と**磁場 B** が，いかに作られ，どのような効果をもち，どのように変化するか，について考えることが電磁気学の主体である．

図に電場と磁場の例をそれぞれ 1 つずつ示す．図 (a) に矢印として示された電場は，正電荷をもつ静止した点電荷が作るもので，点電荷から放射状に湧き出し，また電荷からの距離が大きくなるほど，電場の大きさは減少する．電場の大きさは線の疎密で表され，密な場所で大であり，疎のときは小である．負電荷をもつ点電荷の場合であれば，矢印は反対に点電荷に吸い込まれることになる．電場を視覚化するために用いられるこのような線を**電気力線**という．

図 (b) は**永久磁石**（N 極の部分のみが描かれている）が作る磁場を示している．磁場の向きと強さ（電気力線と同様に線の疎密で表される）を表す線を**磁力線**という．永久磁石の場合，磁力線は N 極から湧き出し，S 極に吸い込まれる．

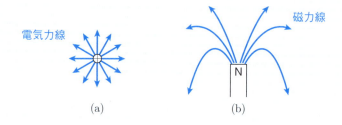

電場や磁場が，いかに生成されるかについては，後の章で詳しく学ぶことにして，ここで電場と磁場の定義を与えておくことにしよう．q クーロンの電荷をもった粒子（**荷電粒子**）があると仮定する．この粒子が電気的な力 F を受けるとき，その力は以下の関係を満たしている：

$$F = qE + qv \times B. \tag{1.3}$$

この式で E は荷電粒子が存在する位置における電場を，B は同じ位置における磁場を表す．また v は荷電粒子のもつ**速度ベクトル**を表す．(1.3) 式は電場 E および磁場 B からなる**電磁場**の下にある荷電粒子が受ける電磁気的な力を表すもので，**ローレンツ力**とよばれる．

ローレンツ力の式 (1.3) は電場と磁場の定義式である．(1.3) 式の右辺第 1 項が電場による力を表す．粒子が静止していようが，運動していようが，電荷 $q \neq 0$

1.3 電場と磁場

をもった荷電粒子に qE の力をおよぼす場が電場 E ということになる．(1.3) 式の右辺第 2 項が磁場による力を表す．荷電粒子がもつ速度ベクトル v と，荷電粒子の位置における磁場ベクトル B の**ベクトル積** $v \times B$ [♠4] に，さらに荷電粒子の電荷 q をかけたものが，磁場による力である．後の章で磁場の発生原因を学ぶことになるが，今の段階では，磁場とは，荷電粒子が受ける電気的な力のうち，粒子の速度に依存する力を生む場であると定義しておくことにする．

我々は以降の章で，電場 E や磁場 B がいかに作られ，どのような性質をもつかについて学ぶ．そこでは電荷の存在が電場を作り，電荷が動くと磁場ができることを知るだろう．そして，これら電場および磁場の "作られ方" を含め，電磁気的な性質のすべてを説明するものが，電磁気学の基礎方程式である次の 4 つの法則である：

- ガウスの法則，
- 磁荷不存在の法則，
- アンペールの法則，
- ファラデーの法則．

17 世紀のニュートンらによる古典力学の確立から約 200 年後の 19 世紀半ばに，これらの法則の記述がマクスウェル（1831–1879）により完成された．そして 20 世紀になるとアインシュタインにより**相対性理論（相対論）**が提唱され，その結果，物体の速さ v が光速 c に近くなる場合，ニュートン力学では現象を正しく記述できないことが判明し，古典力学は修正を余儀なくされた [♠5]．他方で，マクスウェルによって定式化された電磁気学の 4 つの法則においては，相対論の登場に伴う修正は不要であった．それは電磁気現象のすべては，電荷がもつ相互作用（引力と斥力）と，電荷が動くことにより示される相対論的な効果であったからである．すなわち，19 世紀の科学者が観測していた電磁気現象は，相対論的な効果そのものであったため，ニュートンの古典力学に対して必要となった修正は，電磁気学にはそもそも不要であった，というわけである．

ここで，電場および磁場に関するいくつかの注意点を挙げる．

ローレンツ力の式 (1.3) に現れる電荷 q は，もちろん自身の周りに電場を作り，それが動けば自身の周りに磁場も作る．しかし (1.3) 式の電場 E および磁場 B

[♠4] ベクトル $a = (a_x, a_y, a_z)$ と $b = (b_x, b_y, b_z)$ のベクトル積（あるいは**外積**）$a \times b$ は，$a \times b = (a_y b_z - a_z b_y, \ a_z b_x - a_x b_z, \ a_x b_y - a_y b_x)$ で定義されるベクトルである．

[♠5] ただし，$v \ll c$ では，相対論的力学は古典力学に帰着する．

10　　第 1 章　電磁気学の基礎，本書で学ぶこと

に，q の点電荷が作る電場と磁場は含まれない．$\boldsymbol{E}$ と $\boldsymbol{B}$ は，我々が目にしていない電荷が作る電場であったり，周りに配置された大きな永久磁石が作る磁場であったりと，あくまでも "外部の環境" が作ったものとして考える必要がある．

　一般に電場と磁場は位置と時間に依存して変化する．すなわち，両者は位置 $\boldsymbol{r}$ と時間 t の関数である：

$$\boldsymbol{E} = \boldsymbol{E}(\boldsymbol{r},t) = \big(E_x(\boldsymbol{r},t), E_y(\boldsymbol{r},t), E_z(\boldsymbol{r},t)\big),$$
$$\boldsymbol{B} = \boldsymbol{B}(\boldsymbol{r},t) = \big(B_x(\boldsymbol{r},t), B_y(\boldsymbol{r},t), B_z(\boldsymbol{r},t)\big).$$

位置ベクトル $\boldsymbol{r}$ の座標 (x,y,z) は，3 次元空間の位置を指定する変数であり，時間（時刻）t とは独立の変数である．質点の座標を $\boldsymbol{r} = (x,y,z)$ とし，それが時間 t の関数 $\boldsymbol{r}(t) = (x(t),y(t),z(t))$ であるように考えた質点の力学とは異なり，位置座標 (x,y,z) は空間に固定された目盛りを表す．すなわち，$\frac{\partial x}{\partial t} = \frac{\partial y}{\partial t} = \frac{\partial z}{\partial t} = 0$ である．

　次に**定常状態**とは何かについて考えてみよう．定常状態とは，状態が時間とともに変化していないことを意味している．例えば川の流れを考えてみよう．一般に水の流れは，時間によって変化している．しかし，水量が安定して，かつ無風のときには，水は確かに流れ続けているけれども，いたるところで水の流れの様子には時間的な変化が見られないような場面に遭遇することがある．このような流れを**定常流**という．水の流れの**速度場**は一般に位置と時間の関数 $\boldsymbol{v}(\boldsymbol{r},t)$ であるが，ある位置 $\boldsymbol{r} = (x,y,z)$ にのみ注目したとき，定常流では水の速度場 $\boldsymbol{v}$ に変化を見出すことができない．すなわち定常流の速度場は位置だけの関数 $\boldsymbol{v}(\boldsymbol{r})$ となる．今後，電場や磁場以外に，スカラー場である**電荷密度** $\rho(\boldsymbol{r},t)$ やベクトル場である**電流密度** $\boldsymbol{j}(\boldsymbol{r},t)$ などが登場することになるが，それらが "定常" であるとは

$$\boldsymbol{E}(\boldsymbol{r},t) \;\rightarrow\; \boldsymbol{E}(\boldsymbol{r}), \qquad \boldsymbol{B}(\boldsymbol{r},t) \;\rightarrow\; \boldsymbol{B}(\boldsymbol{r})$$
$$\rho(\boldsymbol{r},t) \;\rightarrow\; \rho(\boldsymbol{r}), \qquad \boldsymbol{j}(\boldsymbol{r},t) \;\rightarrow\; \boldsymbol{j}(\boldsymbol{r})$$

のように時間 t を陽に含まないことを意味する．

🛈 電場と磁場のまとめ

- 電磁気学が扱う物理量は，ベクトル場である電場と磁場である
- 電場と磁場は，一般に位置 $\boldsymbol{r}$ と時間 t の関数である
- (1.3) 式で表されるローレンツ力は，電磁気的な力を表す式であると同時に，電場と磁場の定義式でもある

1.4 本書で学ぶこと

　本書の目的は，19世紀の科学者が完成させた4つの法則を学ぶことで，電磁気の性質を大局的に理解することである．そこに，20世紀になってから判明した事実も交えながら，話を進めることにする．

　第2章で，**ガウスの法則**を学ぶ．この法則は，電荷と電場の関係を特徴づけるものであり，特に第2章では，電荷が空間に固定されて動かないときに生じる電場，**静電場**の性質を学ぶ．

　第3章では，磁荷が存在しないことと，動く電荷が磁場を作ることについて学ぶ．また磁場の発生と電磁気学の単位が密接に関連していることから，ここで電磁気学における種々の単位と，それらの間の関係を整理しておくことにする．

　第4章では，**電流**と磁場を関係付ける**アンペールの法則**を学ぶ．章の前半では，定常的な電荷の流れ，すなわち**定常電流**が作る磁場の性質を詳しく学ぶ．また，章の最後では定常電流に限らなくても，アンペールの法則が一般的に成り立つようにするためにマクスウェルが付加した**変位電流**という概念を学ぶ．

　第5章では，**ファラデーの法則**を学ぶ．この法則は**電磁誘導の法則**ともよばれる．時間的に変動する磁場と起電力を関係付ける法則であり，モーターや発電機の原理になっている．その上で，電磁波の発生にも言及する．

　第6章では，電磁気学におけるエネルギーの形を議論する．静止した電荷，抵抗，コンデンサー，およびコイルといった電気回路素子，さらに電磁波がもつエネルギーについて考えることにする．

　そして最後の第7章で，動く電荷が作る電磁場について考えてみることにする．

ちょっと寄り道　　「物理って何の役に立つの？」

　力学ではさほどでもないかもしれないが，電磁気学を学び始めると「いよいよ "役に立つ" 学問の勉強が始まった」と考え，背筋の伸びる学生も多くなるのかもしれない．身近に存在する家電製品や通信機器がそう感じさせるように，社会生活の基盤となった電気は，確かに，現代においてなくてはならない存在である．自分の生活に直接的に役に立つものに関する原理を学ぶことに喜び，期待を抱くことは無理もないことである．それにしても，世の中には "役に立つ" ものを崇拝する御仁が多いように感じられる．

12　第1章　電磁気学の基礎，本書で学ぶこと

著者は学生時代に "パターン形成" を研究する研究室に所属していた．「どういうことをやっているところなの？」と聞かれれば，いつも「形に関することはなんでも．例えば，ラーメンに油の球が浮かんでるでしょ．その直径を測定して，分布がどうなっているかを調べるとかね」と答えていた．わかりやすい例がよかろうと，いつもラーメンの油を例に挙げるのだが，ほとんどの場合「それって何の役に立つの？」と聞かれることになるのであった．まあ実のところ，ラーメンの油を見つめることが役に立つことにつながるわけがないのだが，そもそも学問において「役に立つものは，ときどきはある」のであり，全体としては役に立たないものがほとんどなのではないだろうか．（質問者は経済的効果をもつという意味で "役に立つかどうか" を知りたいのだと著者は解釈している．）

ただ，直観的には "役に立っていそうな" 学問である電磁気学も，役に立つために始まったかといえば，決してそうではないのではないだろうか．電流を流すと近くに置いた方位磁針がピクンと動くような実験も，今でこそ "役に立つ" ありがたい電磁気学の一環として習うのであるが，それが発見された時代では，「あんな実験をして何の役に立つのかしら？」といわれて，好奇の目で見られていたのではなかろうか．人類が文明を維持するために必要不可欠になった電気も，「人類が知的好奇心を満たす」ために研究が始まり，時代の流れとともに「その知識を深めていく過程」において，副次的効果として "役に立つ" 電磁気現象の発見や技術の発明が生じたのではないだろうか．

それにしても，人はなぜ「何の役に立つか」を知りたくなるのだろうか．ある話題に関して，門外漢（メディアの司会者，インタビューアーなど）が専門家に何か質問する際に，「何の役に立つの？」というフレーズはとても便利なものだから，皆が使う，つい使ってしまう，使わざるをえないのかもしれない．そうだとすると話は単純であり，まあそれはそれで仕方がないことかもしれない．あるいは，人類の文明が少しでも発展することを，人類の一員として期待しているのかもしれない．つまり，オリンピックなどで "ごひいき" の選手の活躍を素直に喜んでしまうように，「何の役に立つの」という問をつい口にしてしまう彼ら，彼女らは，ノーベル賞受賞者などの偉大な発見者や発明者を自分と同一視し，心地よい気分を味わっていたいのかもしれない．他方，学問といえば，こちらはむしろ文化の方に属するものであり，学問が文明の発達に役に立つことはあくまでも2次的な効果なのだ．「××って何の役に立つの？」とすぐに思ってしまう人は，学問は文化であることを知り，知的生物としての人類がもつことができる文化の習得に，もう少し努力してくれることを望む．（OM）

第2章 静 電 場

　電荷が存在することにより，その周りにどのような電場が作られるのだろうか．ガウスの法則は，この問いの答えを与えてくれる．この章で，静止した点電荷や，ある対称性をもって連続的に分布する静止した電荷が作る電場（静電場）を，ガウスの法則を使って具体的に求めてみる．次に静電ポテンシャル（電位）を定義する．電場の中で電荷を運ぶのに必要な仕事が，静電ポテンシャルである．もし静電ポテンシャルが既知であるならば，その勾配を計算することにより，電場を求めることができる．この関係は，力学における位置エネルギーと保存力の関係と全く同じである．

2.1　ガウスの法則

　電荷と電場の関係を記述するガウスの法則は，電磁気学の最も基本的な法則の1つである．ガウスの法則を理解するには，まず**電束**の定義を知っておく必要がある．電束とは，任意の形の面に対し，それを貫く電場の流量を表す

誘電率 × 電場 × 面積

の次元をもつスカラー量である．（**誘電率**とは物質によって決まる定数のことである．例えば，空気中の電磁気現象を考えるときは，"空気の誘電率"を，水中では"水の誘電率"を用いる．本書ではほとんどの場合で真空中の電磁気現象を考えている．以下，特にことわらない限り，真空の誘電率を記号 ε_0 で表すことにする．）

　簡単な例として，平らな円板を一様な電場が貫くときの電束を考えてみよう．図 (a) に示されたように，水平方向を向く一様な電場（図では3本の矢印で表されている）の中に，円板を寝かせて置くと，電場を表す矢印が円板を貫かない．この場合の電束の大きさを零とする．反対に，電場が円板を垂直に貫くとき（図 (b)），電束は最大値「誘電率 × 円板上の電場の大きさ × 円板の面積」をとる．円板を穴の空いた輪と考え，矢印を水の流れとみなせば，最も効率よく水が輪を通過できるのは，この配置であることは明らかであろう．電束が最大値

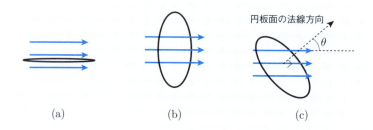

(a)　　　　　(b)　　　　　(c)

をとる理由もこれと同じである．電場が円板を斜めに貫くときは，円板に垂直な方向（これを円板面の**法線方向**という）と電場のなす角度を θ として（図 (c)）

誘電率 × 円板上の電場の大きさ × 円板の面積 × $\cos\theta$

が円板を貫く電束として定義される．この定義によれば，図 (a) の配置では $\theta = \frac{\pi}{2}$，すなわち $\cos\theta = 0$ であり電束は確かに零になり，図 (b) の配置では $\theta = 0$，すなわち $\cos\theta = 1$ であり電束は確かに最大値をとることになる．

電束に関して，もうひとつ約束事がある．我々は，これから "閉じた面" に関する電束を計算することになる．閉じた面の意味については，例えばラグビーボールを思い浮かべてほしい．ラグビーボールは中空であり，ボール表面に関して内側と外側を明確に区別することができる．ラグビーボールの皮の厚さが無視できるくらい薄いと考えたとき，この裏表のあるボール表面のことを閉じた面という．閉じた面を**閉曲面**ともいう．他方，薄い盃のような形のものについては，存在するのは表面のみであり，閉じた面ではない．さて，電束に関するもうひとつの約束事の話に戻る．それは，閉じた面の内から外に電場が貫通するとき電束の符号は正，外から内に貫通する場合は負と決めておくということである．

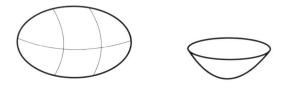

この電束を使うと，ガウスの法則は以下のように表される：

2.1 ガウスの法則

法則 2.1（ガウスの法則） ある閉じた面の**電束**は，その面の中に含まれる電荷の総和に等しい．

　ガウスの法則は，無条件に成立する電磁気学の基本法則である．ある電荷分布をもつ系に対して，いかなる閉じた面を選んでも成立し，電荷が動いていても，正しいことが知られている．ただし，電荷が動くと磁場が発生してしまい，話が複雑になってくる．そこで，この章では静止している電荷についてのみ考えることにする．このように仮定すると，存在する電荷によって発生する電場のみを考えればよいことになる．すると，考えるべき問題は「特定の電荷分布を考えたとき，それがどのような電場を周りに作るのか」ということになる．そして，ガウスの法則は，いくつかの"対称性のよい"電荷分布に対して，この問いに答えてくれる．この節で，電荷と電場の関係をガウスの法則を使って詳しく調べることにする．

　ガウスの法則の具体的な使い方を考えるとき，最初にとり上げるべきは，最も単純な例である点電荷である．まずは点電荷が作る場の対称性について，考えてみることにしよう．

導入　例題 2.1

ある電荷量をもつ点電荷が，原点に固定されているとする．この電荷が作る電場の特徴について，以下の設問に従って考察せよ．

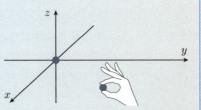

(1) 原点に固定された電荷が正電荷であるとしよう．ここで，1 C の別の電荷♠1 を手にもって，任意の位置で静止させるためには，手はどの向きに力を加える必要があるだろうか．その力は電気力に逆らうために必要なものであり，電気力の向き，

♠1　1.1 節冒頭の (1.1) 式とその直後に述べたことから，1 C は陽子約 6.24×10^{18} 個分の電荷であるが，当分の間は，電荷の単位としてどうしてこの値が選ばれたのかには深入りしないことにしよう．謎解きは 3.3 節で行うことにする．

すなわち電場の向きはその逆向きである．以上を考慮し，原点の正電荷が作る電場の向きを考察せよ．
(2) 原点の電荷が負電荷の場合ではどうであろうか．
(3) この系を，原点を中心に回転させたとき，系の様子は何か変化をみせるだろうか．
(4) 小問 (3) の答えを考慮し，点電荷が作る電場の大きさがもつべき特性を挙げよ．

【解答】 (1) 点電荷は正電荷なので，同じく正電荷である 1 C の電荷は斥力を受ける．斥力の方向は原点と 1 C の電荷を結ぶ直線に沿っていて，原点から遠ざかる向きである．これが原点に固定された正の点電荷の作る電場の向

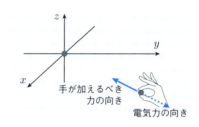

きである．したがって，この 1 C の電荷を静止させておくには，逆向き，すなわち原点に向かって力を加えておかなければならない．1 C の電荷が任意の位置にあっても同様である．よって，原点にある正の点電荷は，原点から周囲に放射状に湧き出す電場を作ることになる．

(2) 原点の点電荷が負電荷のときの答えは，小問 (1) の答えで斥力であった電気力を，引力とすることだけで得られる．原点にある負の点電荷は，周囲の各点から原点に向かってまっすぐ吸い込まれる電場を作ることになる．

(3) 原点を中心に系を回転させたとしても，回転前と回転後の区別をつけることはできない．

(4) 原点から距離 r に位置する点は，原点を中心とする任意の回転操作を行っても，原点を中心とする半径 r の球面上のみを移動する．また，小問 (3) の答えより，任意の回転操作の前後で，物理的な特徴に変化を見出すことはできない．このことは，電場の大きさは半径 r の球面上ではどこでも同じでなければならないことを意味している．

導入例題 2.1 の答えは，点電荷が作る電場の**球面対称性**を表している．点電荷が作る電場の特性をまとめると

2.1 ガウスの法則

- 点電荷が正電荷の場合，それが作る電場は点電荷から周囲に放射状に湧き出し，負電荷の場合は，周囲の各点から点電荷にまっすぐに向かって吸い込まれる
- 点電荷を中心とする球面上のいたるところで，電場の大きさは等しい

となる．位置 $\boldsymbol{r}=(x,y,z)$ における電場は，一般には位置座標 (x,y,z) の関数 $\boldsymbol{E}(\boldsymbol{r})=\boldsymbol{E}(x,y,z)$ であり，よってその大きさ $E(\boldsymbol{r})=|\boldsymbol{E}(\boldsymbol{r})|$ も $\boldsymbol{r}=(x,y,z)$ の関数である．しかしながら，点電荷が作る電場の大きさは，以上の性質より，点電荷からの距離 $r=\sqrt{x^2+y^2+z^2}$ だけの関数 $E(r)$ で与えられることになる．また，電場が原点から放射状に湧き出すか，または原点に向かってまっすぐ吸い込まれるということは，点電荷を中心とする球面上のいたるところで，電場の向きと球面が直交していることを意味している．

点電荷が作る電場の特性を確認したところで，その具体的な表式をガウスの法則から求めてみよう．

導入 例題 2.2

空間に固定された電荷量 q の点電荷が作る電場の大きさ $E(r)$ を，以下の誘導に従ってガウスの法則より求めよ．

法則 2.1 で言及されている「ある閉じた面」のことを**ガウス面**ということにする．ガウス面とは，そこに何か物体が存在するようなものではなく，あくまでも空間に存在するとみなした仮想的な面のことである．

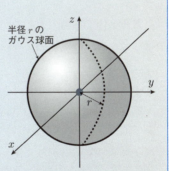

このガウス面として，図（点電荷の位置を原点にしている）に示したように，点電荷を中心とする半径 r の球面を選び，これを"半径 r のガウス球面"とよぶことにする．電場とガウス球面はいたるところで直交し，また，ガウス球面上で電場の大きさは $E(r)$ で等しいので，電束は以下の関係式

$$\text{電束} = \varepsilon_0 \times E(r) \times (\text{半径 } r \text{ のガウス球面の表面積}) \tag{2.1}$$

から求まる．電束は，閉曲面であるガウス球面の内から外に貫通するとき

18   第 2 章 静 電 場

に正と定義したので，$E(r) > 0$ は内から外へ抜ける電場を，$E(r) < 0$ は外から内へ入る電場を表すことになる．ガウスの法則を使い，$E(r)$ の式を求めよ．

【解答】 半径 r のガウス球面の表面積は $4\pi r^2$ である．これを (2.1) 式に代入すると

$$電束 = \varepsilon_0 \times E(r) \times 4\pi r^2 = 4\pi\varepsilon_0 r^2 E(r).$$

ガウスの法則によると，電束はガウス球面内部に存在する電荷の和に等しく，今回の場合，その値は点電荷の電荷量 q である．以上より，点電荷が距離 r だけ離れた位置に作る電場の大きさは

$$電束 = 4\pi\varepsilon_0 r^2 E(r) = ガウス球面内部の総電荷 = q$$

$$\implies \quad E(r) = \frac{1}{4\pi\varepsilon_0} \frac{q}{r^2} \tag{2.2}$$

であることがわかる．点電荷が作る電場の大きさは，電荷量 q に比例し，点電荷からの距離 r の 2 乗に反比例する．

 点電荷が作る電場の大きさがわかったところで，静止する 2 つの点電荷がおよぼし合う力（**静電気力**）の表式を求めてみよう．

導入 **例題 2.3**

 電荷量 q_1 をもつ点電荷 1 が，3 次元座標の原点に固定されている．ここに電荷量 q_2 の別の点電荷 2 を運んできて，位置 $\boldsymbol{r} = (x, y, z)$ に固定した．点電荷 2 が点電荷 1 から受ける電気力 $\boldsymbol{F}_{1 \to 2}$ の表式を以下の手順で求めよ．

(1) （原点に固定された）点電荷 1 が，位置 $\boldsymbol{r} = (x, y, z)$ に作る電場ベクトル $\boldsymbol{E}_1$ の表式を，電場の向きも考慮に入れて求めよ．

  ヒント：$q_1 > 0$ の場合，電場は原点から放射状に湧き出すので，位置 $\boldsymbol{r}$ における電場の向きは $\boldsymbol{r}$ と同じ向きをもつ．$q_1 < 0$ のときは，電場は原点に吸い込まれるので，電場の向きは $-\boldsymbol{r}$ となる．よって，q_1 の符号を考慮すると，

電場 $\boldsymbol{E}_1$ の向きは $q_1\boldsymbol{r}$ の向きと同じである．これに加え，電場の大きさ $|\boldsymbol{E}_1|$ が，(2.2) 式と一致するベクトルを求めればよい．

(2) 点電荷 2 が点電荷 1 から受ける電気力 $\boldsymbol{F}_{1\to 2}$ の表式を，ローレンツ力の式

$$\boldsymbol{F} = q\boldsymbol{E} + q\boldsymbol{v} \times \boldsymbol{B} \tag{2.3}$$

から求めよ．

ヒント：ローレンツ力の式 (2.3) における $\boldsymbol{F}$ を点電荷 2 が受ける電気力であると考えると，q は点電荷 2 がもつ電荷量であり，$\boldsymbol{v}$ は点電荷 2 がもつ速度ベクトルである．これに対して，ローレンツ力の式 (2.3) の $\boldsymbol{E}$ は点電荷 2 以外の電荷が作る電場（したがって，今の場合は点電荷 1 が作る電場）を表している．

【解答】 (1) 点電荷 1 が，位置 $\boldsymbol{r}$ に作る電場の大きさは，導入例題 2.2 の答えより $\dfrac{1}{4\pi\varepsilon_0}\dfrac{q_1}{r^2}$ である．ここで $r = |\boldsymbol{r}| = \sqrt{x^2+y^2+z^2}$．ヒントで与えられた電場の向き $q_1\boldsymbol{r}$ を考慮すると，位置 $\boldsymbol{r}$ における電場ベクトルは，ベクトル $\boldsymbol{r}$，またはその単位ベクトル

$$\widehat{\boldsymbol{r}} \equiv \frac{\boldsymbol{r}}{r} \tag{2.4}$$

を使って

$$\boldsymbol{E}_1(\boldsymbol{r}) = \frac{1}{4\pi\varepsilon_0}\frac{q_1}{r^3}\boldsymbol{r} \quad \text{または} \quad \boldsymbol{E}_1(\boldsymbol{r}) = \frac{1}{4\pi\varepsilon_0}\frac{q_1}{r^2}\widehat{\boldsymbol{r}} \tag{2.5}$$

と表すことができる．

(2) 点電荷 2 が受ける力を考えているので，ローレンツ力の式 (2.3) における q は q_2 に，$\boldsymbol{E}$ は点電荷 1 が作る電場 $\boldsymbol{E}_1$ にそれぞれ該当する．また点電荷 2 は静止しているので，ローレンツ力の式 (2.3) に現れる点電荷 2 の速度 $\boldsymbol{v}$ は零である．以上より

$$\boldsymbol{F}_{1\to 2} = q_2\boldsymbol{E}_1(\boldsymbol{r}) = \frac{1}{4\pi\varepsilon_0}\frac{q_1 q_2}{r^3}\boldsymbol{r} \quad \left(\text{または} \quad \frac{1}{4\pi\varepsilon_0}\frac{q_1 q_2}{r^2}\widehat{\boldsymbol{r}}\right) \tag{2.6}$$

となる．2 つの点電荷がおよぼし合う力は，それらがもつ電荷が同符号（$q_1 q_2 > 0$）のときは確かに斥力であり，異符号（$q_1 q_2 < 0$）のときは引力になっている．(2.6) 式は，静止する 2 つの点電荷がおよぼし合う力を表す**クーロンの法則**として知られている．

20　　　　　　　　　　　　　第 2 章　静　電　場

　電荷が球状に，かつ，球内に一様に分布しているときは，どのように考えれ
ばよいだろうか．この場合も，球の中心を原点とする座標系をとり，原点を含
む任意の軸の周りを回転させても（すなわち，x 軸の周りに回転させても，y 軸
の周りに回転させても，z 軸の周りに回転させても），系に変化は見られないは
ずである．つまり，電場は点電荷の場合と同様に球対称性をもっている．よっ
て，電場の大きさは，球状電荷の中心である原点からの距離 r だけの関数 $E(r)$
で表される．また，生じる電場も原点から放射状に広がる，もしくは原点に向
かってまっすぐに吸い込まれる．

確認 **例題 2.1**

　総量 q の電荷が，半径 R の球体内に一様に分布している．この電荷分布
が作る電場の大きさ $E(r)$ を以下の設問に従って導け．ここで r は，球体
の中心を座標の原点としたときの，原点からの距離を表す．

(1)　ガウス面として，どのような面を選べばよいか．

(2)　電荷が存在する領域外（$r > R$）における電場の大きさは，点電荷の
　　　作る電場の式 (2.2) に等しいことを示せ．

(3)　$r \leq R$ の領域，すなわち電荷が存在する球体内部における電場の大
　　　きさを，以下の手順で求めよ．

　(a)　電荷が存在している領域における**電荷密度** ρ を求めよ．ただし，
　　　　電荷密度とは単位体積あたりに含まれる電荷量を意味する．単位は
　　　　$\mathrm{C/m^3}$ である．

　(b)　半径 r のガウス球面の内部に含まれる電荷量を求めよ．

　(c)　$r \leq R$ の領域における電場の大きさを求めよ．

【解答】　(1)　考える系の球面対称性により，生じる電場の大きさは原点からの
距離 r の関数 $E(r)$ であり，電場ベクトルは原点から放射状に広がるか，原点
に向かってまっすぐに吸い込まれる．よって，ガウス面も点電荷のときと同様
に，原点を中心とする半径 r のガウス球面を選べばよい．

　(2)　電場の大きさは半径 r のガウス球面上で一様な値 $E(r)$ をもち，電場の
向きはガウス球面を垂直に貫く向きをもつ．よって，電束の値は導入例題 2.2 で

求めた，点電荷の場合と同じで $4\pi\varepsilon_0 r^2 E(r)$ となる．また $r > R$ なので，半径 r のガウス球面内部に全電荷 q が含まれる（図）．以上より，ガウスの法則による計算は，導入例題 2.2 の場合と全く同じであり，求める電場の大きさは，点電荷が作る電場の大きさに等しいことが結論される．

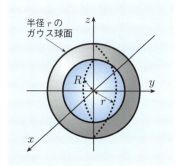

(3) (a) 半径 R の球の内部に，電荷 q が一様に分布しているものとしたので
$$\rho = q \div \frac{4}{3}\pi R^3 = \frac{3q}{4\pi R^3}.$$

(b) 求める電荷量は，電荷密度と半径 r のガウス球面を表面とする球の体積との積であり，$\rho \times \frac{4}{3}\pi r^3 = q\left(\frac{r}{R}\right)^3$ である．

(c) $r \leq R$ の場合でも，半径 r のガウス球面における電束は小問 (2) で言及された $4\pi\varepsilon_0 r^2 E(r)$ に等しい．ガウスの法則に，この電束と小問 (3) (b) で求めた半径 r のガウス球面内の総電荷を代入すると

$$4\pi\varepsilon_0 r^2 E(r) = q\left(\frac{r}{R}\right)^3$$
$$\implies E(r) = \frac{q}{4\pi\varepsilon_0}\frac{r}{R^3}. \qquad ∎$$

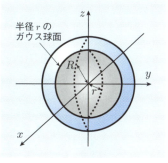

$r \leq R$ の場合

半径 r の球面上のみに総電荷 q が一様に分布している**球殻状の電荷**は，どのような電場を作るだろうか．これも確認例題 2.1 と同様に考えればよい．すなわち，**球殻の外部に作られる電場は，球の中心に電荷 q の点電荷があるときの電場と同じで，球殻の内部では（球殻内部に電荷が存在しないので）電場はいたるところで零になる**，が答えである．球殻の内部では，周りを囲む電荷が作る電場は互いに相殺し合い，きれいさっぱりなくなるのだ．球殻の中心に関しては，電場が相殺されて零になることは対称性から明らかであろう．ただ，球殻の中心以外の点でも零になることは自明ではないかもしれない．この話題は次節の最後にもう一度考えてみることにしよう．（導入例題 2.10 およびその後の説明を参照．）

次に，無限に長い直線状に分布した電荷は，どのような電場を作るかを考察してみよう．まずは"系の対称性"を考察することにしよう．

導入 例題 2.4

無限に長い一様な直線状の電荷が存在しているとする．

(1) (a) 直線状電荷を x 軸に一致させることにする．ここで，図のように x 軸の正と負の向きを入れ替えると，系に何か変化が起こるだろうか．

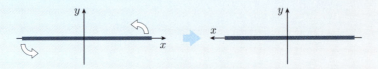

(b) 生じる電場が図のように，x 軸に平行な成分をもつと不都合が生じる．その不都合とは何かを説明せよ．このことから，直線状電荷が作る電場は，直線状電荷に垂直であることが結論される．

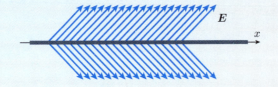

(2) 観測者がある位置で立ち止まり，電場を観測した．続いて観測者は直線状電荷上を平行移動し，再び立ち止まった後，電場を観測した．電場の様子は変化するだろうか．

(3) (a) 電荷が存在する直線を軸にして，系全体を図のように回転させたとき，系に何か変化が起こるだろうか．

(b) 直線状電荷に垂直な面上で，電場ベクトルはどのような向きをもつかについて考察せよ．電場の大きさの電荷からの距離依存性についても定性的に考察せよ．

2.1 ガウスの法則　　23

【解答】 (1) (a) 電荷は一様に分布しているので，x軸の正と負の向きを入れ替えても（反転させても），系は不変でなければならない．つまり，この系はx軸の向きに関する**反転対称性**をもっている．

(b) 電場が設問の図に示されたような直線状電荷に平行な成分をもつと，x軸の向きを反転させることで，電場は下図のように変化してしまう．これは，小問 (1)(a) で議論した，系がもつ反転対称性と矛盾する．よって，作られる電場の向きは，x軸，すなわち直線状電荷と直交していなければならないことが結論される．

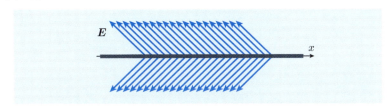

(2) 電荷は一様なので，観測者が電荷に沿って平行移動しても，景色は同じに見えるはずである．これを系の**並進対称性**という．この性質は電場に対しても同様に成立し，観測者が直線状電荷上に位置している限り，図に示すような電場は変化を見せないはずである．

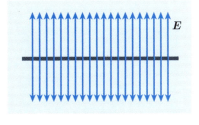

(3) (a) 直線状電荷を軸に回転させても，系は全く変化をみせないはずである．すなわち，系はx軸の周りの**回転対称性**をもっていることになる．

(b) 生じる電場がx軸の周りの回転対称性を満たすためには，直線状電荷と垂直な断面において，正の電荷分布に対しては電荷から放射状に湧き出し（図），負電荷に対しては電荷にまっすぐ吸い込まれるような電場が生じていなければならない．また，電荷からの距離が等しい，直線状電荷を中心とする同心円上では，系の状態は全く同じでなければならない．このことは，その同心円上では電場の大きさが等しくならなければならないことを意味している．■

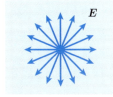

直線状の正電荷に垂直な断面における電場ベクトルの様子．

24   第2章 静 電 場

導入例題 2.4 が示したことは，無限に長い直線状電荷は，**軸対称性**をもつ電場を作るということである．直線状電荷は無数の点電荷を集めたものとみなせることを使って，この対称性について，もう一度考えてみよう．

導入 例題 2.5

(1) 図のように，2つの点電荷が x 軸上に，原点を挟んで y 軸に関して対称的に配置されているとする．また2つの電荷は，ともに正の電荷をもち，その大きさは同じであるとする．このとき，図の × 印で示された y 軸上の点に，2つの電荷が作る電場ベクトルをそれぞれ矢印で図示せよ．

(2) 2つの点電荷によって作られる電場の x 成分は，y 軸上のすべての点において零であることを示せ．

(3) x 軸上に電荷が一様に（線状に）分布しているときも，y 軸上に作られる電場の x 成分が零であることを示せ．

ヒント：小問 (1) で考えたような y 軸に対して対称的に配置された2つの点電荷を，間隔を変えながら，かつ電荷密度が一様になるように無限に敷き詰めることにより直線状の一様な電荷分布が作られると考えてみよ．

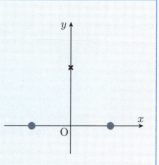

【解答】 (1) 作られる電場はそれぞれ，点電荷と y 軸上の点を結ぶ直線に平行で，点電荷から湧き出す向きをもつ（図）．2つの点電荷が作る電場の大きさは同じであるため，2本の矢印も同じ長さをもつ．

(2) 点電荷は y 軸に対して対称に配置されているので，x 軸上に置かれた2つの点電荷が作る電場の x 成分は，y 軸上の点 × におい

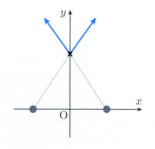

て，大きさが同じで，向きが逆である．よって2つの電場の x 成分は，互いに打ち消し合うことになる．他方，電場の y 成分はともに正の向きをもつ．よって，電場ベクトルの和は y 成分しか残らない．これは y 軸上のすべての点で同

様である．

(3) ここまで考えてきた2つの点電荷の内側の x 軸上に，やはり y 軸に対して対称的に2つ，原点に1つ，計3つの点電荷を追加してみる（図）．原点の点電荷が y 軸上に作る電場は，明らかに y 軸に平行である．追加した他の x 軸上の2つの点電荷は，小問 (2) で考えたように，y 軸に平行な電場を y 軸上に作る．点電荷間の間隔を変えながら，かつ点電荷の密度が一様になるように，このような点電荷の対を x 軸上にさらに加えていくことにより，無限に長い一様な直線状の電荷分布を作ることができる．電場の x 成分がちょうど打ち消されるように電荷を追加していったので，x 軸上に直線状電荷が形成されても，y 軸上の電場の x 成分は相変わらず零のままである．■

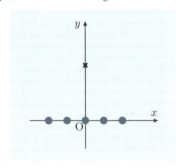

導入例題 2.5 で，x 軸上に電荷が一様に（無限に長く）分布しているとき，この電荷分布が作る電場の x 成分は，y 軸上では零であることを示した．x 軸上を点電荷で埋め尽くした結果，系は x 軸に沿った平行移動に対して，不変性をもつようになった．よって，"y 軸上で" という制約はもはや必要ではない．すなわち，電場は全空間で直線状電荷に直交する向きをもつと結論される．

直線状電荷が作る電場の大きさの表式を具体的に求めてみよう．導入例題 2.4, 2.5 より，このような電荷が作る電場は

- 直線状電荷に垂直な成分のみが存在し
- その大きさは直線状電荷からの距離 r の円柱面上で等しく
- その向きは直線状電荷から放射状に湧き出すか，または吸い込まれる

ことがわかった．これらの知識をもった上で，ガウスの法則を利用してみることにしよう．

導入 例題 2.6

単位長さあたり ρ クーロンの一様な電荷をもつ，無限に長い直線状の電荷が存在しているとする．ρ を（電荷）**線密度**という（単位は C/m）．この電荷から，距離 r だけ離れた位置に作られる電場の大きさ $E(r)$ をガウスの法則から求めたい．電場は直線状電荷に関する軸対称性をもつので，ガウス面として直線状電荷を軸とする円柱面を選ぶと都合がよい．これを"ガウス円柱面"とよぶことにする．図に示すように，ガウス円柱面における，上面または底面の半径を r，長さを l とし，以下の設問に答えよ．

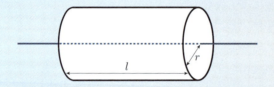

(1) ガウス円柱面の側面における電束を求めよ．
(2) ガウス円柱面の上面および底面における電束を求めよ．
(3) ガウスの法則を使って，電場の大きさ $E(r)$ を求めよ．

【解答】 (1) 電場ベクトルは直線状電荷から周囲に放射状に発するので，電場ベクトルとガウス円柱面の側面は，面上のすべての点で直交している．また，この側面上ではどこでも電場の大きさは $E(r)$ に等しいので

$$\text{ガウス円柱面の側面の電束} = \varepsilon_0 \times E(r) \times \text{ガウス円柱面の側面の面積}$$
$$= \varepsilon_0 \times E(r) \times 2\pi r l$$
$$= 2\pi \varepsilon_0 r l E(r).$$

(2) ガウス円柱面の上面および底面は，ともに直線状電荷と直交している．よって，電場ベクトルがこれらの面を貫くことはない．したがって，これらの面における電束は零である．

(3) ガウスの法則より

電束 $= 2\pi\varepsilon_0 rlE(r) =$ ガウス円柱面内部の総電荷 $= \rho \times l$

$$\implies E(r) = \frac{\rho}{2\pi\varepsilon_0 r} \tag{2.7}$$

と求まる.　　■

無限に長い直線状電荷は，電荷線密度 ρ に比例し，電荷からの距離 r に反比例する大きさの電場を作ることがわかった ♠2.

最後の例として，無限に広いシート状の電荷が作る電場を考えてみよう．一様で，単位面積あたり ρ クーロンの電荷をもつ，無限に広がったシート状の電荷が存在しているとする．ρ を（電荷）**面密度**という（単位は $\mathrm{C/m^2}$）．図は x–y 平面上にシート状電荷が広がっている様子を表している．（電荷は一部のみが描かれているが，実際には無限の広がりをもつ．）このような電荷分布は，どんな電場を作るのであろうか．まずはその定性的な様子を予想してみよう．

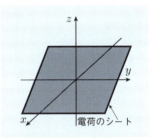

確認 例題 2.2

上の図で示されたような，x–y 平面に貼られたシート状の電荷が，どのような電場を作るかについて，系の対称性から考察せよ．
ヒント：z 軸を軸として系全体を回転させると，何か変化が起こるだろうか．また，観測者が x–y 面に平行な面（すなわち $z =$ 一定 となる面）の上を平行移動することにより，いくつかの異なった位置で電場を観測したとする．このとき，場所による違いを何か確認できるだろうか．

【解答】　この系は，z 軸を軸として全体を回転させても，状態が変化しない．つまり，z 軸の周りの回転不変性をもつ．シート状電荷によって生じる電場が，z 軸に平行でない成分を含んでいるとすると，このような回転は，電場の向き

♠2 直線状電荷を微小長さの電荷の集合と見なし，点電荷が作る電場の大きさの式 (2.2) を使って，(2.7) 式を求めることもできる．付録 A.1 にその計算の詳細を与えた．積分を使ったとても面倒なものである．ガウスの法則を用いると，このような計算はしなくて済むのである．

を変えてしまい，回転不変性が満足されないことになってしまう．したがって，電場はz軸に平行な成分，つまりシート状電荷に直交する成分のみをもつはずである（図）．また，シート状電荷に平行な面（$z=$一定となる面）の上では，すべての位置が同等であり，区別をつけることができない．すなわち，この面上のいたるところで，電場の大きさも等しいはずである．よって，電荷シートとその面の間の距離をrとすると，電場の大きさは距離rの関数$E(r)$と書けることになる．

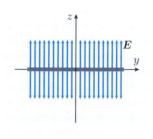

シート状の電荷が作る電場

ガウスの法則を使って，シート状電荷が作る電場の大きさを求めてみよう．

確認 例題 2.3

無限に広がったシート状の電荷があるとする．電荷は一様で，その面密度はρである．**ガウス面として，電荷シートを垂直に貫く円柱を選んでみる**（図）．これを"ガウス円柱面"とよぶことにする．ガウス円柱面の上面および底面の半径をlとする．また，シート状電荷はガウス円柱面を，その側面の中央部分で横切り，そこからガウス円柱面の上面および底面までの距離をそれぞれrとする．

(1) ガウス円柱面の側面の電束は零である．その理由を述べよ．
(2) ガウス円柱面の上面および底面の電束を求めよ．
(3) ガウスの法則を使い，電場の大きさを求めよ．

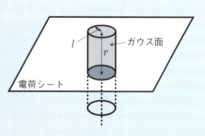

【解答】 (1) シート状電荷によって作られる電場は，電荷シートと直交する向きをもつ．よって，ガウス円柱面の側面と電場は平行であり，電場ベクトルがガウス円柱面の側面を貫くことはないからである．

(2) 円柱の上面も底面も，シートからの距離はrで等しいため，これらの面上の

2.1 ガウスの法則 **29**

電場の大きさも $E(r)$ で等しい．また，上面および底面と電場は直交するので，これらの面上の電束は，「誘電率×電場の大きさ $E(r)$ ×（上面または底面の面積）」から求まる．すなわち，$\varepsilon_0 \times E(r) \times \pi l^2 = \varepsilon_0 \pi l^2 E(r)$ である．

(3) ガウス円柱面全体の電束は，側面の電束が零なので，上面と底面の電束の和 $2\varepsilon_0 \pi l^2 E(r)$ である．よって，ガウスの法則より

$$\text{電束} = 2\varepsilon_0 \pi l^2 E(r) = \text{ガウス面内部の総電荷} = \rho \times \pi l^2$$

$$\Longrightarrow \quad E(r) = \frac{\rho}{2\varepsilon_0}. \tag{2.8}$$

(2.8) 式で表される電場は，距離 r を含んでいない．シート状の一様な電荷は全空間で一様な大きさの電場を作ることがわかった♠3．

❗ ガウスの法則と静電場のまとめ

- 電荷分布と電場（電束）の一般的な関係を決定するガウスの法則は，電磁気学の基本方程式の 1 つである
- ガウスの法則を用いると，特定の対称性をもつ電荷分布（点電荷，無限に長い線状電荷，無限に広いシート状電荷など）の周りに生じる静電場を容易に求めることができる
- 点電荷が作る静電場の大きさは，点電荷からの距離の 2 乗に反比例する（クーロンの法則）

♠3 点電荷が作る電場の大きさの式 (2.2) を使って，(2.8) 式を求めることもできる．付録 A.2 に与えた．ガウスの法則を知っていれば，このような面倒な積分計算をしなくて済むのである．

30 第2章 静 電 場

2.2 静電ポテンシャル

静止した2つの点電荷の間にはたらく電気力であるクーロンの法則の式 (2.6) が，万有引力の式と係数を除いて同じであることに，既に気づいた読者も少なくないことだろう．質量が m_1 と m_2 の2つの質点と，電荷が q_1 と q_2 の2つの点電荷が，ともに距離 r を隔てて存在するとき，万有引力 $\boldsymbol{F}_\mathrm{G}$ と静電気力 $\boldsymbol{F}_\mathrm{E}$ は，それぞれ

$$\boldsymbol{F}_\mathrm{G} = -G\,\frac{m_1 m_2}{r^2}\,\widehat{\boldsymbol{r}}, \quad \boldsymbol{F}_\mathrm{E} = \frac{1}{4\pi\varepsilon_0}\,\frac{q_1 q_2}{r^2}\,\widehat{\boldsymbol{r}}$$

で与えられる．ここで G は万有引力定数で，$\widehat{\boldsymbol{r}}$ は一方の質点または点電荷の位置を原点としたときの，他方の質点または点電荷の位置 $\boldsymbol{r}$ を向く単位ベクトル $\widehat{\boldsymbol{r}} = \frac{\boldsymbol{r}}{r}$ である（ただし $r = |\boldsymbol{r}|$）．

静電気力は電荷の符号に依存して引力にも斥力にもなり得るが，およぼし合う力は，万有引力も静電気力も，ともに**中心力**である．このため，点電荷の一方を固定し，他方を速度を与えないように十分にゆっくりと移動させたときに必要となる力学的な仕事は，点電荷の移動経路に依らず，2つの点電荷間の距離の変化量のみによって決定されることになる．このことは，力学の**位置エネルギー**に相当する量が静電気力に対しても定義できることを意味している．この量のことを**静電ポテンシャル**または**電位**といい，1Cの点電荷を，基準とする位置（基準点）から任意の位置まで（速度を与えることのないように十分にゆっくりと）運ぶのに必要な仕事として計算することができる．

ここで，まずは静止した点電荷が作る静電ポテンシャルを求めることを考えてみよう．そのためには，固定された点電荷が作る電場の中を，位置ベクトル $\boldsymbol{r}_0$ で指定される基準点（始点）から，$\boldsymbol{r}$ で指定される位置（終点）まで，1Cの点電荷を運ぶのに必要な仕事を計算すればよい．始点から終点に向かう経路とは，例えば図の経路1や経路2などのように，無数の選択肢があるけれども，仕事は経路の選び方には依存しない．任意の経路は，固定された点電荷を中心とする球面上に沿った方向の微小な進路と，点電荷から放射状に伸びる動径方向の微小な進路に分解することができる．仕事に寄与するのは動径方向への移動だけである．よって，仕事を計算するのに便利な経路は，図の経路①と経路②の組み合わせとなる．このうち経路①は固定された点電荷を中心とする円弧上の

2.2 静電ポテンシャル

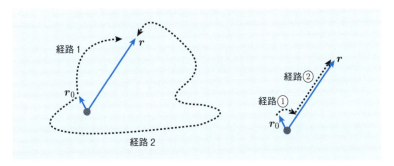

移動なので，移動に必要な仕事は零である．つまり，経路②上を移動させる仕事が静電ポテンシャルの値に他ならない．

導入 例題 2.7

原点に q クーロンの点電荷が固定されているとする．この点電荷が周りに作る静電ポテンシャルを，1 C の電荷を位置 $\boldsymbol{r}_0$ ($|\boldsymbol{r}_0| = r_0$) から $\boldsymbol{r}$ ($|\boldsymbol{r}| = r$) まで，速度を与えずに運ぶのに必要な仕事として求めたい．電荷を運ぶ経路は任意に選んでよいので，前述のように図の経路 ① → ② の順に電荷を移動させることにする．経路②に沿って，電荷を動かすときにする仕事が求めたい静電ポテンシャルである．

(1) 経路②上にあり，原点からの距離が r' の位置における電場ベクトルの表式を求めよ．

(2) 小問 (1) で考えた位置に，1 C の電荷を静止させておくために必要な力をベクトルとして求めよ．

(3) 小問 (1) で考えた位置で，1 C の電荷を経路②に沿って，（速度を与えないように十分ゆっくりと）微小距離 dr' だけ，原点から遠ざかる向きに移動させるのに必要な仕事 dW を求めよ．

(4) 求める静電ポテンシャルは，小問 (3) で求めた仕事を，r' について r_0 から r まで積分すればよい．静電ポテンシャル ϕ の表式を求めよ．

【解答】 (1) 経路②上における電場は，(単位ベクトル $\hat{\boldsymbol{r}}$ × 電荷 q) $= \frac{q\boldsymbol{r}}{r}$ の向きをもち，その大きさは (2.2) 式で表される．すなわち，経路②上にあり，原点から距離 r' の位置における電場ベクトル $\boldsymbol{E}(r')$ は

32　　　　　　　　　　第 2 章　静　電　場

$$\boldsymbol{E}(r') = \frac{1}{4\pi\varepsilon_0}\frac{q}{r'^2}\widehat{\boldsymbol{r}}$$

である.

(2)　考えている位置で, 1 C の電荷が電場から受ける力は $1 \times \boldsymbol{E}(r')$ である. この電荷を静止させるためには, 逆向きで同じ大きさの力 $-\boldsymbol{E}(r')$ を加える必要がある.

(3)　変位ベクトルは $dr'\,\widehat{\boldsymbol{r}}$ である. 求める仕事は, この変位ベクトルと小問 (2) で求めた力の内積であり

$$dW = -\boldsymbol{E}(r')\cdot dr'\,\widehat{\boldsymbol{r}} = -\frac{1}{4\pi\varepsilon_0}\frac{q}{r'^2}\,\widehat{\boldsymbol{r}}\cdot dr'\,\widehat{\boldsymbol{r}}$$

$$= -\frac{1}{4\pi\varepsilon_0}\frac{q}{r'^2}\,dr'$$

と求まる. 最後の等式で $\widehat{\boldsymbol{r}}\cdot\widehat{\boldsymbol{r}} = 1$ を使った.

(4)　積分を実行すると

$$\phi = \int dW = -\int_{r_0}^{r}\frac{1}{4\pi\varepsilon_0}\frac{q}{r'^2}\,dr' = -\frac{q}{4\pi\varepsilon_0}\left[-\frac{1}{r'}\right]_{r_0}^{r}$$

$$= \frac{q}{4\pi\varepsilon_0}\left(\frac{1}{r} - \frac{1}{r_0}\right) \tag{2.9}$$

と求まる.　　　　　　　　　　　　　　　　　　　　　　　　　　　　　■

(2.9) 式が, 点電荷による静電ポテンシャルの一般的な表式である. 基準点を無限遠点 $r_0 \to \infty$ に選ぶと, 定数項が消え

$$\phi = \frac{q}{4\pi\varepsilon_0 r} \tag{2.10}$$

という簡単で便利な式が得られる.

$q < 0$ の場合, 静電ポテンシャルは r に関する増加関数となる. これは, $q < 0$ のとき, 原点の電荷と 1 C の電荷にはたらく力が引力であるため, 両者を引き離すためには外から仕事を加えなければならないからである.

静電ポテンシャルの単位は V（ボルト）である. また, 静電ポテンシャルが電場 × 距離の次元をもっていることから, 電場の単位は V/m となる.

万有引力ポテンシャルの勾配に負符号を付けたものが万有引力であったように, 静電ポテンシャル ϕ から

2.2 静電ポテンシャル

$$\boldsymbol{E} = -\nabla\phi = \left(-\frac{\partial\phi}{\partial x}, -\frac{\partial\phi}{\partial y}, -\frac{\partial\phi}{\partial z}\right) \tag{2.11}$$

の関係より，静電場を導出することができる．この関係は次のように証明される．位置 $\boldsymbol{r} = (x, y, z)$ における静電ポテンシャルを $\phi(\boldsymbol{r}) = \phi(x, y, z)$ と表すことにする．ここで，位置 $\boldsymbol{r} + d\boldsymbol{r} = (x + dx, y + dy, z + dz)$ と $\boldsymbol{r} = (x, y, z)$ における，静電ポテンシャルの差 $\phi(\boldsymbol{r} + d\boldsymbol{r}) - \phi(\boldsymbol{r})$ は，1 C の電荷を位置 $\boldsymbol{r}$ から $\boldsymbol{r} + d\boldsymbol{r}$ までゆっくりと移動させる際に外からしなければならない仕事に等しい．よって，位置 $\boldsymbol{r}$ における電場 $\boldsymbol{E}(\boldsymbol{r})$ と変位ベクトル $d\boldsymbol{r}$ を使って

$$\phi(\boldsymbol{r} + d\boldsymbol{r}) - \phi(\boldsymbol{r}) = -\boldsymbol{E}(\boldsymbol{r}) \cdot d\boldsymbol{r} \tag{2.12}$$

と表すことができる．変位ベクトルが微小ならば，多変数関数のテイラー展開の公式により

$$\phi(x + dx, y + dy, z + dz) \simeq \phi(x, y, z) + \frac{\partial\phi}{\partial x}\, dx + \frac{\partial\phi}{\partial y}\, dy + \frac{\partial\phi}{\partial z}\, dz$$

と近似できるので

$$\begin{aligned}
\phi(\boldsymbol{r} + d\boldsymbol{r}) - \phi(\boldsymbol{r}) &\simeq \frac{\partial\phi}{\partial x}\, dx + \frac{\partial\phi}{\partial y}\, dy + \frac{\partial\phi}{\partial z}\, dz \\
&= \left(\frac{\partial\phi}{\partial x}, \frac{\partial\phi}{\partial y}, \frac{\partial\phi}{\partial z}\right) \cdot (dx, dy, dz) = \nabla\phi \cdot d\boldsymbol{r} \tag{2.13}
\end{aligned}$$

とも表すことができる．(2.12) 式と (2.13) 式を等値することで，(2.11) 式が導かれる．

導入 **例題 2.8**

点電荷の静電ポテンシャルの式 (2.10) から，(2.11) 式の関係を利用して，対応する静電場を求め，それが点電荷が作る電場の式 (2.5) に一致することを確認せよ．

【解答】 $r = \sqrt{x^2 + y^2 + z^2}$ より

$$\begin{aligned}
\frac{\partial}{\partial x}\frac{1}{r} &= \frac{\partial}{\partial x}(x^2 + y^2 + z^2)^{-\frac{1}{2}} = -\frac{1}{2}(x^2 + y^2 + z^2)^{-\frac{3}{2}} \cdot 2x \\
&= -\frac{x}{r^3}.
\end{aligned}$$

同様に
$$\frac{\partial}{\partial y}\frac{1}{r} = -\frac{y}{r^3}, \quad \frac{\partial}{\partial z}\frac{1}{r} = -\frac{z}{r^3}.$$

すなわち
$$\nabla \frac{1}{r} = \left(\frac{\partial}{\partial x}\frac{1}{r}, \frac{\partial}{\partial y}\frac{1}{r}, \frac{\partial}{\partial z}\frac{1}{r}\right) = \left(-\frac{x}{r^3}, -\frac{y}{r^3}, -\frac{z}{r^3}\right)$$
$$= -\frac{\boldsymbol{r}}{r^3}.$$

(2.10) 式で変数 r 以外は定数なので♠4
$$-\nabla \phi = -\nabla \frac{q}{4\pi\varepsilon_0 r} = -\frac{q}{4\pi\varepsilon_0}\nabla \frac{1}{r}$$
$$= \frac{q}{4\pi\varepsilon_0}\frac{\boldsymbol{r}}{r^3}.$$

　点電荷が原点に位置していないとき，作られる電場と静電ポテンシャルはどのように記述できるだろうか．図に示すように，電荷 q_1 をもつ点電荷が $\boldsymbol{r}_1$ に位置しているとする．このときには (2.5) 式と (2.10) 式の $\boldsymbol{r}$ を $\boldsymbol{r} - \boldsymbol{r}_1$ に置き換えればよい：

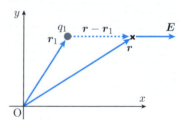

$$\boldsymbol{E}_1 = \frac{q_1}{4\pi\varepsilon_0}\frac{\boldsymbol{r}-\boldsymbol{r}_1}{|\boldsymbol{r}-\boldsymbol{r}_1|^3},$$
$$\phi_1 = \frac{q_1}{4\pi\varepsilon_0}\frac{1}{|\boldsymbol{r}-\boldsymbol{r}_1|}. \qquad (2.14)$$

確認 例題 2.4

　(2.14) 式の静電ポテンシャル ϕ_1 から，(2.11) 式の関係を利用して，静電場 $\boldsymbol{E}_1$ を求めよ．

【解答】　座標の成分を，それぞれ $\boldsymbol{r} = (x, y, z)$ および $\boldsymbol{r}_1 = (x_1, y_1, z_1)$ とすると，$|\boldsymbol{r}-\boldsymbol{r}_1| = \sqrt{(x-x_1)^2 + (y-y_1)^2 + (z-z_1)^2}$ より

♠4 静電ポテンシャルの一般表式 (2.9) を用いたとしても，$-\frac{1}{r_0}$ は定数なので，答えは同じである．つまり，電場ベクトル $\boldsymbol{E}$ は，静電ポテンシャル ϕ の基準点の選び方には依らないのである．したがって，以下では，一般表式 (2.9) ではなく，簡便な (2.10) 式を用いることにする．

2.2 静電ポテンシャル 35

$$\frac{\partial}{\partial x}\frac{1}{|\boldsymbol{r}-\boldsymbol{r}_1|} = \frac{\partial}{\partial x}\left\{(x-x_1)^2 + (y-y_1)^2 + (z-z_1)^2\right\}^{-\frac{1}{2}}$$

$$= -\frac{1}{2}\left\{(x-x_1)^2 + (y-y_1)^2 + (z-z_1)^2\right\}^{-\frac{3}{2}} \cdot 2(x-x_1)$$

$$= -\frac{x-x_1}{|\boldsymbol{r}-\boldsymbol{r}_1|^3}.$$

同様に

$$\frac{\partial}{\partial y}\frac{1}{|\boldsymbol{r}-\boldsymbol{r}_1|} = -\frac{y-y_1}{|\boldsymbol{r}-\boldsymbol{r}_1|^3}, \quad \frac{\partial}{\partial z}\frac{1}{|\boldsymbol{r}-\boldsymbol{r}_1|} = -\frac{z-z_1}{|\boldsymbol{r}-\boldsymbol{r}_1|^3}.$$

すなわち

$$-\nabla\phi_1 = -\frac{q_1}{4\pi\varepsilon_0}\nabla\frac{1}{|\boldsymbol{r}-\boldsymbol{r}_1|} = \frac{q_1}{4\pi\varepsilon_0}\frac{1}{|\boldsymbol{r}-\boldsymbol{r}_1|^3}(x-x_1, y-y_1, z-z_1)$$

$$= \frac{q_1}{4\pi\varepsilon_0}\frac{\boldsymbol{r}-\boldsymbol{r}_1}{|\boldsymbol{r}-\boldsymbol{r}_1|^3} = \boldsymbol{E}_1.$$

導入例題 2.8 と同様に $\boldsymbol{E}_1 = -\nabla\phi_1$ であることが確かめられた. ■

任意の電荷分布を点電荷の集合体と考えれば, それらが作る電場は, 各々の点電荷が作る電場の和に等しい. 例えば, N 個の点電荷が存在し, その中の i 番目の点電荷が電荷 q_i をもち, $\boldsymbol{r}_i$ に位置するとすれば, それらの周りの点 $\boldsymbol{r}$ における電場は

$$\boldsymbol{E} = \boldsymbol{E}(\boldsymbol{r}) = \sum_{i=1}^{N}\frac{q_i}{4\pi\varepsilon_0}\frac{\boldsymbol{r}-\boldsymbol{r}_i}{|\boldsymbol{r}-\boldsymbol{r}_i|^3}$$

で与えられる. 静電ポテンシャルについても, 各々の点電荷が作る電場を同じ経路で積分したものなので, やはり

$$\phi = \phi(\boldsymbol{r}) = \sum_{i=1}^{N}\frac{1}{4\pi\varepsilon_0}\frac{q_i}{|\boldsymbol{r}-\boldsymbol{r}_i|} \tag{2.15}$$

という和の形で記述できることになる. すなわち, 電場と静電ポテンシャルには**重ね合わせの原理**が成り立っている.

電荷が連続的に分布している場合, 静電ポテンシャルは**体積積分**

$$\phi = \phi(\boldsymbol{r}) = \int_{\mathcal{V}}\frac{1}{4\pi\varepsilon_0}\frac{\rho(x',y',z')}{|\boldsymbol{r}-\boldsymbol{r}'|}\,dx'\,dy'\,dz' \tag{2.16}$$

で与えられる．ここで $\rho(x', y', z')$ は位置 $r' = (x', y', z')$ における**電荷密度**を表す．すなわち，(2.16)式の被積分関数は，r' に位置する微小体積 $dx'\, dy'\, dz'$ をもつ直方体に含まれる電荷 $\rho(x', y', z')\, dx'\, dy'\, dz'$ が，位置 r に作る静電ポテンシャルを表しており，それを電荷が存在する領域 $\mathcal{V}$ にわたって積分することによって，位置 r における静電ポテンシャルが与えられるのである．

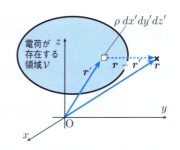

静電ポテンシャル ϕ はスカラー量であり，ベクトル量である電場 E と比較して，向きを考慮する必要がないため，計算が容易になることが多い．このため，**電場 E を求める問題においても，まずは静電ポテンシャルを計算し，次に (2.11) 式の関係から，電場を求めるのが得策である．**

2つの点電荷が作る電場の例を，まず考えてみよう．

導入　例題 2.9

位置 $r_+ = \left(0, 0, \dfrac{d}{2}\right)$ に正の電荷 q が，$r_- = \left(0, 0, -\dfrac{d}{2}\right)$ に負の電荷 $-q$ が，それぞれ固定されているとする（図）．これらの電荷が位置 $r = (x, y, z)$ に作る電場を，次の設問に従って導け．

(1) 位置 r_+ と r の間の距離を d, x, y, z を使って表せ．次に，正電荷が位置 r に作る静電ポテンシャル ϕ_+ の表式を，(2.14) 式を使って求めよ．

(2) 小問 (1) と同様の手順で，r_- に固定された負電荷が位置 r に作る静電ポテンシャル ϕ_- の表式を求めよ．

(3) 2つの点電荷が作る静電ポテンシャル ϕ は ϕ_+ と ϕ_- の和，$\phi = \phi_+ + \phi_-$ で与えられる．ここで点電荷間の距離 d に対して，r が非常に大きくなる（すなわち $d \ll r$ であるような）位置では，ϕ が

$$\phi \simeq \frac{q}{4\pi\varepsilon_0} \frac{zd}{r^3} \tag{2.17}$$

と近似できることを，以下の手順に沿って導け．

(a) $r = \sqrt{x^2 + y^2 + z^2}$ なので，$d \ll r$ という条件は，$d \ll x, d \ll y,$ $d \ll z$ を意味する．したがって，r_+ に含まれる項 $\left(z - \frac{d}{2}\right)^2 = z^2 - zd + \frac{d^2}{4}$ において，$\frac{d^2}{4}$ は z^2 に対しても，zd に対しても微小量なので無視できる．このことと，$\alpha \ll 1$ に対する，α の1次までのテイラー展開の公式 $(1 + \alpha)^\beta \simeq 1 + \beta\alpha$ を使い

$$\frac{1}{r_+} \simeq \frac{1}{r}\left(1 + \frac{zd}{2r^2}\right)$$

であることを導け．

(b) 小問 (3) (a) と同様に $\frac{1}{r_-}$ の近似式を求めよ．

(c) ϕ の近似式 (2.17) を導け．

(4) ϕ の近似式 (2.17) の勾配を計算することで，2つの点電荷が遠距離に作る電場が

$$\boldsymbol{E} = \frac{1}{4\pi\varepsilon_0}\left\{-\frac{\boldsymbol{p}}{r^3} + \frac{3\boldsymbol{r}(\boldsymbol{p}\cdot\boldsymbol{r})}{r^5}\right\} \tag{2.18}$$

で表されることを示せ．ここで $\boldsymbol{p} = q(\boldsymbol{r}_+ - \boldsymbol{r}_-) = (0, 0, qd)$ である．
ヒント：$p = qd$ とすると $\boldsymbol{p} = (0, 0, p)$ であり

$$\boldsymbol{p}\cdot\boldsymbol{r} = pz \implies \boldsymbol{r}(\boldsymbol{p}\cdot\boldsymbol{r}) = (pxz, pyz, pz^2) = p(xz, yz, z^2) \tag{2.19}$$

である．

【解答】 (1) 位置 $\boldsymbol{r}_+$ と $\boldsymbol{r}$ の距離は

$$r_+ = |\boldsymbol{r} - \boldsymbol{r}_+| = \sqrt{(x - 0)^2 + (y - 0)^2 + \left(z - \frac{d}{2}\right)^2}.$$

よって，(2.14) 式より，静電ポテンシャル ϕ_+ は

$$\phi_+ = \frac{1}{4\pi\varepsilon_0}\frac{q}{r_+} = \frac{1}{4\pi\varepsilon_0}\frac{q}{\sqrt{x^2 + y^2 + \left(z - \frac{d}{2}\right)^2}}$$

と求まる．

(2) 位置 $\boldsymbol{r}_-$ と $\boldsymbol{r}$ との距離は $r_- = |\boldsymbol{r} - \boldsymbol{r}_-| = \sqrt{x^2 + y^2 + \left(z + \frac{d}{2}\right)^2}$ である．よって，負電荷が位置 $\boldsymbol{r}$ に作る静電ポテンシャル ϕ_- は

38　　　　　　　　第 2 章　静　電　場

$$\phi_- = \frac{1}{4\pi\varepsilon_0} \frac{(-q)}{r_-} = -\frac{1}{4\pi\varepsilon_0} \frac{q}{\sqrt{x^2+y^2+\left(z+\frac{d}{2}\right)^2}}.$$

(3)　(a)　r_+ の逆数は

$$\frac{1}{r_+} = \frac{1}{\sqrt{x^2+y^2+\left(z-\frac{d}{2}\right)^2}} = \left\{ x^2+y^2+\left(z-\frac{d}{2}\right)^2 \right\}^{-\frac{1}{2}}. \quad (2.20)$$

問題文で指摘されているように, $\frac{d^2}{4}$ は x^2, y^2, z^2, zd のいずれに対しても微小量なので

$$\frac{1}{r_+} \simeq \left(x^2+y^2+z^2-zd \right)^{-\frac{1}{2}}$$

と近似できる. $r^2 = x^2+y^2+z^2$ より

$$\frac{1}{r_+} = \left(r^2-zd \right)^{-\frac{1}{2}} = \left\{ r^2\left(1-\frac{zd}{r^2}\right) \right\}^{-\frac{1}{2}} = \frac{1}{r}\left(1-\frac{zd}{r^2}\right)^{-\frac{1}{2}}.$$

ここで $r^2 \gg zd$ なので, 問題文で与えられたテイラー展開の公式を使うと

$$\frac{1}{r_+} \simeq \frac{1}{r}\left(1+\frac{zd}{2r^2}\right)$$

と求まる.

　(b)　r_+ と r_- は d の符号が異なるだけなので, 小問 (3) (a) の答えで d を $-d$ に置き換えた

$$\frac{1}{r_-} \simeq \frac{1}{r}\left(1-\frac{zd}{2r^2}\right)$$

が答えである.

　(c)　小問 (3) (a) と (b) の答えを使うと, 静電ポテンシャル ϕ は

$$\phi = \phi_+ + \phi_- = \frac{q}{4\pi\varepsilon_0}\left(\frac{1}{r_+}-\frac{1}{r_-}\right)$$
$$\simeq \frac{q}{4\pi\varepsilon_0}\left\{ \frac{1}{r}\left(1+\frac{zd}{2r^2}\right) - \frac{1}{r}\left(1-\frac{zd}{2r^2}\right) \right\} = \frac{q}{4\pi\varepsilon_0}\frac{zd}{r^3}$$

と近似される.

(4)　静電ポテンシャル ϕ の近似式 (2.17) に含まれる $\frac{z}{r^3}$ を x で偏微分すると

$$\frac{\partial}{\partial x}\frac{z}{r^3} = z\frac{\partial}{\partial x}r^{-3} = z\frac{\partial}{\partial x}(x^2+y^2+z^2)^{-\frac{3}{2}}$$
$$= z\cdot\left(-\frac{3}{2}\right)\cdot(x^2+y^2+z^2)^{-\frac{5}{2}}\cdot 2x = -\frac{3xz}{r^5}.$$

y による偏微分も同様で

$$\frac{\partial}{\partial y}\frac{z}{r^3} = -\frac{3yz}{r^5}.$$

z による偏微分は

$$\frac{\partial}{\partial z}\frac{z}{r^3} = \frac{\partial}{\partial z}(zr^{-3}) = r^{-3} + z\frac{\partial}{\partial z}(x^2+y^2+z^2)^{-\frac{3}{2}}$$
$$= \frac{1}{r^3} - \frac{3z^2}{r^5}.$$

よって，2 つの点電荷が遠距離に作る電場は

$$\boldsymbol{E} = -\nabla\phi = \left(-\frac{\partial\phi}{\partial x}, -\frac{\partial\phi}{\partial y}, -\frac{\partial\phi}{\partial z}\right) = \frac{qd}{4\pi\varepsilon_0}\left(\frac{3xz}{r^5}, \frac{3yz}{r^5}, -\frac{1}{r^3} + \frac{3z^2}{r^5}\right)$$
$$= \frac{1}{4\pi\varepsilon_0}\left\{-\frac{1}{r^3}(0, 0, qd) + \frac{3}{r^5}qd(xz, yz, z^2)\right\}. \tag{2.21}$$

(2.21) 式の最後の等式について，第 1 項に現れるベクトルは，問題文で与えられたベクトル $\boldsymbol{p} = (0, 0, qd)$ に等しい．また，第 2 項については，問題文のヒントで与えられた式 (2.19) より

$$qd(xz, yz, z^2) = \boldsymbol{r}(\boldsymbol{p}\cdot\boldsymbol{r})$$

である．よって，(2.21) 式は

$$\boldsymbol{E} = \frac{1}{4\pi\varepsilon_0}\left\{-\frac{\boldsymbol{p}}{r^3} + \frac{3\boldsymbol{r}(\boldsymbol{p}\cdot\boldsymbol{r})}{r^5}\right\}$$

であり，これは (2.18) 式に等しい．

導入例題 2.9 で与えられた電荷は**電気双極子**とよばれている．例えば水分子（H_2O）では正と負の電荷が偏って分布しているので，電気的には電気双極子になっている．

電荷が連続的に分布している例として，前節でとり上げた，球殻上に一様に分布した電荷を再び考えてみることにする．ガウスの法則を使うと

- 球殻の外部に生じる電場は，全電荷が球の中心に集中しているときの電場に等しく
- 球殻の内部では，いたるところで電場は零になる

という結果を得ていた．球殻状電荷による静電ポテンシャルを計算し，同じ結果が得られるかを調べてみよう．

導入 例題 2.10

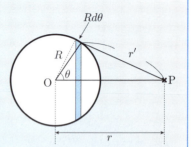

半径 R の球殻表面に，総量 q の電荷が一様に分布しているとする．球殻の中心 O から距離 r の位置（以下，これを点 P とする）における静電ポテンシャルを計算したい．

(1) 球殻表面の電荷面密度 ρ を求めよ．

(2) 図に色づけして示されている，微小な厚さをもつ輪の部分に存在する電荷が，点 P に作る静電ポテンシャル $d\phi$ を求めたい．薄い輪の半径は $R\sin\theta$ であり，輪の上に位置する任意の点から点 P までの距離は r' である．また，薄い輪部分の表面積は，円周の長さ $2\pi R\sin\theta$ と，角度 $\theta \sim \theta + d\theta$ の部分に囲まれた円弧の長さ $R\,d\theta$ の積 $2\pi R^2 \sin\theta\,d\theta$ である．（この面積を θ について 0 から π まで積分すれば，確かに球殻の表面積 $4\pi R^2$ が得られる．）$d\phi$ を r'，R および θ を使って表せ．

(3) r, r', R, θ の間には

$$r'^2 = r^2 + R^2 - 2rR\cos\theta \tag{2.22}$$

の関係が成り立つ♠5．(2.22) 式を使い，小問 (2) で求めた $d\phi$ から変数 θ を消去せよ．

ヒント：r と R は定数である．(2.22) 式は r' と θ を関係付ける式である．

(4) 点 P が球殻の外部に位置する，すなわち $r > R$ のとき，r' がとる範囲は図に示すように $r - R \sim r + R$ である．小問 (3) の答えを，この範囲で積分し，$r > R$ の場合に点 P に作られる静電ポテンシャルを求めよ．

(5) 点 P が球殻の内部に位置する，すなわち $r < R$ のとき，r' がとる範囲

♠5 三辺の長さがそれぞれ r, r', R である三角形を，図に示してあるように 2 つの直角三角形に分割する．右側に位置する直角三角形について，**ピタゴラスの定理**から

$$r'^2 = (R\sin\theta)^2 + (r - R\cos\theta)^2$$
$$\implies r'^2 = r^2 + R^2 - 2rR\cos\theta$$

の関係が求まる．これは**余弦定理**に他ならない．

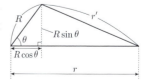

2.2 静電ポテンシャル

は図に示すように $R-r \sim R+r$ である．小問 (3) の答えを，この範囲で積分し，$r < R$ の場合に点 P に作られる静電ポテンシャルを求めよ．

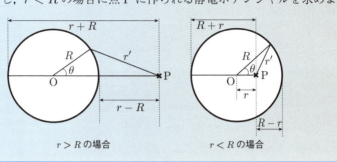

$r > R$ の場合　　　　$r < R$ の場合

【解答】 (1) 総電荷 q が，半径 R の球面上に一様分布しているので，電荷面密度は $\rho = \dfrac{q}{4\pi R^2}$ である．

(2) 薄い輪は，点 P から距離 r' の位置にある．また，薄い輪に含まれる電荷は

$$dq = \text{電荷面密度} \times \text{薄い輪の面積} = \rho \times 2\pi R^2 \sin\theta\, d\theta$$
$$= \frac{q}{4\pi R^2} \times 2\pi R^2 \sin\theta\, d\theta = \frac{q}{2}\sin\theta\, d\theta.$$

よって，薄い輪にある電荷が，点 P に作る静電ポテンシャルは

$$d\phi = \frac{1}{4\pi\varepsilon_0}\frac{dq}{r'} = \frac{1}{4\pi\varepsilon_0}\frac{\frac{q}{2}\sin\theta\, d\theta}{r'}$$

である．

(3) (2.22) 式の両辺を θ で微分すると，r と R は定数なので

$$2r'\frac{dr'}{d\theta} = 2rR\sin\theta \implies \sin\theta\, d\theta = \frac{r'\, dr'}{rR}.$$

これを小問 (2) の答えに代入すると

$$d\phi = \frac{1}{4\pi\varepsilon_0}\frac{\frac{q}{2}\sin\theta\, d\theta}{r'} = \frac{1}{4\pi\varepsilon_0}\frac{q}{2r'}\frac{r'\, dr'}{rR} = \frac{q\, dr'}{8\pi\varepsilon_0 rR}$$

を得る．

(4) 積分を実行すると

$$\phi = \int d\phi = \int_{r-R}^{r+R} \frac{q\, dr'}{8\pi\varepsilon_0 rR} = \frac{q}{8\pi\varepsilon_0 rR}\{r+R-(r-R)\} = \frac{q}{4\pi\varepsilon_0 r}.$$

42　　　　　　　　　第2章　静　電　場

これは，球殻の中心に電荷 q の点電荷が存在するときの静電ポテンシャルに等しい．

(5)　積分を実行すると

$$\phi = \int d\phi = \int_{R-r}^{R+r} \frac{q\,dr'}{8\pi\varepsilon_0 rR} = \frac{q}{8\pi\varepsilon_0 rR}\{R+r-(R-r)\} = \frac{q}{4\pi\varepsilon_0 R}.$$

この結果は，球殻内部のいたるところで，静電ポテンシャルが定数であることを示している．なお，静電ポテンシャル ϕ の値は，球殻表面位置 $r = R$ で連続である．

　導入例題 2.10 の結果は以下のようにまとめられる：
半径 R の球殻表面に，総量 q の電荷が一様に分布するとき，球殻の中心から距離 r の位置における静電ポテンシャルは

$$\phi = \begin{cases} \dfrac{q}{4\pi\varepsilon_0 r} & (r > R), \\[2mm] \dfrac{q}{4\pi\varepsilon_0 R} & (r < R) \end{cases}$$

であり，対応する電場は $\boldsymbol{E} = -\nabla\phi$ の関係より

$$\boldsymbol{E} = \begin{cases} \dfrac{q}{4\pi\varepsilon_0}\dfrac{\widehat{\boldsymbol{r}}}{r^2} & (r > R), \\[2mm] 0 & (r < R) \end{cases}$$

である．前節でガウスの法則を使って得た結果と同じものを，静電ポテンシャルを求める式 (2.16) と (2.11) 式からも導くことができた．中身が詰まった球は球殻を重ね合わせたものなので，この結果は球状に分布した電荷に対しても同様にあてはまる．球殻上または球内に一様に分布した電荷が作る電場および静電ポテンシャルは，球の外部では全電荷が球の中心に集中していると考えて計算してよかったのである．

🛈 静電ポテンシャルのまとめ

- 静電場 $\boldsymbol{E}$ の中に置いた 1 C の点電荷にはたらく力 $\boldsymbol{F} = \boldsymbol{E}$ に関する位置エネルギーを静電ポテンシャルという
- 静電ポテンシャル ϕ の勾配 $\nabla\phi$ に負符号をつけると静電場 $\boldsymbol{E} = -\nabla\phi$ が得られる

第 2 章　演習問題

2.1 x–y 平面に貼られたシート状の電荷が作る電場について，確認例題 2.2 とは別の視点から考察してみよう．図に示したように，x 軸に平行な 2 本の直線状電荷を x–z 平面を挟んで対称に並べる．（2 本とも x–y 平面内にあるものとする．）この 2 本の直線状電荷が，x–z 面上に作る電場を考えることにする．その電場は，どのような成分をもつだろうか．シート状電荷は，このような直線状電荷の対を一様な密度になるように敷き詰めたものとみなせる．結果として，シート状電荷はどのような電場を作ることになるだろうか．

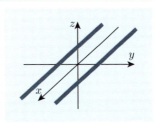

2.2 半径 R の球内に総量 Q の電荷が存在している．

(1) 電荷が球内に一様に分布しているとき，球内外の電場の大きさと静電ポテンシャルを，球の中心からの距離 r で表し，それぞれグラフに描け．

(2) 電荷密度 ρ が球の中心からの距離 r に比例して増加する場合，電荷密度を $\rho(r) = Ar$（ただし A は定数）と表すことができる．定数 A を R と Q を使って表し，球内外に生じる電場の大きさと静電ポテンシャルを r の関数として求めよ．

2.3 鉄や銅などの（金属）**導体**は，内部を自由に動き回ることができる**自由電子**の存在のため，電場を印加することにより導体内部の電荷を容易に移動させることができる♠6．静電場中に置かれた導体について，以下の設問に答えよ．

(1) 導体内部の静電場の大きさは零でなければならない．なぜか．

ヒント：導体内部に静電場が存在すると仮定すると，ある矛盾が生じる．どのような矛盾であるかを考察せよ．

(2) 静電場は導体表面に対して垂直でなければならない．その理由を以下の 2 つの観点から考察せよ．

　i. 導体表面に対して平行な静電場の成分が存在すると仮定すると，ある矛盾が生じる．どのような矛盾であるかを考察する．

　ii. 静電場下に置かれた導体の電位は，ある制約が課せられている．どのような制約がなければならないかを考察する．

(3) 無限に広い面をもつ導体が真空中に置かれている．導体表面が電荷面密度 ρ で一様に帯電しているとき，導体表面に生じる電場の大きさが

♠6 金属導体内の自由電子，n 型半導体内の正孔，または電解質水溶液中のイオンなど電荷の担い手になるものを**キャリアー**という．

$$E(r) = \frac{\rho}{\varepsilon_0} \tag{2.23}$$

であることを示せ.

ヒント：図の点線で描かれたような円筒面をガウス閉曲面に選べ.

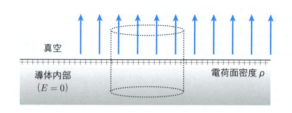

2.4 半径 a の導体球を，内径 b，外径 c の導体球が図のように覆っている．内側の導体球（以下，内球）に電荷 $Q_\text{内}$ を，外側の導体球（以下，外球）に $Q_\text{外}$ を与えた．2 つの導体球の中心は一致しているとして，以下の設問に答えよ．

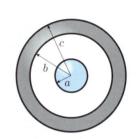

(1) 電荷はどのように分布するか答えよ.
(2) 発生する電場の大きさを，内球の中心からの距離 r の関数として表せ.
(3) 静電ポテンシャルを，r の関数として表せ.

2.5 導入例題 2.9 で求めた電気双極子の静電ポテンシャルの式 (2.17) と電場の式 (2.18) で表される電気力線を描画してみよう．簡単のため x–z 平面での値を描くことにしよう．すなわち，静電ポテンシャル ϕ と電場の x, z 成分（それぞれ E_x, E_z）は

$$\phi = \frac{p}{4\pi\varepsilon_0} \frac{z}{r^3}, \quad E_x = \frac{p}{4\pi\varepsilon_0} \frac{3xz}{r^5}, \quad E_z = \frac{p}{4\pi\varepsilon_0} \left(\frac{3z^2}{r^5} - \frac{1}{r^3} \right) \tag{2.24}$$

のように表すことができる．p は，正負の点電荷がそれぞれもつ電荷の大きさ q と，それらの距離 d の積 $p = qd$ であり，r は位置ベクトル $\boldsymbol{r} = (x, z)$ の大きさ $r = |\boldsymbol{r}| = \sqrt{x^2 + z^2}$ を表す．ここで $\boldsymbol{r}$ と x 軸との成す角度を θ とすると，(2.24) 式は

$$\phi = \frac{p}{4\pi\varepsilon_0} \frac{\sin\theta}{r^2}, \quad E_x = \frac{p}{4\pi\varepsilon_0} \frac{3\cos\theta\sin\theta}{r^3}, \quad E_z = \frac{p}{4\pi\varepsilon_0} \frac{3\sin^2\theta - 1}{r^3} \tag{2.25}$$

と書くことができる．(2.25) 式をもとに，静電ポテンシャルの等電位面（等高線）と等電位面に直交する電気力線の概形を描け．以下を参考にせよ：

第 2 章　演習問題　　　　45

静電ポテンシャルについて:

- $\theta = 0, \pi$ で $\phi = 0$ である．すなわち x 軸は $\phi = 0$ の等電位面である．このことは，他の等電位面は x 軸を横切らないことを意味している．
- ϕ は z 軸に関して対称である．
- すべての等電位面は原点に接する．

電気力線について:

- $\theta = 0, \pm\frac{\pi}{2}, \pi$ で $E_x = 0$．すなわち電気力線は x 軸と垂直に交わる．
- $\sin\theta = \pm\frac{1}{\sqrt{3}}$ で $E_z = 0$．
- $\theta \to -\theta$ の変換で，E_x は符号が反転するが，E_z は不変である．

ちょっと寄り道　**教科書の選び方**

　教養課程の物理を学ぶために教科書の必要性を感じたとき，はたしてどのような本を選べばよいだろうか．著者の意見は「どれを選んでもよい」である．多々あるテキストも，出版にこぎつけたものは，それなりの着想，構成作業が練りこまれているわけであり，内容がさほど変わるものではないのだ．大事なことは，教科書をあれこれ買って，それらをつまみ食いするのではなく，"これ" という本を一冊選び，その一冊を熟読し，深く理解することではないだろうか．

　"教科書の選び方のコツ" といったものはあるだろうか．授業で使う教科書を指定してくれれば選ぶ手間が省けてよいが，そうでない場合は書店で実際に色々な教科書を手にとって，自分との相性を探るしかないだろう．そこで "なるべく図が多くあるもの" や "内容ができるだけ基本的であること" など，自分の好みを見極めればよいのだ．（それでも決めかねる場合は，サイエンス社の教科書を手にとってみよう．）

　外国の先生が書いた教科書を訳したものもある．そのような本は内容が高い評価を受けているので，わざわざ輸入されるわけであり，おすすめ度は非常に高くなる可能性がある．ただし，この場合は翻訳の問題が出てくる．たとえ原本の内容が高く評価されていても，読みにくい日本語で書かれていると，とても "残念" なのである．ただ，この点においても文芸作品では原著と翻訳本が，ときに全くの別物とみなされるのとは異なり，あくまでも内容が正しく伝わりさえすればよいわけであり，さほど心配することもないのかもしれない．（しかし，"訳注" が出てくるたびに脚注に視線を運ぶことを強いられ，そこで訳者の "原著への介入" を聞かされると少々疲れてしまう．訳者は原著者に敬意を払うためにも，原著の意図を翻訳に取り入れることに最大の努力を払うべきではないだろうか．）（OM）

第3章 磁場の発生起源と電磁気学の単位

　電荷がこの世に存在し，電荷同士には斥力または引力がはたらくという自然界の事実から，電場の概念が登場することになった．ところが，地磁気や永久磁石などで馴染みのある磁場については，事情は全く異なるのである．そもそも磁荷というものは存在せず，電荷が動くことが磁場を発生させているのである．電荷の運動が磁場の発生とどのように関連しているかを，本章で定性的に学ぶ．有名な右ねじの法則がなぜ磁場にあてはまるのかについても考察する．電流が流れる導線間の磁場による相互作用は，電流の単位である A（アンペア）の定義と密接に関連している．本章の後半で，アンペアを含む電磁気学で用いられる様々な単位と，それらの物理的な次元を整理して考える．

3.1 磁荷不存在の法則

　第 2 章 2.1 節において電場に対して電束を定義したように，磁場に対しても**磁束**を定義することができる．磁束の定義は以下となる：磁場がある面を貫いているとする．その面に垂直な方向（法線方向）と磁場のなす角度が θ のとき

$$磁束 = 面上の磁場の大きさ \times 面の面積 \times \cos\theta.$$

磁束に関しても，電束に関するガウスの法則に相当するものが存在する．そして電束に関するガウスの法則がそうであったように，こちらも無条件に成立するものであり，電磁気学における最も重要な基本法則の 1 つとなっている．

> **法則 3.1（磁荷不存在の法則）** 任意の閉曲面に対して，磁束は常に零である．

　磁場は一般的には時間的，空間的に変化しているが，そのように変化する磁場に対しても，また，どのような形の閉曲面を選んでも磁束は零，ということである．この法則の意味するところを考えてみよう．電場に関するガウスの法則では，「ある閉じた面の電束は，その面の内部に存在する電荷の量に等しい」であった．今仮に，この主張において，電束を磁束に，また電荷を**磁荷**に置き換えて書いてみると，「ある閉じた面の磁束は，その面の内部に存在する磁荷の

3.1 磁荷不存在の法則

量に等しい」というものになる．これが法則 3.1 と矛盾しないためには，**どんな閉曲面においても，その内部に存在する磁荷の量は零でなければならない**ことになる．つまり，この世には**磁荷は存在しない**ということを法則 3.1 は意味しているのである．磁場の作られ方は，電場のように，正（または負）の磁荷が単独で存在し，そこから**磁力線**が湧き出す（または，そこに吸い込まれる），といったものとは全く異なっているのである．

導入 例題 3.1

ある閉じた面の内部に正の点電荷が存在すると，その面についての電束は正になる．これは電場（電気力線）が正の点電荷から湧き出しているからである．反対に，負の点電荷は電場の "吸い込み口" になっている．では，磁荷が存在しない磁場に対しても，このような磁力線の湧き出し口や吸い込み口のようなものが，存在できるだろうか．

【解答】 磁力線の湧き出し口をもつような磁場が存在していると仮定してみる．すると，その湧き出し口の近くに非常に小さな閉曲面を置くことにより，磁束が零にならないような閉曲面を作ることが可能になってしまう．しかし，それでは法則 3.1（磁荷不存在の法則）に反してしまう．磁場の吸い込み口に関しても同様で，**磁場には湧き出し口や吸い込み口のようなものは存在できない．** ■

磁場に湧き出し口や吸い込み口のようなものが存在しないことは，磁力線の形状に強い制約を加える．つまり，図に示すように，**磁力線は必ずループ（閉曲線）を形成しなければならない**ことになる．

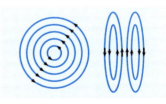

💡 磁荷と磁場のまとめ

- 磁場を作り出す素となる磁荷のようなものは存在しない（磁荷不存在の法則）
- 磁荷不存在の法則は，電磁気学の基本方程式のひとつである
- 磁力線は必ずループを作る

3.2 磁場が発生する仕組み

ローレンツ力による磁場の定義を思い出そう：

$$F = qE + qv \times B. \tag{3.1}$$

電荷 q をもつ荷電粒子が受ける電磁気的な力 F について，荷電粒子がもつ速度 v に依存する部分を，磁場 B の効果とみなすのであった．つまり (3.1) 式の第 2 項により，磁場が定義されることになる．

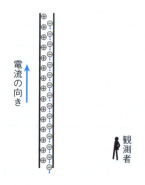

静止した観測者から見た電流．電流の向きは上向きであるが，実際は自由電子が下向きに移動している．導線は正負の電荷量がつり合い，電気的に中性である．

そこでまず，次のような状況を想定してみよう．図に示すように，**導線**に**電流**が上向きに流れていると仮定する．電流とは単位時間あたりに電荷が移動する量のことであり，正の電荷が移動する向きを，電流の正の向きと定義している．銅など金属の多くは**導体**（電気伝導体）であり，内部の**自由電子**が物質内を移動することで，電荷の移動が行われる．つまり，図に描かれた導線の内部において，実際に動いているのは，下向きに移動している（−でマークされた）自由電子であり，（+でマークされた）正の電荷は静止している．よって，定義により電流の向きは上向きとなる．正確には，この自由電子も，その個々に注目すると，導線の素材である（例えば銅などの）金属結晶の周りを，乱雑な向きに動いている．図は自由電子の集団が，全体として下向きに移動している様子を描いているものと理解してほしい．

静止した観測者がこの導線を観測したとしよう．このとき，導線の単位長さあたりに含まれる正電荷と負電荷の量は等しいと仮定すれば，導線は電気的に中性であり，電場は発生しない．

次に，導線に沿って上向きに一定の速さ v で移動する観測者が導線を観測すると，どのような景色が見えるかについて考えてみよう．このとき，科学的に正しいと考えられている 2 つの事実を知っておかなければならない．

3.2 磁場が発生する仕組み

1つ目は**ローレンツ収縮**[♠1]とよばれる現象である．ある物体と観測者が，ともに静止状態にあるとき，観測者が測定により，物体の長さが L_0 であることを確認したとする．L_0 を物体の**固有の長さ**という．他方，固有の長さ L_0 をもつ物体が速さ v で運動すると，静止した観測者には，その物体の長さが

$$L = \sqrt{1 - \left(\frac{v}{c}\right)^2} L_0 \tag{3.2}$$

に縮んで見えてしまう．この現象をローレンツ収縮という．ここで c は光の速さを表し，真空中では $c \simeq 3.0 \times 10^8$ m/s の大きさをもつ．質量をもつ物体の速さは，光速を超えることができないと考えられている．すなわち $v < c$ であり，$L < L_0$ である．もちろん物体が実際に縮んでしまうわけではなく，情報が光の速さを超えて伝わることができないことが原因で，そのように見えてしまうのである．物体が光速に近い運動を行うとき，物体の運動は**相対性理論**（**相対論**）を使って説明する必要があり，ローレンツ収縮も相対論で説明される現象の1つである．ただし，我々の日常生活では物体の速度は光速に比べずっと小さく，$v \ll c$ であり，収縮量 $L_0 - L$ はほとんど零なので，この効果を身近に感じることはできない．

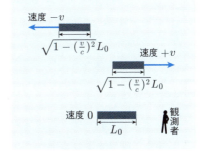

静止した観測者が，静止した物体の長さを測ると L_0 であった．同じ物体が速さ v で運動すると，静止した観測者には長さが $\sqrt{1-\left(\frac{v}{c}\right)^2}$ 倍されて見える．

知っておくべき，もう1つの科学的事実は**電荷の保存則**である．静止した物体を観測するときと，等速で移動する物体を観測する場合とでは，相対論によれば，物体の長さや質量に変化がみられる．しかし，電荷に関しては，静止していようがある速度をもって移動していようが，その総量は変化しないと考えられている．

これらを踏まえて，電流が流れる導線を，静止したままで観測するときと，運動しながら観測するときで，どのような違いが出現するかを考えてみよう．

[♠1] 付録 B.2 節参照．

導入 例題 3.2

図に描かれているように上下に張られた導線に，下から上に電流が流れているとする．すなわち，導線内の負電荷（自由電子）は，上から下に移動している．静止した観測者が，この導線を観測したとき，導線は電気的に中性であったと仮定しよう．簡単のため，この状態を次のように単純化して考えてみよう：導線内の正電荷と負電荷は，ともに符号は異なるが同じ大きさの電荷をもつ点電荷であり，さらにそれぞれが1列になって等間隔に並んでいる．（負電荷の方は，等間隔のまま下方に移動している．）

静止した観測者が，電流が流れる導線と，電流と同じ向きに移動する荷電粒子を観測する．

(1) 静止した観測者から見て「導線が電気的に中性である」とは，静止した観測者から見た正負の電荷（列）の状態がどのようになっていることを意味しているか．

(2) 電荷 $q\ (>0)$ をもつ荷電粒子が，電流と同じく上向きに，かつ電流と平行に運動すると仮定してみよう．この荷電粒子と共に移動する観測者には，導線中の正電荷列も負電荷列も下方に動いているように見える．この観測者には，正電荷列と負電荷列のどちらが速く動いているように見えるか．

(3) 荷電粒子と共に移動する観測者には，ローレンツ収縮により正電荷の間隔も負電荷の間隔も，静止した観測者に比べて縮んで見えることになる．小問 (2) の答えと電荷の保存則を考えたとき，荷電粒子と共に移動する観測者から見ると，導線の電気的状態はどのようになっているだろうか．速さがより大きく見える電荷列の方が，電荷の間隔の縮み方もより大きくなると仮定して考察してみよ．

(4) 運動する荷電粒子は，導線に対してどのような力を受けるか．

【解答】 (1) 静止した観測者から見て，正電荷と負電荷の密度は等しい．または，正電荷の列における正電荷同士の間隔と，負電荷の列における負電荷同士の間隔は等しく見えることを意味する．

3.2 磁場が発生する仕組み

(2) 静止した観測者から見て，正電荷列は静止しており，負電荷列は下方に移動している．よって，荷電粒子と共に移動する観測者から見ると，負電荷列の方が，より速く下方に動いているように見える．

(3) より速く動いて見える電荷列の方が，より縮んで見えると仮定すれば，小問 (2) の答えにより，荷電粒子と共に移動する観測者から見ると，正電荷よりも負電荷の方がより密に見えることになる．電荷の保存則により，正負の点電荷の電荷量は変化しないので，同じ長さ領域に含まれる電荷量は，負電荷の方が大きくなる．結果，荷電粒子と共に移動する観測者から見ると，導線が負に帯電しているように見える．

(4) 小問 (3) の答えの意味するところは，荷電粒子には導線が負に帯電しているように見える，ということである．荷電粒子は正に帯電していると仮定しているので，導線が作る電場により，荷電粒子は導線の向きに引かれる．■

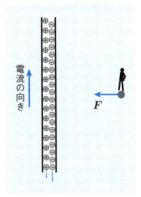

荷電粒子と共に移動する観測者．導線内における電荷の間隔は，正電荷より負電荷の方がより大きく収縮するため，観測者には導線全体が負に帯電して見える．

導入例題 3.2 で見たように，運動する荷電粒子から見ると導線は負に帯電しているため，荷電粒子は導線の向きに引かれる．他方，静止した観測者にとって，導線は電気的に中性であり，電場は存在していない．それでも，運動する荷電粒子が力を受けるのを見て，**静止した観測者は "電場とは別の，荷電粒子が運動しているときに影響を受ける場" が存在すると考えた．これが磁場の正体である．**

2 本の導線を平行に並べ，それぞれに電流を流すと，その向きに応じて，導線が引き合ったり，反発し合ったりする実験を読者の多くが経験していると思う．導線が引き合うのは，どのような電流を流したときであっただろうか．

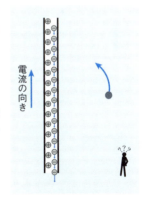

静止した観測者は，電流の向きに運動する荷電粒子が，電気的に中性の導線に引かれることを観測する．

確認 例題 3.1

2本の導線を平行に並べ，ともに同じ向き（図の上向き）に電流を流す．このとき導線は引き合うのか，反発するのかを，導入例題 3.2 と同じように考えてみよう．

(1) 電流の向きは上向きなので，実際は導線の中を自由電子は下向きに動いている．双方の導線内部における自由電子の平均的な速さが等しいと考えよう．一方の導線の中を動く自由電子から見ると，他方の導線の自由電子は静止しており，正電荷は上向きに移動しているように見えるはずである．この自由電子には，もう一方の導線が正負どちらに帯電しているように見えるか．また，2本の導線は引き合うのか，反発し合うのかを考察せよ．

(2) 2本の平行な導線に反対向きの電流を流したとき，同様の考察を行え．

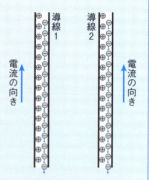

平行に並べられた導線に同じ向きの電流を流す．

【解答】 (1) 一方の導線（導線1）のみに電流が流れているとする．このとき，電流が流れていない導線（導線2）内部の（静止した）電子が導線1を観測したときに，正電荷と負電荷の電荷密度が等しかったと仮定すれば，導線2内部の自由電子にとって，導線1は電気的に中性である．次に導線2に導線1と同様の電流を流す．このとき導線2の自由電子が導線1を観測すると，導線1の中の自由電子は静止しており，他方，正電荷は上向きに運動して見える．すると，ローレンツ収縮の影響を受け，導線1の正電荷の列の間隔は短くなり，反対に動きが止まった負電荷の列の間隔は広がることになる．すなわち，導線2の自由電子にとって，導線1内部の正電荷の密度は上昇，負電荷の密度は減少し，結果として導線1が正に帯電しているように見える．よって，導線2の自由電子は導線1に向かって引かれる．もう一方の導線内の自由電子から見ても同様の現象が起こっている．よって，**2本の平行な導線に同じ向きに電流を流すと，互いに引き合う**ことになる．

(2) 一方の導線の自由電子から観測すると，他方の導線中では自由電子と正

3.2 磁場が発生する仕組み

電荷は同じ向きに運動しており，速さは自由電子の方が大きく見える．よって，ローレンツ収縮の影響をより大きく受けるのは，自由電子の方であり，正電荷の密度上昇を負電荷の密度上昇が上回り，導線は負に帯電しているように見える．自由電子が相手の導線をみると，負に帯電して見えるので，自由電子はもう一方の導線から反発する向きに力を受ける．よって，**2 本の平行な導線に反対向きの電流を流すと，互いに反発し合う**ことになる．

運動する荷電粒子から観測される，導線内の正負電荷列の電荷密度変化を，相対論を使って計算すると，電流 I が流れる導線から距離 r 隔てた位置を，電荷 q をもつ荷電粒子が速さ v で運動するとき，荷電粒子が受ける力の大きさは

$$F_{荷電粒子} = \frac{I}{2\pi\varepsilon_0 c^2 r}|q|v \tag{3.3}$$

であることを導くことができる♠2．

では正電荷をもつ荷電粒子が，図に示すように電流の向きと垂直に（電流に近づく向きに）運動するとき，荷電粒子はどのような力を感じるだろうか．答えは，荷電粒子は電流の向きと反対向きに力を受ける，である．この場合，荷電粒子と共に移動する観測者から見ても，導線内の正電荷と負電荷の電荷密度に，ローレンツ収縮による変化は生じない．荷電粒子が受ける力は，荷電粒子と共に移動する観測者

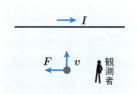

静止した観測者は，導線に向かって垂直に進む荷電粒子が，電流の向きと反対向きの力を受けることを観測する．

から見たときに，導線内を動く自由電子が作る電場が一様でなくなることが原因で生じる．次ページの図のように，右方向に電流が流れる導線に，荷電粒子が垂直に近づくと，荷電粒子と共に移動する観測者には，導線内の自由電子が左斜め下の向きに動くように見える．このような**運動をする自由電子が作る電場は，図に示したように，自由電子の進行方向に対して電気力線が疎に，進行方向と垂直な方向に対しては電気力線が密になる**ことを示すことができる♠3．この電気力線の疎密が発生することにより，荷電粒子は電気力線が密な左側，

♠2 付録 C.1 節参照．
♠3 導入例題 7.4 の後の解説を参照せよ．

すなわち電流の向きと反対向きに引かれる．（正電荷と負電荷が互いに電場を打ち消すため，上下方向に関しては，荷電粒子は力を受けない．）そして，このときに荷電粒子が受ける力の大きさもまた (3.3) 式によって与えられる♠4．

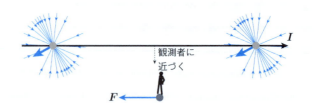

荷電粒子と共に移動する観測者には，荷電粒子は静止し，導線は観測者に向かって近づいてくるように見える．また，観測者には導線内の自由電子が左斜め下に向かって進むように見える．

電流が流れる導線の近くを，荷電粒子が運動することにより，荷電粒子は力を受けることをここまで見てきた．この現象について，相対論が知られる以前の科学者は，電流の周りに磁場が作られると解釈した．では，例えば十分に長い直線状の導線を流れる一様な電流は，どのような磁場を作るのだろうか．

導入 例題 3.3

十分に長い導線に電流が一様に流れている．正電荷 q をもつ粒子が，この電流と平行かつ同じ向きに運動すると，これまでの議論によれば，荷電粒子は導線に引き寄せられる向きに力を受ける．また，荷電粒子が電流に向かって垂直に近づくと，電流の向きと反対向きに力を受ける．

(1) 図に示すように，電流の向きを x 軸の正の向き，電流と垂直な向きを z 軸とする．この座標系で，荷電粒子の移動方向と電流が平行になった瞬間の，荷電粒子の速度ベクトル $\bm{v}$ と，それが受ける力 $\bm{F}$ は

$$\bm{v} = v\hat{\bm{x}}, \quad \bm{F} = F\hat{\bm{z}} \quad (\text{ただし } v > 0 \text{ および } F > 0) \tag{3.4}$$

と表すことができる．ここで $\hat{\bm{x}}, \hat{\bm{z}}$ はそれぞれ x, z 軸の正の向きをもつ単位ベクトルである．（同様に $\hat{\bm{y}}$ を y 軸の正の向きをもつ単位ベクトルとする．）また，荷電粒子が電流に垂直に移動する瞬間の速度と力は

♠4 付録 C.2 節参照．

$$\boldsymbol{v} = v\hat{\boldsymbol{z}}, \quad \boldsymbol{F} = -F\hat{\boldsymbol{x}} \quad (\text{ただし } v > 0 \text{ および } F > 0) \tag{3.5}$$

と表すことができる．静止した観測者が，荷電粒子が存在する位置で観測する磁場を $\boldsymbol{B} = B_x\hat{\boldsymbol{x}} + B_y\hat{\boldsymbol{y}} + B_z\hat{\boldsymbol{z}}$ とする．外部環境などが作る電場は存在しないと仮定すると，運動する粒子が受けるローレンツ力は

$$\boldsymbol{F} = q\boldsymbol{v} \times \boldsymbol{B} \tag{3.6}$$

であることを使い，(3.4) および (3.5) 式を満たすために B_x, B_y, B_z が満たすべき条件を求めよ．($\boldsymbol{B}$ の向きがわかればよい．)

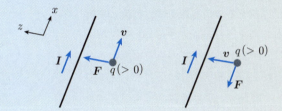

(2) 導線に沿って平行に移動しても，導線が無限に長ければ，系の状態に変化を見出すことはできない．また，導線を軸にして，系を回転させても，系の状態は，やはり回転前と区別がつかない．すなわち，無限に長い導線を流れる一様な電流が作る系は，導線に関する軸対称性をもつ．では，導線を垂直に切った断面において，磁場はどのような向きをもつだろうか．概略図を描け．

【解答】 (1) (3.4) 式の $\boldsymbol{v}$ をローレンツ力の式 (3.6) に代入すると

$$q\boldsymbol{v} \times \boldsymbol{B} = qv\hat{\boldsymbol{x}} \times (B_x\hat{\boldsymbol{x}} + B_y\hat{\boldsymbol{y}} + B_z\hat{\boldsymbol{z}}) = qv(B_y\hat{\boldsymbol{z}} - B_z\hat{\boldsymbol{y}}).$$

これが $\boldsymbol{F} = F\hat{\boldsymbol{z}}$ に等しくなければならないので，$B_z = 0$ でなければならない．同様に (3.5) 式の $\boldsymbol{v}$ をローレンツ力の式 (3.6) に代入すると

$$q\boldsymbol{v} \times \boldsymbol{B} = qv\hat{\boldsymbol{z}} \times (B_x\hat{\boldsymbol{x}} + B_y\hat{\boldsymbol{y}} + B_z\hat{\boldsymbol{z}}) = qv(B_x\hat{\boldsymbol{y}} - B_y\hat{\boldsymbol{x}}).$$

これが $\boldsymbol{F} = -F\hat{\boldsymbol{x}}$ に等しくなければならないので，$B_x = 0$ でなければならない．以上より，電流と荷電粒子が x–z 面上にあるとき，荷電粒子の位置における磁場は $\boldsymbol{B} = B_y\hat{\boldsymbol{y}}$ でなければならない．q, v, F は正の値をもつので，$B_y > 0$, つまり磁場は y 軸の正の向きをもたなければならない（図）．

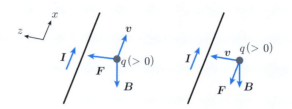

(2) 導線に垂直な断面をとり，（紙面の）表から裏に向かって電流が流れる向きから，断面を眺めてみる．正電荷をもつ荷電粒子が，電流と平行に紙面の表から裏を進むと仮定すると，荷電粒子が受ける力は，断面上のすべての点で導線の方を向く．ベクトル v, F, B の向きが，ローレンツ力の式 (3.6) と矛盾しないためには，磁場ベクトル B は，導線を中心とする円の接線方向を向かなければならない．また磁力線は，導線の周りに真円のループを描き，その向きは時計回りである．■

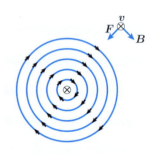

中心部に位置する導線に，紙面の表から裏に電流が流れるときに発生する磁場の向き．

直線状の電流が存在すると，電流を中心とする同心円状の磁力線が発生する．磁場の向きを右ねじの回転方向と考えたとき，右ねじの進む向きが電流の向きと一致する．これは，電流の向きとそれに伴って発生する磁場の向きを関連づける**右ねじの法則**として知られている．

確認 例題 3.2

図のように，円状の導線に電流が流れているとする．この電流が作る磁場の概観を描け．

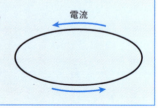

3.2 磁場が発生する仕組み

【解答】 導線に近い位置では，電流はほぼ直線状に流れていると考えられる．したがって，右ねじの法則により，円形電流の周りには図に示すような磁場が発生する．全体として，円形電流の下から上に貫くような磁場が発生する． ∎

磁場の発生には電流が必要である．では，永久磁石はどのように磁場を発生させているのだろうか．物質が磁気的な性質を帯びるのに，2つの原因が知られている．1つは原子核の周りを電子が回転運動することにより，円電流が発生し，磁場が発生するものである．もう1つは**スピン**とよばれる，電子の自転が原因となる磁場である．このような磁場は，多くの物質内部においてバラバラの向きをもつため，互いに打ち消し合ってしまい，物質全体としては巨視的な磁場をもたない．他方，永久磁石の場合は，スピンが同じ向きを向く性質をもつため，巨視的に零でない磁場が現れることになる．

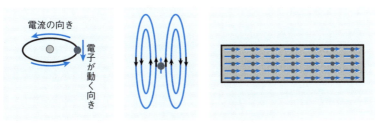

原子核の周りを運動する電子は円電流を作る．　　スピン：電子の自転による磁場　　磁石の内部イメージ：スピンの向きがそろっている

定常な電流が流れる2本の導線についてもう少し考えてみよう．

導入 例題 3.4

十分に長い直線状の導線に電流 I_1 が流れている．この導線から距離 r を隔てた位置に平行に張られた，十分に長いもう一本の導線に電流 I_2 が流れるとき，導線間にはたらく力の大きさを (3.3) 式を使って見積もってみよう．

(1) 導線2の内部では，電荷 q をもつ荷電粒子が平均的な速さ v で一様に

動いており，その単位長さあたりの数が n_2 であるとする．(3.3) 式を参考に，導線 2 が単位長さあたりに受ける力 F を求めよ．

(2) 電流は単位時間あたりに，導線の断面を通過する電荷量である．よって，導線 2 を流れる電流の大きさ I_2 は

$I_2 =$ 荷電粒子が単位時間に進む距離 × 単位長さあたりの荷電粒子の数
　　　 × 荷電粒子がもつ電荷の大きさ $= vn_2|q|$

である．小問 (1) で求めた導線 2 が単位長さあたりに受ける力 F を I_2 を使って表せ．

【解答】 (1) 導線 2 の内部を移動する荷電粒子のそれぞれが，(3.3) 式より

$$F_{荷電粒子} = \frac{I_1}{2\pi\varepsilon_0 c^2 r}|q|v$$

の大きさの力を受ける．導線 2 における単位長さあたりの荷電粒子の数は n_2 なので，導線 2 が単位長さあたりに受ける力の大きさは

$$F = F_{荷電粒子} \times n_2 = \frac{I_1}{2\pi\varepsilon_0 c^2 r}|q|vn_2$$

である．

(2) $I_2 = vn_2|q|$ を小問 (1) の答えに代入すると

$$F = \frac{I_1}{2\pi\varepsilon_0 c^2 r}|q|vn_2 = \frac{1}{2\pi\varepsilon_0 c^2}\frac{I_1 I_2}{r}. \tag{3.7}$$

❗ 磁場の発生起源のまとめ

- 電荷が動くと磁場が生じる
- 電流が進む向きを右ねじが進む向きと考えたとき，電流の周りに発生する磁場は右ねじが回る向きを向く（右ねじの法則）

3.3 電磁気学の単位   **59**

3.3 電磁気学の単位

前節の導入例題 3.4 より，距離 r を隔てて平行に並べられた無限に長い 2 本の導線に，それぞれ I_1, I_2 の大きさの電流を流したとき，一方の導線の長さ l の部分が受ける力の大きさは

$$F = \frac{1}{2\pi \varepsilon_0 c^2} \frac{I_1 I_2 l}{r} \tag{3.8}$$

であることがわかった．(3.8) 式は電流の単位 A（**アンペア**）の定義を与える式であった．まずは，このことを説明することにしよう．そのために，新しい物理定数

$$\mu_0 = \frac{1}{\varepsilon_0 c^2} \fallingdotseq 4\pi \times 10^{-7} \tag{3.9}$$

を導入する．μ_0 は**真空中の透磁率**とよばれる定数である．この定数を使うと，(3.8) 式は

$$F = \frac{\mu_0}{2\pi} \frac{I_1 I_2 l}{r} = 2 \times 10^{-7} \times \frac{I_1 I_2 l}{r} \tag{3.10}$$

となる．国際単位系（SI）による **1 A の定義は元々「無限に長く，無視できるくらいの微小な断面積をもつ 2 本の導線を，真空中に 1 m の間隔を隔てて平行に張ったとき，導線間に 1 m あたり 2×10^{-7} N（ニュートン）の力を生じさせるのに必要な定常電流の大きさ」**であった（国際単位系（SI 第 9 版，2019）では，1 A は「1 秒あたり $\frac{1}{1.602176634 \times 10^{-19}}$ 個の素電荷 e の流れ」と定められた）．(3.10) 式はまさにそのことを表していることがわかるだろう．

力学で必要とされた単位 m（メートル），kg（キログラム），s（秒）に，電磁気学の単位である A（アンペア）を加えると，電磁気学で扱う量のすべてを，これら 4 つの単位で表すことができる．

> **導入** 例題 3.5
>
> 真空の透磁率 μ_0 と誘電率 ε_0 の単位を，m, kg, s および A で表せ．

【解答】 (3.10) 式の最初の等式の両辺を比較すると，F の単位は $\mathrm{N} = \mathrm{m \cdot kg \cdot s^{-2}}$ であり，$\frac{l}{r}$ は無次元である．角括弧 $[\cdots]$ を単位，または次元を表す記号とする

60　　第 3 章　磁場の発生起源と電磁気学の単位

と，μ_0 の単位 $[\mu_0]$ は

$$[\mu_0] = \frac{[F]}{[I_1][I_2]}\left[\frac{r}{l}\right] = \mathrm{N} \cdot \mathrm{A}^{-2} = \mathrm{m} \cdot \mathrm{kg} \cdot \mathrm{s}^{-2} \cdot \mathrm{A}^{-2}$$

である．また，(3.9) 式より

$$[\varepsilon_0] = [\mu_0]^{-1}[c]^{-2} = \mathrm{N}^{-1} \cdot \mathrm{A}^2 \times \mathrm{m}^{-2} \cdot \mathrm{s}^2 = \mathrm{m}^{-3} \cdot \mathrm{kg}^{-1} \cdot \mathrm{s}^4 \cdot \mathrm{A}^2$$

である．

　国際単位系では，1 m の定義は "真空中を光が $(299\,792\,458)^{-1}$ 秒間に進む距離" である．これは真空中の光速 c が

$$c = 299\,792\,458 \,\mathrm{m/s}$$

であることを意味している．$c \simeq 3 \times 10^8 \,\mathrm{m/s}$ と近似すると

$$\frac{1}{4\pi\varepsilon_0} = \frac{\mu_0 c^2}{4\pi} \simeq \frac{4\pi \times 10^{-7} \times (3 \times 10^8)^2}{4\pi} = 9 \times 10^9$$

となる．

　国際単位系では 1 C（クーロン）の単位は以下となる．

$$[\mathrm{C}] = \text{アンペア} \times \text{秒}　(\mathrm{A \cdot s}).$$

1 C は「素電荷 $\frac{1}{1.602176634 \times 10^{-19}}$ 個分の電荷量」に等しい．

確認 **例題 3.3**

　ローレンツ力による磁場の定義は $\boldsymbol{F} = q(\boldsymbol{v} \times \boldsymbol{B})$ であった．磁場 $\boldsymbol{B}$ の単位を T（**テスラ**）という．1 T の大きさは "1 m/s の速度をもつ 1 C の電荷が，磁場に垂直に侵入したとき，1 N の力を受けるような磁場の大きさ" に等しい．磁場 $\boldsymbol{B}$ の単位 $[\mathrm{T}]$ を m, kg, s および A で表せ．

【解答】　ローレンツ力 $\boldsymbol{F} = q(\boldsymbol{v} \times \boldsymbol{B})$ より，磁場の単位 $[\mathrm{T}]$ は

$$[\mathrm{T}] = \frac{[\boldsymbol{F}]}{[q][\boldsymbol{v}]} = \mathrm{N} \cdot \mathrm{C}^{-1}(\mathrm{ms}^{-1})^{-1} = \mathrm{m} \cdot \mathrm{kg} \cdot \mathrm{s}^{-2} \cdot \mathrm{A}^{-1} \cdot \mathrm{s}^{-1} \cdot \mathrm{m}^{-1} \cdot \mathrm{s}$$

$$= \mathrm{kg} \cdot \mathrm{s}^{-2} \cdot \mathrm{A}^{-1}$$

である．

3.3 電磁気学の単位　　61

同様に電場 $\boldsymbol{E}$ がもつ次元を考えてみる．ローレンツ力の $\boldsymbol{F} = q\boldsymbol{E}$ の関係より

$$[\boldsymbol{E}] = [\boldsymbol{F}][q]^{-1} = \mathrm{N} \cdot \mathrm{C}^{-1} = \mathrm{m} \cdot \mathrm{kg} \cdot \mathrm{s}^{-2} \cdot \mathrm{A}^{-1} \cdot \mathrm{s}^{-1}$$
$$= \mathrm{m} \cdot \mathrm{kg} \cdot \mathrm{s}^{-3} \cdot \mathrm{A}^{-1}$$

であることがわかる．

確認 **例題 3.4**

　以下の事実をもとに，電位差の単位 V（ボルト）を m, kg, s および A で表せ．

(1)　電場 $\boldsymbol{E}$ の単位は V/m である．

(2)　q クーロンの電荷を，速度を与えないように ϕ ボルトの電位差を（電位が増加する方向に）移動させるときに必要となる仕事は $q\phi$ ジュールである．

【解答】　(1)　$[\mathrm{V}] = [\boldsymbol{E}] \times \mathrm{m}$ なので，$[\mathrm{V}] = \mathrm{m}^2 \cdot \mathrm{kg} \cdot \mathrm{s}^{-3} \cdot \mathrm{A}^{-1}$ である．

　(2)　題意より，クーロン×ボルト はエネルギーの単位ジュール（J）である．また，ジュールは仕事の単位なので，力×距離 の単位をもつ．以上より

$$[\mathrm{V}] = \mathrm{J} \cdot \mathrm{C}^{-1} = (\mathrm{N} \times \mathrm{m}) \times \mathrm{C}^{-1} = (\mathrm{m} \cdot \mathrm{kg} \cdot \mathrm{s}^{-2} \times \mathrm{m}) \times \mathrm{A}^{-1} \cdot \mathrm{s}^{-1}$$
$$= \mathrm{m}^2 \cdot \mathrm{kg} \cdot \mathrm{s}^{-3} \cdot \mathrm{A}^{-1}$$

であり，小問 (1) の答えと一致している．　　■

　「導線に電流を流す」とは，導線内の自由電子を，導線に沿って移動させることを意味する．これは，導線の任意の 2 点間に電位差を生じさせることにより，実現することができる．（電位の低い方から高い方に自由電子が移動することになる．）このとき，電位差（または**電圧**）V と生じる電流 I の間に

$$I = \frac{1}{R}V \tag{3.11}$$

の関係が多くの物質，広い温度範囲で成り立つことが知られている．(3.11) 式を**オームの法則**という．(3.11) 式において，電圧 V が一定であると仮定すると，右辺に現れる係数 $\frac{1}{R}$ における R の値が大きくなるほど，電流の大きさ I は小さくなるため，電流が流れにくくなる．そのため，R は**抵抗**とよばれている．導線内部で正電荷などと衝突を繰り返すことにより，自由電子の動きが減速さ

せられることが，抵抗が生じる原因である．

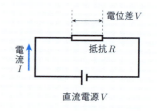

抵抗は導線を形成する物質，導線の形状または温度などから決まる定数であり，その単位は Ω（オーム）である．オームの単位は，(3.11) 式より $\Omega = [R] = \frac{[V]}{[I]} = \mathrm{V \cdot A^{-1}}$ に等しい．抵抗は導線全体に存在するものであるが，電気回路の模式図では，一部領域（図の白抜きの長方形）にのみ抵抗があり，他の導線部分は抵抗が零であるように考えることがある．抵抗が存在するとき，電流 I を定常に維持するためには，自由電子を駆動し続けなければならない．それを行っているのが，回路図で ┤├ の記号で示した直流電源である．その最も身近な例は乾電池である．

図に示された抵抗 R をもつ電気回路に起電力 V の電源をつなぐと，定常電流 I が生じたとする．このとき，自由電子が移動する速度は，回路の内部において一様である．抵抗の外部では自由電子は等速で移動することが可能である．自由電子が抵抗の内部に侵入すると，その動きを停止させようとする抵抗力がはたらくが，直流電源による駆動力により，定常な電流を維持することができる．別の見方をすると，抵抗内部には，電流の向きと同じ向きをもつ電場が存在し，それにより自由電子が駆動される，ということである．ただし，電流は一定なので，抵抗の入口と出口で自由電子の（平均的な）速度に変化はない．これは，入口と出口で自由電子の運動エネルギーに変化がなく，すなわち，電場が自由電子にした仕事は，抵抗内部ですべて熱に変換されることを意味している．抵抗内部で発生するこの熱エネルギーについて考えてみよう．

導入 例題 3.6

抵抗と直流電源をもつ回路で発生する熱エネルギーについて，以下の設問に答えよ．

(1) 抵抗の両端の電位差は V である．抵抗内部に発生する電場が一様であると仮定して，電場の大きさ E を求めよ．ただし，抵抗の長さを l とする．

(2) 電荷 q をもつ荷電粒子が，この回路における電荷の運び手（キャリアー）であると仮定しよう．このキャリアーが抵抗に単位長さあたり n 個存在するとして，抵抗内部に存在するキャリアーがもつ電荷の総量

3.3 電磁気学の単位 63

を求めよ.

(3) 抵抗内部に存在する全キャリアーに対して, 電場がする仕事は

個々のキャリアーが受ける力の和 × キャリアーの平均移動距離

= (キャリアーの総電荷 × 電場の大きさ)

× キャリアーの平均移動距離

である. よって, 電場が 1 秒あたりに抵抗内の全キャリアーに対してする仕事は

$P = ($キャリアーがもつ総電荷 × 電場の大きさ$)$

× キャリアーの平均移動速度

から求まる. すなわち, 抵抗では 1 秒あたり P ジュールの熱が発生することになる. P を**仕事率**(または**電力**)といい, その単位は W (**ワット**)である. P を電位差 V と電流 I, または抵抗 R と電流 I を使って表せ.
ヒント: キャリアーの平均移動速度を $\bar{v}$ と書くことにすると, 電流の大きさは $I = qn\bar{v}$ である.

(4) 国際単位系によれば, 仕事率 (電力) の定義は "1 s (秒) あたりに 1 J (ジュール) の仕事を供給する電力" である. つまり, 仕事率の単位であるワットは $J \cdot s^{-1}$ と同じはずである. 小問 (3) で求めた仕事率の単位が $J \cdot s^{-1}$ と同じであることを示せ.

【解答】 (1) 抵抗の電圧が低い方の一端からもう一方の端まで 1 C の電荷を運ぶのに必要な仕事は El であり, これが電圧 V に等しい. よって $E = \frac{V}{l}$ である.

(2) 抵抗の長さが l なので, 抵抗内部に存在するキャリアーの数は nl である. よって, 抵抗内部の総電荷は qnl で与えられる.

(3) 仕事率は

$$P = \left(qnl \times \frac{V}{l} \right) \times \bar{v} = qn\bar{v}V = IV. \tag{3.12}$$

オームの法則の式 (3.11) である $V = IR$ を, (3.12) 式に代入すれば, 仕事率は $P = IV = I^2 R$ とも書ける.

(4) 確認例題 3.4 の小問 (2) の答えを思い出すと，V（ボルト）の単位は $J \cdot C^{-1} = J \cdot A^{-1} \cdot s^{-1}$ であった．よって，仕事率 IV の単位は $A \cdot J \cdot A^{-1} \cdot s^{-1} = J \cdot s^{-1}$ であり，確かに仕事率の定義による単位 $J \cdot s^{-1}$ と一致していることが示せた．

次に，**コンデンサー**を考えてみよう．コンデンサーは電荷を蓄積することができる電気素子である．例えば，最も単純な**平行板コンデンサー**は，導体板を平行に並べ，その間に**絶縁体**を挟み込む構造をもつ．図は記号 ─┤├─ で表されたコンデンサーと直流電源を導線で接続した回路図を示している．この回路のスイッチを閉じると，電流が流れ始めるが，コンデ

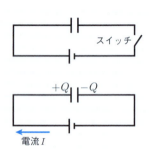

ンサーの2つの**極板**の間には絶縁体が挟み込まれているため，キャリアーはこの部分を通過できず，極板のそれぞれに，正負の電荷の蓄積が始まる．極板に蓄積する電荷が増加するほど，極板間の電位差が増加し，キャリアーの移動が困難になる．（直流電源は正電荷が蓄積された極板に正電荷を，負電荷が蓄積された極板に負電荷を供給し続けているため，極板の電荷量が増加するほどに，電荷の供給が困難になるということである．）そして極板間の電位差が直流電源の電圧に一致すると，電流は止まる．このとき，極板に蓄積された電荷量を Q，直流電源の電圧を V とすると

$$Q = CV \tag{3.13}$$

の関係が成り立つ．比例係数 C を**静電容量**という♠5．静電容量の単位は F（ファラド）である．国際単位系による 1 F の定義は "1 C の電荷が蓄積されることにより，1 V の電位差が生じる平行板コンデンサーの静電容量"であり，これは (3.13) 式の意味そのものである．(3.13) 式より，F（ファラド）の次元は $C \cdot V^{-1}$（クーロン／ボルト）の次元に等しいことがわかる．

平行板コンデンサーの静電容量を求める式を，ガウスの法則を使って求めてみよう．図は，充電後の平行板コンデンサーを表している．2つの極板表面に，互いに向かい合うように正負の電荷が現れている．このため，正電荷から負電

♠5 電気量の単位 C（クーロン）と紛らわしいが，静電容量を表す記号として C を使うことが非常に多い．これは静電容量を表す capacitance に由来している．

荷に向かう電場が極板間に存在している．ここで，「極板の間隔に対して，極板の面積は非常に大きい」と仮定してみよう．そうすると，それぞれの極板を，電荷が一様に分布した無限に長い導体板とみなすことができる．すなわち，**一様な電場がコンデンサーの極板に挟まれた領域にのみ存在する**と考えてよいことになる．（図に示されているように，極板の端から"漏れ"出している電場が確かに存在しているが，全体としては無視してよい，ということである．）

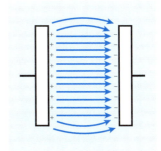

導入 例題 3.7

面積 S の 2 枚の導体極板が，間隔 d を隔てて平行に並べられた平行板コンデンサーがある．ただし，$S \gg d$ であり，極板の間は真空であるとする．このコンデンサーに電圧 V の直流電源をつなぎ，電流が止まるまで待つと，コンデンサーの極板に $\pm Q$ の電荷が蓄積された．このコンデンサーの静電容量 C を，以下の誘導に従って求めよ．

(1) 電位差 V の極板間のみに，一様な大きさ E の電場が存在すると仮定する．電場の大きさ E を d と V を使って表せ．

(2) 電場の大きさ E を，小問 (1) の方法とは別にガウスの法則を使って求めたい．正電荷 $+Q$ を蓄積した極板を，すっぽりと覆うような閉曲面を，ガウス面に選んでみよう．このとき，ガウス面の中で極板に挟まれる側に存在する面は，極板と平行になるように選ぶ．（断面図において，点線部分がガウス面の断面となるように選ぶ．）このガウス面を使って，電場の大きさ E を求めよ．

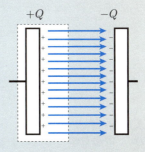

(3) 小問 (1) と (2) の答えから，電場 E を消去し，平行板コンデンサーの静電容量の表式を求めよ．

66　　　　　　第 3 章　磁場の発生起源と電磁気学の単位

【解答】　(1)　コンデンサーは電圧 V の直流電源によって，電流が流れなくなるまで充電されているので，極板間の電位差も V に達している．また，極板間の電場の大きさは一様で，その間隔が d なので，極板間の電位差は $E \times d$ に等しい．よって，電場の大きさは

$$V = Ed \implies E = \frac{V}{d} \tag{3.14}$$

と求まる．

　(2)　極板に挟まれた領域にのみ電場が存在し，電場は極板と直交している．よって，電場が存在する領域のいたるところで，電場とガウス面も直交していることになる．電場が貫く部分のガウス面の面積は，極板の面積 S に等しいので，電束は $\varepsilon_0 \times$ 電場の大きさ $\times$ 極板の面積 $= \varepsilon_0 ES$ となる．ガウス面は正に帯電している極板全体を覆っているので，ガウス面内の総電荷は $+Q$ である．よってガウスの法則より

$$\varepsilon_0 ES = Q \implies E = \frac{Q}{\varepsilon_0 S} \tag{3.15}$$

と求まる．

　(3)　(3.14) 式と (3.15) 式を等値すると

$$E = \frac{V}{d} = \frac{Q}{\varepsilon_0 S} \implies Q = \frac{\varepsilon_0 S}{d} V.$$

すなわち，平行板コンデンサーの静電容量は

$$C = \varepsilon_0 \frac{S}{d} \tag{3.16}$$

と求まる．極板の面積 S が大きいほど静電容量は大きくなり，極板の間隔 d が大きいほど静電容量は小さくなる．

⚠ 電磁気学の単位のまとめ

- 質量 m（メートル），質量 kg（キログラム），時間 s（秒）および電流の大きさ A（アンペア）の 4 つの単位を使えば，電磁気学のすべての単位を表すことができる
- 透磁率 μ_0 と誘電率 ε_0 は独立の物理定数ではなく，光速 c を介して $\mu_0 \varepsilon_0 = \frac{1}{c^2}$ という関係をもつ

第3章 演習問題

3.1 単位に関する以下の設問に答えよ．

(1) $\sqrt{\dfrac{\mu_0}{\varepsilon_0}}$ が Ω（オーム）の単位をもつことを示せ．

(2) 「半径 a の球内に総量 Q の電荷が一様に分布している」という文に使われている定数 a および Q に，誘電率 ε_0 と透磁率 μ_0 を加えた4つの定数を使って，以下の単位をもつ定数の組合せを作れ．

    i. s（秒）， ii. A（アンペア）， iii. V（ボルト）

3.2 **抵抗の合成法則**について，以下の設問に答えよ．

(1) 抵抗値 R_1 と R_2 をもつ抵抗を直列につないだとき（図 (a)），合成の抵抗値 R が

$$R = R_1 + R_2 \tag{3.17}$$

であることを示せ．

ヒント：直列接続した抵抗を電圧 V の直流電源につなぐと，電流 I が流れたとする．（図 (b)）このとき，抵抗 R_1 の両端の電位差と R_2 の電位差の和は V に等しい．

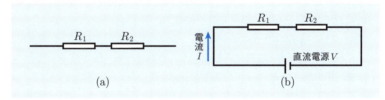

(2) 抵抗値 R_1 と R_2 をもつ抵抗を並列につないだとき（図 (c)），合成の抵抗値 R は

$$\dfrac{1}{R} = \dfrac{1}{R_1} + \dfrac{1}{R_2} \tag{3.18}$$

で表されることを，以下を参考に導け．

- 並列接続された抵抗を図 (d) のように電圧 V の直流電源につなぐ．電源から流れ出る電流の大きさを I，分岐して R_1 に流れ込む電流を I_1，R_2 に流れる電流を I_2 とすると，分岐点における電流（電荷）の保存則より

$$I = I_1 + I_2 \tag{3.19}$$

が成り立つ．すなわち，電気回路の分岐点に流れ込む電流と流れ出る電流が等しい．これを**キルヒホッフの第1法則**という．
- 抵抗 R_1 の両端の電位差と R_2 の電位差はともに V に等しい．例えば，回路上

を電源から電流の向きに進み，分岐点を経て抵抗 R_1 を経由して電源に再び戻る経路を考える．回路を1周すると，当然，もとの位置に戻ってくるので，途中で出会った回路素子がもつ電圧の和をとると零になるはずである．抵抗 R_2 を通る経路を選んでも同様である．式で表すと

$$V - I_1 R_1 = 0, \quad V - I_2 R_2 = 0 \tag{3.20}$$

である．抵抗では $-I_1R_1$ や $-I_2R_2$ のように，電圧が下がるように和をとることにしている．これを**電圧降下**とよんでいる[♠6]．電気回路における任意の閉じた経路について，電源を含む回路素子の電圧の和が零になることを，**キルヒホッフの第2法則**という．

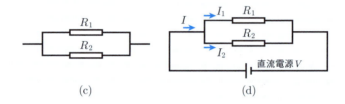

(c) (d)

3.3 複数の抵抗を含む回路に関する以下の設問に答えよ．

(1) 図 (a) に示したような3つの抵抗と2つの直流電源が接続された電気回路がある．抵抗 R_1, R_2, R_3 に流れる電流をそれぞれ I_1, I_2, I_3 とする．演習3.2の小問 (2) で説明したキルヒホッフの法則を使い，I_1, I_2, I_3 が満たすべき3つの式を書き下せ．次に，求めた式を解き，I_1, I_2, I_3 を抵抗値 R_1, R_2, R_3 と電源電圧 V_1, V_2 で表せ．

(2) 図 (b) に示された回路は**ホイートストンブリッジ**とよばれる．R_1 と R_2 は抵抗値が既知の抵抗を，$R_{可変}$ は抵抗値を調節できる抵抗（可変抵抗）をそれぞれ表している．並列区間の"橋渡し"をしている導線には Ⓐ マークで記された電流計がとり付けられている．$R_{未知}$ の位置に抵抗値が未知の試料をとり付け，直流電源に接続する．電流計に電流が流れなくなるように可変抵抗を調節することで，試料の抵抗値を知ることができる．$R_{未知}$ の値を $R_1, R_2, R_{可変}$ を使って表せ．

ヒント：電流計に電流が流れないということは，電流計の両端で電圧が等しいことを意味している．

[♠6] 抵抗を流れる電流の向きと回路を進む向きが一致するとき，電圧降下は負，反対向きのときの電圧降下は正とする．

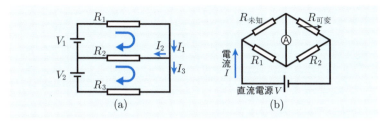

3.4 **コンデンサーの容量の合成則**に関して，以下の設問に答えよ．

(1) 静電容量 C_1 と C_2 をもつコンデンサーを直列につないだとき（図(a)），合成容量 C が

$$\frac{1}{C} = \frac{1}{C_1} + \frac{1}{C_2} \tag{3.21}$$

であることを示せ．

ヒント：直列接続されたコンデンサーを電圧 V の直流電源につなぎ，電流（充電）が止まるまで放置する．最終的に，2つのコンデンサーの極板に蓄えられる電荷の大きさは図(b)に示すように等しくなる．（点線の矢印で示された区間を超えて自由電子が移動することはできない．すなわち，この区間内の総電荷は，電荷の保存則により常に零でなければならない．結果として左右コンデンサーの極板に蓄積される電荷の大きさが等しくなる．）また，2つのコンデンサーの極板間の電位差の和は V に等しい．

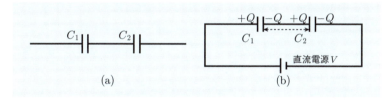

(2) 静電容量 C_1 と C_2 をもつコンデンサーを並列につないだとき（図(c)），合成容量 C は

$$C = C_1 + C_2 \tag{3.22}$$

で表されること示せ．

ヒント：2つのコンデンサーの極板間の電位差はともに V である（図(d)）．

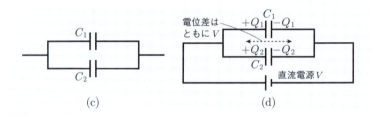

ちょっと寄り道　自由電子の移動速度と相対論効果

電荷が動くと相対論的な効果であるローレンツ収縮により磁場が生じるのであった．物体の速さ v が光速 c に近くなる，言い換えると $\beta = \frac{v}{c}$ が 1 に対して無視できないような大きさになると，相対論的な効果を考慮しなければならない．ところで $c = 3 \times 10^8$ m/s の大きさをもつ光速に対し，電流が流れる導線の中で自由電子がもつ速さは，実は 1 mm/s 程度の大きさしかないのである．そうであるならば $\beta \simeq 0$ であり，相対論的な効果である磁場の発生は無視してよいのではないだろうか．

具体的に計算してみよう．$r = 1$ cm の間隔で平行に張った細く長い 2 本の導線に電流を流し，導線の長さ $l = 10$ cm あたりにはたらく磁場によるローレンツ力の大きさを概算してみる．導線は純粋な銅から作られていて，断面は 1 辺が 1 mm の正方形（断面積 $S = 10^{-6}$ m^2）であると仮定しよう．銅の密度は 8.96×10^3 kg·m^{-3} なので，導線 10 cm 分の質量は

$$m = 断面積 \times 長さ \times 密度 = 10^{-6} \times 10^{-1} \times 8.96 \times 10^3 \sim 10^{-3} \text{ kg}$$

すなわち，ほぼ 1 g である．

2 本の導線のそれぞれに，ともに $I = 1$ A の電流を流すと仮定してみよう．銅の中に存在する自由電子の体積密度は 8.5×10^{28} m^{-3} であり，よって想定している導線がもつ自由電子の線密度 n は，断面積と体積密度の積から

$$n = 10^{-6} \text{ m}^2 \times 8.5 \times 10^{28} \text{ m}^{-3} \simeq 8.5 \times 10^{22} \text{ m}^{-1}$$

と見積もることができる．導線内を移動する自由電子の平均的な速さは，素電荷の大きさを $e = 1.6 \times 10^{-19}$ C として

$$v = \frac{I}{n \times e} = \frac{1}{8.5 \times 10^{22} \times 1.6 \times 10^{-19}} \simeq 7 \times 10^{-5} \text{ m/s} \sim 0.1 \text{ mm/s}$$

である．よって $\beta = \frac{v}{c} \sim 10^{-13}$ と求まり，この程度の大きさであるならば確かに相対論など考慮するまでもないと思えてしまう．他方，$I_1 = I_2 = 1$ A, $l = 10$ cm $= 10^{-1}$ m,

$r = 1\,\mathrm{cm} = 10^{-2}\,\mathrm{m}$ を (3.10) 式に代入すると，導線（の $10\,\mathrm{cm}$ の部分）がおよぼし合う力を $F = 2 \times 10^{-6}\,\mathrm{N}$ と見積もることができる．この力は $1\,\mathrm{g}$ の導線の小片に $a = 2 \times 10^{-6}\,\mathrm{N} \div 10^{-3}\,\mathrm{kg} = 2\,\mathrm{mm/s^2}$ の加速度を与えることになり，細い導線をわずかに揺らすことくらいはできそうである．

無視してよいと思えるほどの大きさの β が，結果的に巨視的な動きを引き起こすことができる要因はどこにあるのだろうか．それをみるために，導線がおよぼし合う力の大きさを (3.8) 式の形式から再び眺めてみることにしよう．(3.8) 式の右辺に $I_1 = I_2 = evn$ を代入し，さらに今回の議論の設定である $\frac{r}{l} = \frac{1}{10}$ を用いると

$$F = \frac{1}{2\pi\varepsilon_0 c^2} \frac{(evn)^2 l}{r} = \frac{2}{10} \left\{ \frac{1}{4\pi\varepsilon_0} \frac{(enl)^2}{r^2} \right\} \left(\frac{v}{c} \right)^2 \tag{1}$$

を得る．(1) 式最右辺の第 3 因子は $\left(\frac{v}{c} \right)^2 = \beta^2 \sim 10^{-26}$ 程度の大きさをもつ．(1) 式最右辺の波括弧で囲まれた第 2 因子は，「それぞれ enl の電荷をもつ 2 つの点電荷が，距離 r を隔てて配置されたときにおよぼし合う静電気力の大きさ」を表している．今回の想定では，電荷 enl は細い銅線の $10\,\mathrm{cm}$ あたりに含まれる全ての自由電子がもつ電荷の和であり，静電気力の大きさは具体的には

$$\frac{1}{4\pi\varepsilon_0} \frac{(enl)^2}{r^2} \simeq 9 \times 10^9 \times \frac{(1.6 \times 10^{-19} \times 8.5 \times 10^{22} \times 10^{-1})^2}{(10^{-2})^2} \sim 10^{20}\,\mathrm{N}$$

と見積もることができる．これはとてつもない大きさである．つまり β が一見して無視できるほど微小であっても，静電気力の大きさが巨大であるため，蟻が這うよりも遅い速さの自由電子の運動に対しても，相対論的な効果が無視できないのである．（OM）

第 4 章 アンペールの法則

電流が存在し，その近くを荷電粒子が運動するときに，相対論的な現象の結果として，磁場が発生することを前章で見た．相対論はアインシュタイン（1879–1955）が 1905 年に発見した理論であり，したがって，磁場の発生起源が判明したのも 20 世紀に入ってからということになる．しかし，磁場が電流により発生することは，それより前から知られていた．そればかりか，定常電流と発生する磁場の関連付けを行う完全な法則も，アンペール（1775–1836）により既に知られていた．相対論の発見からさらに 100 年ほど前の，アンペールの法則（1820 年）である．

4.1 定常電流が作る磁場

定常電流とその周りに生じる磁場は，以下の法則によって関係付けることができる．

> **法則 4.1（アンペールの法則）** ある閉じた経路に沿って磁場を足し合わせた量は，閉じた経路を貫く電流の総和に透磁率をかけた量に等しい．

閉じた経路を**閉経路**という．図に点線で示されているように，ある位置から出発し，その経路に沿って進んでいくと，いつかはもとの位置に戻ってくるような，閉じた線分のことである．ガウスの法則を使うときに，まず仮想的な閉曲面（ガウス面）を選んだのに対応し，アンペールの法則を利用するときは，まず仮想的な閉経路を選択することになる．

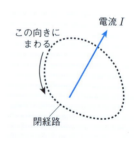

また，法則 4.1 における "磁場の足し合わせた量" とは，選んだ閉経路について，磁場の**線積分**を計算することによって求められる量である．まずは，線積分を行う上での約束事を決めておこう：

4.1 定常電流が作る磁場

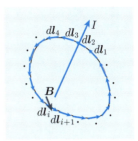

- 選択した閉経路を進む向きは2通りあり得るが，あらかじめどちら回りにするか決めておく（図）．
- 閉経路を微小長さの接線ベクトルに分割する．ベクトルの向きは閉経路を進む向きに一致させる．各点の微小接線ベクトルを添え字 $i = 1, 2, 3, \ldots$ によって番号付けを行って，dl_i と書くことにする（図）．磁場の線積分とは，i 番目のベクトル dl_i とその位置における磁場ベクトル $\boldsymbol{B}$ の内積 $\boldsymbol{B} \cdot dl_i$ を閉経路に沿って，足し合わせた $\sum_i \boldsymbol{B} \cdot dl_i$ である♠1．
- 閉経路を進む向きを，右ねじを回す向きと考えたとき，右ねじが進む向きに貫く電流は正，反対向きの電流は負とする．

図に描かれた電流と閉経路に，以上の約束事を適用すると，アンペールの法則は

$$\sum_i \boldsymbol{B} \cdot dl_i = \mu_0 I \tag{4.1}$$

と表すことができる．電流 I は，閉経路を貫く電流の総和♠2 を表している．

アンペールの法則を使って磁場の大きさを求める具体的な方法を，無限に長い直線電流が作る磁場を例に見てみよう．

♠1 正確に言えば，すべての dl_i の長さについて $dl_i \to 0$ とした極限をとった後のものが線積分であり，それを

$$\oint \boldsymbol{B} \cdot dl$$

と書く．$\oint$ は，閉曲線に沿って1周する線積分を表す記号である．これは**周回積分**ともよばれる．

♠2 閉経路を複数の電流が貫くとき，電流の総和は，電流の正負の値を考慮した正味の値を意味する．例えば，閉経路を同じ大きさの2つの電流が互いに逆向きに貫くとき，電流の総和は零となる．

導入 例題 4.1

　無限に長く，断面の大きさが無視できるほど細い直線状の導線に，定常電流 $I\ (>0)$ が流れているとする．この電流が作る磁場の大きさを，以下の誘導に従ってアンペールの法則を使って求めよ．

(1) 系の対称性から，閉経路としてどのような形のものを選ぶべきかについて考察せよ．

(2) 中心が導線の位置にあり，導線と直交する半径 r の円形の閉経路を考える（図）．第3章の導入例題 3.3 小問 (2) において，直線電流は電流の進む向きに向かって，時計回りの磁場を作ることを学んだ．そこで閉経路を進む向きも，磁場と同じく時計回りを選ぶことにする．すると，閉経路上の微小接線ベクトルのひとつ（添え字 i で区別することにする）と，その位置における磁場は，ともに同じ向きをもつことになるので，微小接線ベクトルとその点における磁場の内積は

$$\boldsymbol{B}\cdot d\boldsymbol{l}_i = B(r)\, dl_i$$

と書けることになる．ここで $B(r)$ は，半径 r の閉経路上における磁場 $\boldsymbol{B}$ の大きさ $B(r) = |\boldsymbol{B}|$ を意味している．以上を使って (4.1) 式の左辺の和を，$B(r)$ および r を使って表せ．

(3) アンペールの法則を使って，閉経路上の磁場の大きさ $B(r)$ を求めよ．

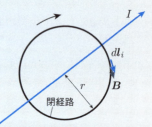

磁場 $\boldsymbol{B}$ と接線ベクトル $d\boldsymbol{l}_i$ は閉経路の至る所で同じ向きをもつ．

【解答】　(1)　直線状導線を軸として回転させても，状態に変化を見出すことはできない．すなわち，導線を軸とする軸対称性をもっている．この対称性より，導線を中心とし，導線と直交するような同心円上で，磁場の大きさは同じでなければならない．よって，閉経路としてこのような同心円を選ぶことが，(4.1) 式の左辺の和を計算する上で，最も都合がよいと考えられる．

(2)　磁場の大きさ $B(r)$ は，閉経路上で位置に依らず同じ大きさをもつ．よって，$\sum_i B(r)\, dl_i = B(r) \sum_i dl_i$ のように，$B(r)$ を和の記号の外に出すこと

4.1 定常電流が作る磁場 **75**

ができる. ここで, $\sum_i dl_i$ は閉経路として選んだ半径 r の円の接線の長さの和を意味するので, この和は半径 r の円の円周 $2\pi r$ に他ならない [♠3]. よって, $\sum_i B(r)\, dl_i = 2\pi r B(r)$ となる.

(3) 閉経路を進む向きを, 右ねじをまわす向きと考えると, 電流の進む向きは右ねじが進む向きと一致している. よって, アンペールの法則における "閉経路を貫く電流の総和に透磁率をかけた量" は $\mu_0 I$ に等しい. これに小問 (2) までの答えを使うと, アンペールの法則より

$$\sum_i \boldsymbol{B} \cdot dl_i = 2\pi r B(r) = \mu_0 I$$

$$\implies \quad \boxed{B(r) = \frac{\mu_0 I}{2\pi r}} \tag{4.2}$$

と磁場の大きさが求まる. ∎

前章の (3.3) 式は, "電荷 q をもつ荷電粒子が, 電流 I が流れる無限に長い直線電流と平行あるいは垂直に, 速さ v で移動するときに受ける力の大きさ" を表すものであった. この電流が作る磁場の大きさを B とすると, (3.3) 式は磁場によるローレンツ力の大きさ $F = |q|vB$ に等しいので

$$F_{荷電粒子} = \frac{I}{2\pi\varepsilon_0 c^2 r}\, |q|v = |q|vB$$

$$\implies \quad B = \frac{I}{2\pi\varepsilon_0 c^2 r}$$

ということになる. $\mu_0 = \frac{1}{\varepsilon_0 c^2}$ なので, この関係は導入例題 4.1 で求めた (4.2) 式と一致していることが確認できる.

導入例題 4.1 において, 電流の進む向きが反対向きであれば, 決めておいた閉経路を進む向きに対して, 負の電流が存在すると考える必要がある. このときのアンペールの法則は

[♠3] $dl_i \to 0$ の極限をとると

$$\oint \boldsymbol{B}(r) \cdot d\boldsymbol{l} = B(r) \oint \boldsymbol{t} \cdot d\boldsymbol{l} = 2\pi r B(r)$$

と表せる. $\boldsymbol{t}$ は半径 r の円の単位接線ベクトルを表す.

$$\sum_i \boldsymbol{B} \cdot d l_i = -\mu_0 I \tag{4.3}$$

である．$I > 0$ を想定しているので，マイナス符号は $\boldsymbol{B}$ と dl_i の内積が負，すなわち磁場 $\boldsymbol{B}$ の向きが，閉経路を進む向きと反対向きであることを意味している．

確認 例題 4.1

太さが無視できる直線状の導線を，厚さが無視できる半径 R の円筒形の導線が囲んでいる．直線状導線には電流 $I\ (> 0)$ が流れていて，円筒形の導線には，大きさが同じく I で，直線状導線とは逆向きの電流が流れている（図）．2つの導線は十分に長く，また直線状の導線は，円筒形の導線の中心に位置し，両者は平行であるとする．発生する磁場の大きさを以下の設問に従って求めよ．

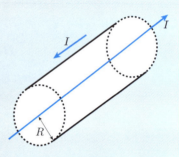

(1) 直線状の導線と円筒形の導線に挟まれた領域における磁場の大きさと向きを求めよ．

(2) 円筒形の導線の外部に発生する磁場の大きさを求めよ．

【解答】 導入例題 4.1 と同様，直線状の導線を中心とし，それを垂直に横切る半径 r の円周を閉経路に選び，アンペールの法則の計算式 (4.1) を適用すればよい．

(1) $r < R$ のときは，閉経路の内部を貫く電流は直線状の導線によるものだけである．よって，閉経路を進む向きを，図に向かって時計回りに決めると，導入例題 4.1 と全く同じ問題になる．すなわち，直線状の導線を中心に，紙面に向かって時計回りで，大きさ $B(r) = \frac{\mu_0 I}{2\pi r}$ の磁場が発生する．

(2) 閉経路の半径を $r > R$ まで広げると，直線状導線と円筒形の導線による2つの電流が閉経路を貫く．ただし，それらは大きさが同じで向きが逆なので，電流の総和は零になる．よって，アンペールの法則の計算式 (4.1) から $2\pi r B(r) = 0 \implies B(r) = 0$ となる．円筒形導線の外部には磁場は存在しない．

4.1 定常電流が作る磁場

長い直線状の導線が2本，非常に近い距離を隔てて上下平行に並べられているとする．これら2本の導線に，同じ向きに，同じ大きさの電流がともに流されると，導線の境界部分に発生する磁場は，図に示すように大きさが同じで向きが反対なので，互いに相殺してしまう．結果として2本の導線を時計回りにまわる，楕円形の磁力線が形成されることが予想される．

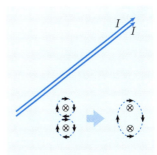

導入 例題 4.2

厚さが d の無限に広い板状の導体がある．この導体には，図 (a) に示すように，単位断面積あたり J の電流が流れている．（図は板状導体の一部を切り抜いて描いてある．）

(1) どのような磁場が発生するかを予想し，その概略図を描け．

　ヒント：薄い板状の電流が作る磁場を考えてみよ．そのような電流は，同じ向き，かつ平行に流れる直線状の電流を密に並べたものとみなすことができる．厚さをもった板状の電流は，薄い板状電流を重ねたものと考えればよい．

(2) 導体外部に発生する磁場の大きさが，導体表面からの距離 r にどのように依存するかを予想せよ．図 (b) の点線で示されたような長方形の閉経路について，アンペールの法則を適用してみよ．

(3) 図 (c) の点線で示されたような閉経路に，アンペールの法則を適用することにより，導体外部に発生する磁場の大きさを求めよ．

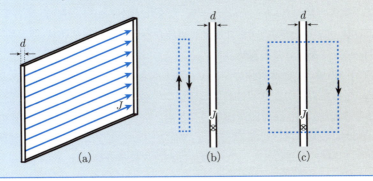

【解答】 (1) 同じ向きに流れる直線状の電流を密に並べて，電流が流れる薄い板を形成したと考える．隣接する直線状電流に挟まれた領域の磁場は，互いに相殺される．すなわち，電流が流れる板を貫通するような磁場成分は消えてなくなる．また板が無限に広いならば，板に対して平行に移動しても，観測できる磁場に変化を見出すことはできないはずである．これは発生する磁場が，板に平行でなければならないことを意味している．（板状導体に対して，垂直な磁場成分が存在すると仮定すると，板状導体に対して斜めを向く磁場が存在することになる．しかし，それは "特別な角度" が選択されていることを意味しており，対称性から，そのような選択は起こり得ない．）結果として，板状導体の表面に平行な磁場が，図のように形成されると考えられる．磁場の向きについては，図に示したように，断面の左側では上向き，右側では下向きとなる．

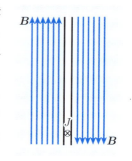

(2) 閉経路が，高さ h，幅 w の長方形であるとする．また，導体に近い方の一辺は，導体表面から r の距離にあるとする．閉経路が存在する領域では，磁場の向きは上向きであるため，閉経路の水平部分において，閉経路と磁場は直交する．すなわち，水平部分の経路の線積分 $\boldsymbol{B}\cdot d\boldsymbol{l}$ への寄与は零である．閉経路をまわる向きは時計回りなので，磁場の線積分は $B(r+w)h - B(r)h$ となる．ここで $B(r)$ は，板状導体の表面から距離 r の位置における磁場の大きさである．アンペールの法則によれば，この線積分の値が透磁率と閉経路を貫く電流の大きさの積に等しい．しかし，閉経路を貫く電流は存在しないので，$B(r+w)h - B(r)h = 0$，つまり $B(r+w) = B(r)$ である．これは磁場の大きさは板状導体からの距離には依存せず，一定であることを意味している．

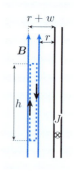

(3) 磁場は，板状導体の左側で鉛直上向き，右側で鉛直下向きである．よって，閉経路の水平な 2 辺における磁場の線積分の値は，小問 (2) の場合と同様に零である．閉経路の鉛直部分の長さを，左右ともに h とする．導体の外部で磁場は同じ大きさをもち（ただし，導体を挟んで向きは変わる），閉経路を進む向きは時計回りなので，これらの辺における線積分の値は，閉経路の左右の辺それぞれで Bh であり，全体の線積分の値はその 2 倍の $2Bh$ となる．他方，閉

経路を貫く電流は

$$電流密度 \times 閉経路で囲まれた板状導体の断面積 = J \times (d \times h).$$

よって，導体外部に発生する磁場の大きさは，アンペールの法則から

$$2Bh = \mu_0 Jdh$$
$$\implies B = \frac{1}{2}\mu_0 Jd$$

と求まる．

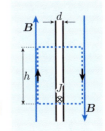

導線を円状に折り曲げて重ねたものを**コイル**や**ソレノイド**という．ソレノイドに電流を流すと，どのような磁場が作られるだろうか．

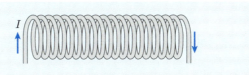

導入 例題 4.3

ソレノイドが作る磁場について，以下の設問に答えよ．

(1) ソレノイドの断面をとると，図 (a) に示したような向きに電流が流れていることになる．⊙マークは電流が紙面奥から手前に流れていることを，⊗マークは電流が紙面手前から奥に流れていることを示す記号である．導線が密に巻かれていると仮定して，発生する磁力線の概略図を描け．

(2) ソレノイドが無限に長い，または非常に長いと仮定すれば，両端で磁力線が曲がる効果を無視でき，磁力線はソレノイド内部で，図 (b) に示すように直線的に伸びているとみなすことができる．また，ソレノイド外部の磁場は零であると考えてよい．（正確にはソレノイド外部の表面付近に磁力線は存在しない）．ここで図 (c) に示すような長方形の閉経路に対し，アンペールの法則を適用することにより，ソレノイド内部に

発生する磁場の大きさを求め，それを電流の大きさ I と単位長さあたりの巻き数 n を用いて表せ．
(3) ソレノイド内部の磁場の大きさが一様であることを示せ．

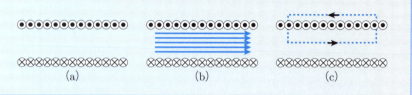

【解答】 (1) 導線は密に巻かれているので，隣り合った導線の間に生じる磁場は互いに打ち消し合い，磁力線は導線の隙間から漏れ出さない．磁力線がソレノイドの外部に出ていけるのは，ソレノイドの両端か

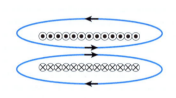

らだけになる．磁力線はループを作る必要があるので，図に示したように，ソレノイドの一方の端から出た磁力線は，他端に回り込み，そこから吸い込まれて循環するような磁力線が形成される．

(2) 長方形の閉経路の 4 辺の中で，鉛直向きの 2 辺は磁場と直交するので，これらの磁場の線積分への寄与は零である．水平な 2 辺は磁場と平行であり，そのうちの 1 辺は磁場が存在しない外部に位置している．もう 1 辺はソレノイドの内部に位置しており，その辺上のすべての位置で磁場の大きさは等しいはずである．以上より，閉経路の横幅を w，ソレノイド内部の磁場の大きさを B とすると，(4.1) 式左辺の和は $0 \times w + B \times w = Bw$ となる．また

閉経路を貫く電流の大きさ

$\quad$ = 閉経路を貫く導線の数 × 電流の大きさ

$\quad$ = (単位長さあたりの巻き数 × 閉経路の横幅) × 電流の大きさ

$\quad$ = nwI

である．よって，アンペールの法則により

4.1 定常電流が作る磁場

$$Bw = \mu_0 \times nwI$$

$$\implies \boxed{B = \mu_0 nI}$$

と求まる．

(3) 図に示されたような，ソレノイドの内部に全体が収まる長方形の閉経路に対して，アンペールの法則を適用する．経路で鉛直方向に進む部分における磁場の線積分は零である．長方形の上辺 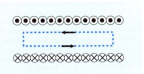 の位置における磁場の大きさを $B_上$，下辺における大きさを $B_下$ とし，上辺と下辺の長さを w とすれば，磁場の線積分の値は $-B_上 w + B_下 w$ となる．今回は閉経路を貫く電流は存在しないので，アンペールの法則により

$$-B_上 w + B_下 w = 0$$

$$\implies B_上 = B_下.$$

この結果は，長方形の閉経路全体がソレノイドの内部にありさえすれば，長方形の辺の長さに依らずに，一般に成立するものである．よって，**ソレノイド内部では，磁場の大きさは位置に依らず一様である**ことが結論される．∎

💡 定常電流が作る磁場のまとめ

- 定常電流とその周りに発生する磁場の関係は，定常電流に対するアンペールの法則である (4.1) 式によって決定される
- アンペールの法則を用いると，特定の対称性をもって流れる定常電流（無限に長い直線状導線，無限に長いソレノイド，無限に広いシート状導体など）の周りに生じる磁場の大きさを，容易に求めることができる

4.2 アンペールの法則の一般化：変位電流

アンペールの法則 4.1 において "閉経路を貫く電流" としたところを，"閉経路を縁とする面を通過する電流" と言い直しても差し支えはない．例えば定常電流が存在する空間に，ある閉経路を固定したとする．ここで閉経路（図に点線で示されている部分）に，太鼓の皮のようにピンと張った面を張ろうが，お椀のように膨らんだ形の面を張ろうが，(4.1) 式の右辺は同じ結果を与える．これは固定された閉経路に，いかなる面を貼り付けても，その面を通過する電荷は単位時間あたりで同じ量になるという，定常電流の性質によるものである．言い方を変えると，アンペールの法則の式 (4.1) が正確に成り立つのは，定常電流のみが存在する場合に限られるのである．

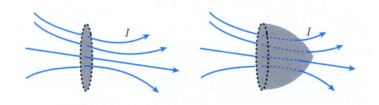

定常電流でない例として，抵抗と電荷 Q に帯電したコンデンサーからなる，図 (a) のような回路を考えてみよう．この回路のスイッチを閉じると，コンデンサーが放電し，電流が流れ始める．コンデンサーに蓄えられていた電気的なエネルギーは，抵抗で熱に変わり，そしてコンデンサーがもつ電荷がなくなると電流は止まる．この回路で，アンペールの法則の閉経路として，コンデンサーから離れた導線上に，導線を中心とし，導線と直交する半径 r の円を選ぶ．

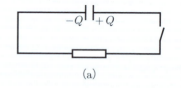

まず，閉経路を縁とする円盤を，"閉経路を縁とする面" として選んでみる（図 (b)）．この円がコンデンサーから十分遠い位置にあり，また放電がゆっくり行われると仮定すると，前節の導入例題 4.1 で調べたときと同様に，閉経路上には大きさ $B = \frac{\mu_0 I}{2\pi r}$ の磁場が発生するだろう．ここで I は回路を流れる電流の大きさを表す．

4.2 アンペールの法則の一般化：変位電流

"閉経路を縁とする面"を，図 (c) に示すように，コンデンサーの隙間をかいくぐるように選ぶことも可能である．（この面は，ガウスの法則で登場したような閉曲面ではないことに注意を要する．図 (c) に描かれた円柱状の面はコップのような形であり，閉経路の場所には，"ふた"にあたるものが存在していない．反対にコンデンサーの極板に挟まれた領域には面積 πr^2 の"ふた"が存在している．）この面を通過する電流は存在しないので，アンペールの法則の式 (4.1) の右辺は零であり，$B = 0$ という結果を得る．このように"閉経路を縁とする面"の選び方に依存して，異なる結果が導かれてしまうのである．

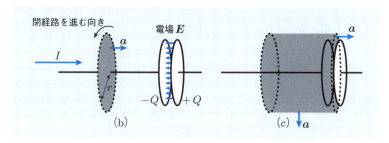

しかし，アンペールの法則の式 (4.1) に若干の修正を加えるだけで，いつでも成立する形にできることがわかっている．その一般化されたアンペールの法則は以下で与えられる：

$$\sum_i \boldsymbol{B} \cdot d\boldsymbol{l}_i = \mu_0 \left(\boldsymbol{j} + \varepsilon_0 \frac{\partial \boldsymbol{E}}{\partial t} \right) \cdot \boldsymbol{a}. \tag{4.4}$$

ベクトル $\boldsymbol{j}$ は**電流密度**とよばれ，単位面積あたりの電流の大きさをもち，電流が流れる向きを向いたベクトルである．その単位は $A \cdot m^{-2}$ である．ベクトル $\boldsymbol{a}$ は**面積ベクトル**とよばれ，閉経路を縁とする面の法線の向きをもち，その大きさ $a = |\boldsymbol{a}|$ は閉経路を縁とする面の面積に等しい．よって，$\boldsymbol{j} \cdot \boldsymbol{a}$ は電流の大きさを表す．すなわち，(4.4) 式の右辺第 1 項である $\mu_0 \boldsymbol{j} \cdot \boldsymbol{a}$ は，(4.1) 式右辺 $\mu_0 I$ を別の方法で表しただけのものである．(4.4) 式の右辺第 2 項に現れる $\boldsymbol{E}$ は，面積ベクトル $\boldsymbol{a}$ で指定される面の位置における電場ベクトルを表す．こちらがアンペールの法則に追加された新しい項ということになる．これはアンペールの法則の発見から約半世紀後の 1865 年に，マクスウェルによって提唱されたものである．（相対論はまだ知られていない時代である．）

84　　　　　　　　　　　第 4 章　アンペールの法則

　一般化されたアンペールの法則の式 (4.4) を使って，コンデンサーの回路を再び考えてみよう．図 (b) で描かれた円盤状の面については，a の大きさは閉経路を縁とする円の面積 πr^2 に等しい．a の向きは，図に示されたように円の法線の向きに一致させる♠4．電流密度 j と面積ベクトル a は同じ向きをもっている．また電流密度 j は，導線の断面以外の領域で大きさは零である．よって，導線の断面積の大きさを a_c とすると，内積 $j \cdot a = j a_c$ は，導線を流れる電流 I を表すことになる．

　図 (c) で描かれた円柱状の面については，面積ベクトル a は円柱側面と "ふた" になる円盤面の 2 つの面の集合体である．面積ベクトルの向きは，図 (c) に描かれたような向きをそれぞれもつ．図 (b) と (c) のような 2 種類の面を選んだとしても，一般化されたアンペールの法則の式 (4.4) が，同じ結果をもたらすことを確認してみよう．

> **導入**　例題 4.4
>
> 　82 ページの図 (a) に示された平行板コンデンサーと抵抗からなる回路を考える．スイッチを閉じた後，2 つの極板に蓄えられた $\pm Q$ の電荷は，電流が流れるにつれて減少していく．極板の電荷量の大きさ Q（> 0）と電流の大きさ I（> 0）の間には
>
> $$I = -\frac{dQ}{dt} \tag{4.5}$$
>
> の関係がある．この回路に対して，一般化されたアンペールの法則の式 (4.4) を使えば，「閉経路を縁とする面」として 83 ページの図 (b) のような面を選んでも，図 (c) のような面を選んでも同じ結果が得られることを，以下の手順で示せ．
>
> (1)　図 (b) に描かれた円盤を "閉経路を縁とする面" に選んだとき，一般化されたアンペールの法則の式 (4.4) の右辺の値を，極板の電荷の大きさ Q を使って表せ．ただし，閉経路はコンデンサーから遠くに位置するとし，閉経路の近傍に電場 E は存在しないとしてよい．

♠4　1 つの面に対して，表面と裏面で法線を 2 つ選ぶことができる．面積ベクトルの向きを 1 つに決めるために，電流または電流密度ベクトルの向きを決めたときと同様，「右ねじの法則」を適用する．すなわち，あらかじめ決めておいた閉経路を進む向きを，右ねじが回る向きと考え，右ねじが進む向きを面積ベクトルの向きに選ぶ．

4.2 アンペールの法則の一般化：変位電流 **85**

> (2) 図 (c) に描かれたコップのような面を "閉経路を縁とする面" に選んだとき，一般化されたアンペールの法則の式 (4.4) の右辺の値を，極板の電荷の大きさ Q を使って表せ．また，結果が小問 (1) で求めた答えに一致することを確認せよ．ただし，コンデンサーの極板は，広さが極板の間隔に比べて非常に大きいと仮定し，極板に挟まれた領域にのみ，一様な電場 $\boldsymbol{E}$ が存在すると仮定せよ．

【解答】 (1) 閉経路の近傍に電場 $\boldsymbol{E}$ は存在しないので，$\boldsymbol{E} = 0$ である．また，図 (b) に示された円盤面に対しては $\boldsymbol{j} \cdot \boldsymbol{a} = I$ である．よって，一般化されたアンペールの法則の式 (4.4) の右辺は，(4.5) 式を使えば

$$\mu_0 \left(\boldsymbol{j} + \varepsilon_0 \frac{\partial \boldsymbol{E}}{\partial t} \right) \cdot \boldsymbol{a} = \mu_0 \boldsymbol{j} \cdot \boldsymbol{a} = \mu_0 I = -\mu_0 \frac{dQ}{dt}$$

と書けることになる．

(2) 図 (c) に描かれたコップのような面を，円柱の側面とふたとなる円盤面の 2 つの部分に分けて考える．まず円柱の側面上においては，電流密度 $\boldsymbol{j}$ も電場 $\boldsymbol{E}$ も零なので，この部分による (4.4) 式右辺の値は零になる．円盤面の部分では，電流密度は零（$\boldsymbol{j} = 0$）であるが，（時間とともに減衰する）電場は存在している．よって，一般化されたアンペールの法則の式 (4.4) の右辺は

$$\mu_0 \left(\boldsymbol{j} + \varepsilon_0 \frac{\partial \boldsymbol{E}}{\partial t} \right) \cdot \boldsymbol{a} = \mu_0 \varepsilon_0 \frac{\partial \boldsymbol{E}}{\partial t} \cdot \boldsymbol{a} \tag{4.6}$$

となる．ここで，面積ベクトル $\boldsymbol{a}$ は定ベクトルなので，$\frac{\partial \boldsymbol{E}}{\partial t} \cdot \boldsymbol{a} = \frac{\partial}{\partial t}(\boldsymbol{E} \cdot \boldsymbol{a})$ として構わない．また，面積ベクトル $\boldsymbol{a}$ と電場 $\boldsymbol{E}$ は平行であるが向きは逆で，電場は極板の間にしか存在しないので，電場の大きさを $E \, (= |\boldsymbol{E}|)$，極板の面積を S とすると，$\boldsymbol{E} \cdot \boldsymbol{a} = -ES$ ということになる．これらを (4.6) 式に代入すると

$$\mu_0 \varepsilon_0 \frac{\partial \boldsymbol{E}}{\partial t} \cdot \boldsymbol{a} = \mu_0 \varepsilon_0 \frac{\partial}{\partial t}(\boldsymbol{E} \cdot \boldsymbol{a}) = -\mu_0 \varepsilon_0 \frac{\partial E}{\partial t} S$$

を得る．ここで導入例題 3.7 で求めた，電場の大きさ E と極板の電荷量 Q との間の関係式 (3.15) である $E = \frac{Q}{\varepsilon_0 S}$ を代入すると

$$-\mu_0 \varepsilon_0 \frac{\partial E}{\partial t} S = -\mu_0 \varepsilon_0 S \frac{\partial}{\partial t}\left(\frac{Q}{\varepsilon_0 S} \right) = -\mu_0 \frac{\partial Q}{\partial t}$$

が導かれる．これは小問 (1) の答えと一致している．

アンペールの法則の左辺である磁場の線積分については，共通の閉経路を使っているので，図 (b) と図 (c) に描かれた面のとり方による違いはない．以上より，図 (b) で示された面を選んでも，図 (c) の面を選んでも，一般化されたアンペールの法則の式 (4.4) は同じ結果を与えることを示すことができた． ■

一般化されたアンペールの法則の式 (4.4) において，新たに付加された項 $\varepsilon_0 \frac{\partial E}{\partial t}$ をマクスウェルは**変位電流**と名付け，現在もその名称が使われている．**導体中の自由電子などのキャリアーによる電流が存在しない真空中でも，電磁波は電磁気的な情報やエネルギーを伝搬させることができる．現代の社会基盤を支える電磁波は，この変位電流によって伝搬されるのである．**

一般化されたアンペールの法則の式 (4.4) の右辺括弧内に注目すると，変位電流 $\varepsilon_0 \frac{\partial E}{\partial t}$ は当然ながら電流密度 j と同じ次元をもつはずである．

> **確認** **例題 4.2**
>
> 変位電流 $\varepsilon_0 \frac{\partial E}{\partial t}$ が電流密度 j と同じ次元 $\mathrm{A \cdot m^{-2}}$ をもつことを確かめよ．

【解答】 3.3 節 (59 ページ) の議論を思い出すと，ε_0 の単位は $\mathrm{m^{-3} \cdot kg^{-1} \cdot s^4 \cdot A^2}$ であり，E の単位は $\mathrm{m \cdot kg \cdot s^{-3} \cdot A^{-1}}$ であった．よって $\varepsilon_0 \frac{\partial E}{\partial t}$ の単位は

$$(\mathrm{m^{-3} \cdot kg^{-1} \cdot s^4 \cdot A^2}) \cdot (\mathrm{m \cdot kg \cdot s^{-3} \cdot A^{-1}}) \cdot \mathrm{s^{-1}} = \mathrm{A \cdot m^{-2}}$$

であり，変位電流は確かに電流密度と同じ単位をもっている． ■

！ **変位電流とアンペールの法則の一般化のまとめ**

- 変動する電場の時間微分に誘電率をかけたものを変位電流という
- 定常電流に対するアンペールの法則 (4.1) 式における電流が，時間と空間に依存する電流密度 j と変位電流 $\varepsilon_0 \frac{\partial E}{\partial t}$ から構成されていると考えると，一般化されたアンペールの法則が得られる
- 一般化されたアンペールの法則は電磁気学の基本方程式のひとつである
- 変位電流が存在することにより電磁波の伝搬が可能になっている

第 4 章 演習問題

4.1 電流が作る磁場に関して,以下の設問に答えよ.

(1) 断面が半径 a の円である,無限に長い導線に,一様な電流 I が流れている.この電流により発生する磁場の強さを,導線の中心からの距離 r の関数 $B(r)$ として表せ.

(2) 小問 (1) の導線とともに,その外側に,内径 b, 外径 c の無限に長い円筒形の導線があり,そこには一様な電流 I が反対向きに流れているものとする.この 2 つの電流により発生する磁場の強さを,導線の中心からの距離 r の関数 $B(r)$ として表せ.

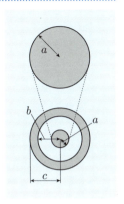

4.2 磁場 B の中を電流 I が流れるとき,電流の単位長さあたりにはたらく力 F は,一般に

$$F = I \times B \tag{4.7}$$

で与えられることを示せ.

4.3 電流 I_1, I_2, I_3 が流れる 3 本の導線が,距離 a および b を隔てて水平に並べられている(図).それぞれの導線が受ける単位長さあたりの力を向きも考慮して求めよ.ただし,紙面の表から裏に進む向きを電流の正の向き,水平右向きを力の正の向きとする.

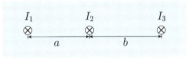

4.4 半径 r の円盤状の極板をもつ平行板コンデンサーがある(図).このコンデンサーを直流電源につなぎ,ゆっくりと充電する.このとき,コンデンサーの(2 枚の極板に挟まれた円筒状領域の)側面に生じる磁場の大きさを,極板に充電された電荷量 Q の変化率 $\dot{Q} = \frac{dQ}{dt}$ を使って表せ.また磁場の向きを図示せよ.

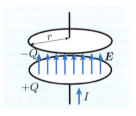

4.5 静止した座標系(これを S 系とする)にいる観測者が,x 軸上に電荷線密度 ρ の(静止した)線状電荷が存在することを観測した.

(1) S 系の観測者から見える電場と磁場の,x 軸に平行な成分の大きさを,それぞれ $E_{//}, B_{//}$, x 軸と直交する成分の大きさを,それぞれ $E_\perp, B_\perp$ とする.$E_{//}, E_\perp$, $B_{//}, B_\perp$ を求めよ.

88 第4章 アンペールの法則

(2) x 軸の正の向きに速さ $v\,(>0)$ で移動する座標系（これを S' 系とする）にいる観測者が，同じ線状電荷を見た．この観測者にとって，周りの様子は以下のように見えている：

- 線状電荷はローレンツ収縮の影響を受ける．線状電荷を等間隔に並んだ点電荷の列と考えると，S' 系における点電荷の間隔は，S 系で観測するときと比べ $\frac{1}{\gamma}$ 倍される．ここで

$$\gamma = \frac{1}{\sqrt{1 - \left(\frac{v}{c}\right)^2}}$$

であり，c は光速を表す．これにより単位長さあたりの点電荷の数は γ 倍になる．すなわち，S' 系の観測者にとって，電荷線密度は $\rho' = \gamma\rho$ である．

- 線状電荷は x 軸の負の向きに，速さ v で移動している．すなわち，x 軸の負の向きに，大きさ $I' = \rho'v = \gamma\rho v$ の電流が存在する．

S' 系の観測者から見える電場と磁場の，x 軸に平行な成分の大きさを，それぞれ $E'_{//}$，$B'_{//}$，x 軸と直交する成分の大きさを，それぞれ $E'_\perp$，$B'_\perp$ とする．上記を参考に，$E'_{//}$，$E'_\perp$，$B'_{//}$，$B'_\perp$ を求めよ．

(3) 小問 (1), (2) の答えが，付録 B の**ローレンツ変換式** (B.22) および (B.23) と矛盾がないことを確認せよ．

第 5 章　電磁誘導

　アンペールの発見から約 10 年後の 1831 年，ファラデー（1791–1867）は新しい電磁気現象を発見した．変動する磁場が電流を発生させる，電磁誘導の発見である．発電機やモーター，また最近では非接触型の充電器など，日常生活において我々がとりわけ恩恵を受けている物理法則の 1 つである．

5.1　磁場中を運動する導体

磁場の中で，導体棒を動かすと何が起こるかを考えてみよう．

導入　例題 5.1

空間に大きさが B の一様な磁場が存在すると仮定する．（例えば巨大な永久磁石やソレノイドがあり，その**磁極**の近くでは，磁場がほぼ一様であるとみなすことができる．）磁場の向きを，図に示すように y 軸の正の向きと一致させることにする．ここで z 軸に平行

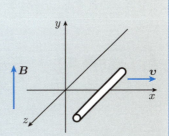

に置かれた細い導体棒を，x 軸の正の向きに一定の速さ v で移動させた．空間に電場は存在しないとして，以下の設問に答えよ．
(1) 導体中の自由電子はローレンツ力を受けて，移動を始める．1 つの自由電子が受ける力の大きさと向きを求めよ．電気素量は e で表せ．
(2) 動き始めた自由電子は最終的に停止する．その理由を述べよ．

【解答】　(1) 座標軸の正の向きをもつ単位ベクトルを，それぞれ $\hat{\boldsymbol{x}}, \hat{\boldsymbol{y}}, \hat{\boldsymbol{z}}$ とすると，磁場は $\boldsymbol{B} = B\hat{\boldsymbol{y}}$，自由電子の速度は $\boldsymbol{v} = v\hat{\boldsymbol{x}}$ である．空間に電場は存在しないので，自由電子 1 つが受けるローレンツ力は

$$\boldsymbol{F} = q\boldsymbol{v} \times \boldsymbol{B} = -ev\hat{\boldsymbol{x}} \times B\hat{\boldsymbol{y}} = -evB(\hat{\boldsymbol{x}} \times \hat{\boldsymbol{y}}) = -evB\hat{\boldsymbol{z}}.$$

自由電子は z 軸の負の向きに，大きさ evB の力を受ける．

(2) 磁場によるローレンツ力を受けて，導体棒内部の自由電子の集団は z 軸の負の向きに移動を始める．自由電子の移動が進むにつれ，導体棒の z 軸の正の側は正に帯電し，負側は負に帯電する．この電荷の偏りにより，導体棒内には z 軸の負の向きをもつ電場が生じる．自由電子は，この電場から z 軸の正の向きに力を受ける．外部磁場に起因する z 軸の負の向きの力と，電荷の偏りによって生じる電場から受ける z 軸の正の向きの力が，釣り合うところまで導体内の電荷の偏りが進むと，自由電子は動きを止めることになる． ■

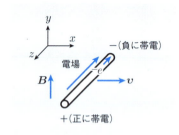

次に閉じた導線（回路）を磁場の中で動かすことを考えてみよう．このとき，回路が移動するにつれ，磁場が弱くなっていくと仮定する．回路を永久磁石やソレノイドの近くから，遠ざかる向きに動かせば，この状況を実現することができる．

確認 例題 5.1

y 軸の正の向きをもち，x 軸の正の向きに進むほど大きさが減少する磁場が存在している．この磁場の中に正方形に閉じた導線（回路）を置く．この回路を，図に示すように x 軸の正の向きに移動させるとき，正方形の4つの辺（①，②，③，④）のそれぞれの中で自由電子が受ける力の向きを考察せよ．この結果，回路に電流が流れることになる．電流の向きを答えよ．

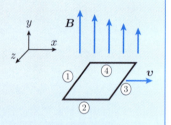

【解答】 磁場は y 軸の正の向きをもち，回路内のすべての自由電子は，回路とともに x 軸の正の向きに進む．よって導入例題 5.1 小問 (1) の答えと同様，回路内の自由電子は z 軸の負の向きにローレンツ力を受けることになる．自由電子の中で回路に沿った向きに力を受けるのは，辺①と③の中に位置する自由電子である．ただし，磁場の大きさは，辺③よりも辺①の位置の方が大きいの

で，自由電子が受けるローレンツ力も辺①の方が大きい．すなわち，電位差は辺③の両端よりも辺①の両端の方が大きく，回路全体としては，辺①内の自由電子の動く向きである時計回りに移動することになる．よって，回路には反時計回りの電流が生じる．

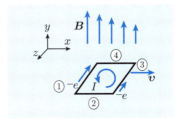

一様な磁場中であっても，図のような回路を考えれば，確認例題 5.1 と同様，回路に電流を生じさせることができる：コの字に折り曲げた針金の上を，導体棒を針金に接したまま滑らせる．すると導体棒内部の自由電子はローレンツ力を受け，導体棒中を図の上向き

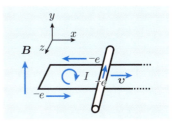

に動き出す．コの字の針金部分に存在する自由電子も，導体棒の両端に生じた起電力に駆動され，反時計回りに移動を始める．結果，針金と導体棒によって構成される回路に，時計回りの電流が生じることになる．

磁場の中で回路を動かすことによって，電流が生じることを 2 つの例で見た．前章では電流が磁場を発生させていたのに対し，今回は磁場の存在が電流を発生させていることになる．この現象は**電磁誘導**，発生する電流は**誘導電流**とよばれている．

さて，ここまでの 2 つの例を，回路を貫く磁束の変化と誘導電流の向きの 2 つの観点から整理してみよう：

- 確認例題 5.1 では，形が固定された回路が磁場の弱まる向きに移動していた．すなわち，外部磁場が回路を下から上に貫くことで生じる磁束の大きさは時間とともに減少している．他方，生じる反時計回りの電流は，閉じた回路を下から上に貫くような磁場を発生させる．

- コの字に曲げた針金の例では，固定された針金と導体棒が成す閉じた回路において，一定の磁場中を導体棒が滑り動くことにより，回路に囲まれる面積が時間とともに増加した．つまり，外部磁場が回路を下から上に貫くことで生じる磁束の大きさは，時間とともに増加した．他方，生じる時計回りの電流は，閉じた回路を上から下に貫くような磁場を発生させることになる．

92   第 5 章　電 磁 誘 導

これら 2 つの例には共通点があり，以下の法則が満たされていることが理解できるだろう．

> **法則 5.1（レンツの法則）**　回路を貫く磁束の変化に伴って発生する電流は，磁束の変化を緩和するような磁場を発生させる向きに流れる．

基本 例題 5.1

> 仮に「誘導電流が磁束の変化をさらに増幅させる方向に流れる」ならば，何が起こるかを予想せよ．

【解答】　誘導電流が作る磁場は，磁束の変化をさらに増加させる．そしてその磁束の変化は，さらに誘導電流を生み出す．結果として，磁束と誘導電流の増加が止まらなくなってしまう．　■

　レンツの法則は，力学で習った慣性の法則と同様に，**自然界は現状維持を選択する傾向をもつ**ことを示す 1 つの例を与えている．

　ここで，磁場中を動く導体棒を，別の視点からもう一度考えてみることにしよう．

導入 例題 5.2

> 　導入例題 5.1 の現象を，導体棒とともに動く観測者から眺めてみよう．この観測者には，導体棒もその内部にある自由電子も静止して見えている．したがって自由電子は磁場によるローレンツ力を受けることはない．それでも，静止した観測者と同じ現象を眺めているわけであり，自由電子はやはり z 軸の負の向きに動き出すことになる．この観測者がいる座標系では，何が自由電子を動かしているのかを考察せよ．

【解答】　導体棒とともに動く座標系では，z 軸の正の向きの電場が存在しているため，自由電子は z 軸の負の向きに動くことになる．　■

5.2 ファラデーの法則 **93**

　導入例題 5.2 の答えは，もちろん自明ではない．しかし，異なる座標系では，観測される電場と磁場が異なる様相をみせることは，第 4 章の演習 4.5 を解いた読者には理解できるだろう．（導入例題 5.2 の導体棒とともに動く観測者が目撃する電場と磁場については，本章末の演習 5.5 を参照．）確認例題 5.1 においても同様に，導体棒とともに移動する観測者が存在すれば，観測者は回路に電流が生じることを目撃する．このとき観測者は「回路は静止していたけれども，それを貫く磁束の大きさが減少するにつれて，その変化を緩和させる向きに誘導電流が発生した」と証言することになるだろう．**回路が動かなくても，それを貫く磁束に変化があれば，やはり誘導電流が生じる**のである．

🛈 電磁誘導のまとめ

- 閉じた回路を貫く磁束が時間的に変化すると，誘導起電力または誘導電流が生じる
- 誘導電流は回路を貫く磁束の変化を緩和する向きに流れる（レンツの法則）

5.2 ファラデーの法則

　前節で見た磁束の変化と誘導電流は，以下の法則で関係付けられている．

　法則 5.2（ファラデーの法則） ある閉じた回路に生じる誘導起電力の大きさは，回路を貫く磁束の時間変化の大きさに等しい．

　ファラデーの法則は**電磁誘導の法則**ともいわれる．起電力とは，回路を一周したときの電位差のことであり，単位は V（ボルト）である．誘導される起電力を $\mathcal{E}$，回路を貫く磁束を Φ と書くことにすると，電磁誘導の法則は

$$\mathcal{E} = -\frac{d\Phi}{dt} \tag{5.1}$$

と表すことができる．

　ここで (5.1) 式の右辺に現れる負符号の意味を考えてみよう．

導入 例題 5.3

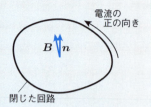

図に描かれたような閉じた回路を考える．この回路を反時計回りに進む向きを，電流の正の向きとする．また，回路を縁としてピンと張った面の法線の向きを，電流の向きに対して右ねじの法則を適用して決める．すなわち，今の場合，図の下から上への向きが法線の向きである．回路にピンと張った面の面積を A (> 0)，単位法線ベクトルを $\bm{n}$ とすると，磁束は $\varPhi = \bm{B} \cdot (A\bm{n}) = BA\cos\theta$ である．ここで B は磁場の大きさを，θ は磁場 $\bm{B}$ と単位法線ベクトル $\bm{n}$ のなす角度を表す．簡単のため，磁場の向きと法線ベクトルの向きが一致していると仮定しよう（$\theta = 0 \to \varPhi = AB$）．また，閉じた回路は固定したままであるとする．回路を貫く磁場の大きさ $B = |\bm{B}|$ が時間とともに減少するとき，すなわち $\frac{d\varPhi}{dt} = A\frac{dB}{dt} < 0$ であるとき，誘導電流の向きは，時計回り，または反時計回りのどちらになるか答えよ．それらが (5.1) 式における右辺の負符号と矛盾しないことを確認せよ．次に磁場が増加する場合も，同様の確認を行え．

【解答】 回路を貫く磁場の大きさ $B = |\bm{B}|$ が減少するので，減少する磁場を補強するような，回路を下から上に貫く磁場を作る誘導電流が発生する．そのような電流は，図を反時計回りに流れる電流である．反時計回りを電流の正の向きとしたので，(5.1) 式左辺の誘導起電力の符号は正（$\mathcal{E} > 0$）である．また (5.1) 式の右辺の符号については，$\frac{dB}{dt} < 0$ より

$$(5.1)\text{式の右辺} = -\frac{d\varPhi}{dt}$$
$$= -A\frac{dB}{dt} > 0$$

であり，やはり正である．

 磁場の大きさ $B = |\bm{B}|$ が増加するときには，増加を緩和するように，回路を上から下に貫く磁場を作る誘導電流が発生する．そのような電流は，図を時計回りに流れる電流である．反時計回りを電流の正の向きとしたので，(5.1) 式左辺の誘導起電力の符号は負（$\mathcal{E} < 0$）である．また (5.1) 式の右辺の符号につい

ては，$\frac{dB}{dt} > 0$ より

$$(5.1)\text{式の右辺} = -\frac{d\Phi}{dt}$$
$$= -A\frac{dB}{dt} < 0$$

であり，やはり負である．

以上より，(5.1) 式の右辺に負符号が存在することで，起電力の向きと磁束の変化の仕方が正しく関係付けられていることが確認できた. ■

(5.1) 式右辺の負符号は，磁束の変化 $\frac{d\Phi}{dt}$ と起電力（回路内部の電場）の向きを関連付けるレンツの法則を表現しているのである．

誘導起電力は

$$\mathcal{E} = \sum_i \bm{E} \cdot d\bm{l}_i$$

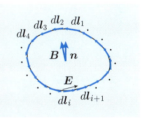

のように表すこともできる．ここで $d\bm{l}_i$ は，回路上の微小長さの接線ベクトルであり（図），$\bm{E}$ は $d\bm{l}_i$ の位置における電場を表す．和の記号は，回路一周にわたって内積 $\bm{E} \cdot d\bm{l}_i$ を足し合わせることを意味する．また磁束 Φ は磁場 $\bm{B}$ と回路の面積ベクトル $A\bm{n}$ （A は回路の面積，$\bm{n}$ は単位法線ベクトル）の内積 $\Phi = \bm{B} \cdot (A\bm{n})$ で表される．これらの式を使うと，(5.1) 式を

$$\sum_i \bm{E} \cdot d\bm{l}_i = -\frac{d}{dt}\{\bm{B} \cdot (A\bm{n})\} \tag{5.2}$$

のように書くこともできる．(5.2) 式は，ファラデーの法則が（変動する）磁場と電場を関係付けるものであることが理解できるだろう．

電磁誘導の法則の式 (5.1) をコの字の針金を含む回路（91 ページ）に適用してみよう．

導入 例題 5.4

コの字型に曲げた針金の上に導体棒を置き，それを図のように滑らせる．針金には抵抗 R がとり付けてある．また，大きさ B の一様な磁場が，針金と導体棒が成す回路を下から垂直に貫いている．導体棒を磁場の向き

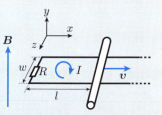

に対して垂直に，一定の速さ v で移動させるとき，回路には時計回りの定常な誘導電流が生じる．生じる電流の大きさや電力消費などについて，以下の設問に答えよ．

(1) 図に示したように針金の折り返し部分と導体棒の間の距離を l とする．l は時間の関数 $l(t)$ である．時刻 $t=0$ に $l=l_0$ であったとして，$t\geq 0$ の任意の時刻における $l(t)$ の表式を求めよ．

(2) 平行部分の針金の間隔が w であるとし，回路を貫く磁束の大きさを時間の関数 $\Phi(t)$ として求めよ．

(3) 回路に生じる誘導起電力の大きさ $|\mathcal{E}|$ を (5.1) 式から求めよ．また，これにより生じる電流の大きさ I と抵抗における消費電力 P（単位はワット）を求めよ．

(4) 小問 (3) で求めた消費電力が，どこから供給されるものであるかを，以下に従って考えてみよう．

   (a) 回路に誘導電流が発生することにより，導体棒は磁場 B によるローレンツ力を受ける．その力の向きと大きさ F_L を求めよ．

   ヒント：図に示したように導体棒を動かす向きが x 軸の正の向き，磁場の向きが y 軸の正の向きであるような座標系を置く．この座標系で自由電子は z 軸の負の向きに進む．自由電子の平均的な速さが v_e であると仮定し，自由電子1つが磁場から受けるローレンツ力を求めよ．求める力の大きさ F_L は，このローレンツ力に導体棒に存在するすべての自由電子の数をかけたものである．導体棒の単位長さあたりの自由電子数を n_e とすると，自由電子の総数は $n_\mathrm{e} w$ で与えられる．また，誘導電流の大きさは，電気素量の大きさを e とすると，$I=en_\mathrm{e}v_\mathrm{e}$ である．

5.2 ファラデーの法則

(b) 導体棒を一定の速さ v で動かし続けるために，導体棒に供給し続けなければならない単位時間あたりの仕事を求め，それが小問 (3) で求めた抵抗における消費電力と一致することを確かめよ．

【解答】 (1) 導体棒は一定の速さ v で動いているので $l(t) = l_0 + vt$ である．

(2) 針金と導体棒が成す回路の面積は $A(t) = w \times l(t) = w(l_0 + vt)$ である．磁場はこの面と直交し，その大きさは B なので，磁束の大きさは

$$\Phi(t) = B \times A(t) = Bw(l_0 + vt) \tag{5.3}$$

である．

(3) (5.1) 式に (5.3) 式を代入すると，l_0 は定数なので，起電力の大きさは

$$\mathcal{E} = -\frac{d\Phi(t)}{dt} = -Bwv$$

$$\implies |\mathcal{E}| = Bwv$$

と求まる．回路に流れる電流の大きさは，(3.11) 式より

$$I = \frac{|\mathcal{E}|}{R} = \frac{Bwv}{R},$$

消費電力の大きさは (3.12) 式より

$$P = I|\mathcal{E}| = \frac{(Bwv)^2}{R} \tag{5.4}$$

と求まる．

(4) (a) ヒントの考えに従えば，自由電子の速度ベクトルは $\boldsymbol{v}_\mathrm{e} = -v_\mathrm{e}\widehat{\boldsymbol{z}}$，磁場は $\boldsymbol{B} = B\widehat{\boldsymbol{y}}$ と表すことができる．すると，1 つの自由電子が外部磁場から受けるローレンツ力は，電気素量を e として $\boldsymbol{F}_\mathrm{e} = -e\boldsymbol{v}_\mathrm{e} \times \boldsymbol{B}$ で表せることになる．導体棒が受ける力は，この力に導体棒内のすべての自由電子の数 $n_\mathrm{e}w$ をかけたものであり

$$\begin{aligned}\boldsymbol{F}_\mathrm{L} &= n_\mathrm{e}w\boldsymbol{F}_\mathrm{e} = n_\mathrm{e}w(-e\boldsymbol{v}_\mathrm{e} \times \boldsymbol{B}) \\ &= n_\mathrm{e}w\{(-e)\cdot(-v_\mathrm{e}\widehat{\boldsymbol{z}}) \times B\widehat{\boldsymbol{y}}\} \\ &= Bw(n_\mathrm{e}ev_\mathrm{e})\cdot(\widehat{\boldsymbol{z}} \times \widehat{\boldsymbol{y}})\end{aligned}$$

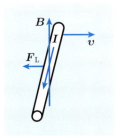

$\boldsymbol{F}_\mathrm{L}$ の向きは $\boldsymbol{I} \times \boldsymbol{B}$ の向きに等しい．

98　　　　　　　　　　　第5章　電磁誘導

と求まる．$n_e e v_e$ は誘導電流の大きさ I のことであり，$\hat{\boldsymbol{z}} \times \hat{\boldsymbol{y}} = -\hat{\boldsymbol{x}}$ より

$$\boldsymbol{F}_{\mathrm{L}} = -Bw I \hat{\boldsymbol{x}} = -\frac{B^2 w^2 v}{R} \hat{\boldsymbol{x}}$$

と求まる．すなわち，導体棒は x 軸の負の向きに

$$F_{\mathrm{L}} = |\boldsymbol{F}_{\mathrm{L}}| = \frac{B^2 w^2 v}{R}$$

の大きさの力を受けることになる．

参考：(4.7) 式 ♠1 を利用すると，小問 (4) (a) の答えを

$$\boldsymbol{F}_{\mathrm{L}} = w(\boldsymbol{I} \times \boldsymbol{B}) = w(I\hat{\boldsymbol{z}} \times B\hat{\boldsymbol{y}}) = -Bw I \hat{\boldsymbol{x}}$$

のように，ただちに求めることができる．

(b)　導体棒を一定の速さで動かし続けるには，小問 (4) (a) で求めた $\boldsymbol{F}_{\mathrm{L}}$ を ちょうど打ち消すだけの力を加え続けなければならない．よって必要となる単 位時間あたりの仕事は

$$\frac{(導体棒に加える力) \times (導体棒の移動距離)}{(導体棒に力を加えた時間)}$$

$$= (導体棒に加える力) \times (導体棒の速度) = F_{\mathrm{L}} \times v = \frac{(Bwv)^2}{R}$$

である．この値は小問 (3) で求めた消費電力の値 (5.4) に一致している．　■

　導入例題 5.4 は，力学的に加えた仕事が，電気的なエネルギーに変換され，最 終的に熱になる 1 つの例を示している．同様の例をもう 1 つとり上げてみよう．

確認 例題 5.2

　交流発電機の原理を考えてみよう．水平方向右を向く大きさ B の一様な 磁場の中で，一辺の長さが l の正方形の回路を反時計回りに，一定の角速 度 ω で回転させる（図 (a)）．磁場 $\boldsymbol{B}$ と回路の単位法線ベクトル $\boldsymbol{n}$ の成す 角度を θ とする．図 (a) に描かれた観測者の視線（点線の矢印）における， $\boldsymbol{B}, \boldsymbol{n}$ および θ の関係を図 (b) に示す．時刻 $t = 0$ で，磁場と法線ベク トルは同じ向きをもっていたとする．すなわち $\theta = \omega t$ である．正方形の回 路の面積を $A = l^2$ とし，以下の設問に答えよ．

♠1 第 4 章末 演習 4.2 参照．

5.2 ファラデーの法則

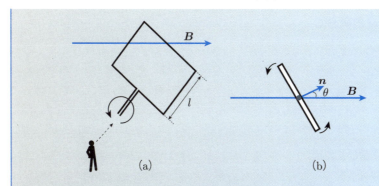

(a)　　　　　(b)

(1) 回路を貫く磁束を，時刻 t の関数 $\Phi(t)$ として求めよ．
(2) 小問 (1) で求めた $\Phi(t)$ を電磁誘導の法則の式 (5.1) に代入し，回路に生じる誘導起電力を求めよ．
(3) 回路に抵抗 R が接続してあるときに流れる電流 I を求めよ．また抵抗における "瞬間的な" 消費電力 $P = I\mathcal{E}$ を求めよ．さらに横軸を時刻 t とした，I と P の 1 周期 $T = \frac{2\pi}{\omega}$ 分のグラフを描け．

【解答】 (1) 回路に張る面の面積ベクトルは $A\boldsymbol{n}$ で表すことができる．磁場 $\boldsymbol{B}$ と面積ベクトルの内積 $\boldsymbol{B} \cdot (A\boldsymbol{n})$ が磁束を与えるので，磁束は

$$\Phi(t) = \boldsymbol{B} \cdot (A\boldsymbol{n}) = BA\cos\theta = BA\cos\omega t$$

となる．

(2) 小問 (1) の答えを (5.1) 式に代入すると

$$\mathcal{E} = -\frac{d\Phi(t)}{dt} = BA\omega\sin\omega t$$

と求まる．周期的に変動する起電力が生じることになる．

(3) 電流 I と消費電力 P は，それぞれ

$$I = \frac{\mathcal{E}}{R} = \frac{BA\omega}{R}\sin\omega t,$$
$$P = I\mathcal{E} = \frac{(BA\omega)^2}{R}\sin^2\omega t$$

と求まる．$\sin^2\theta = \frac{1-\cos 2\theta}{2}$ であることを考慮すると，電流 I と消費電力 P のグラフは図のようになる．

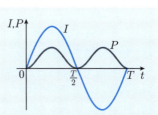

確認 例題 5.3

確認例題 5.2 の交流発電機を引き続き考えてみよう．図 (a) は $0 \leq \theta \leq \frac{\pi}{2}$ における，ある瞬間の誘導電流の向きを示している．回路を貫く磁束は減少中であり，減少する磁束を補うような（図に向かって右向きの）磁場を発生させる向きに電流が流れる．

誘導電流が生じるため，回路は外部磁場によるローレンツ力を受ける．図 (a) に示された回路の正方形部分における 4 つの辺の中で，手前と奥にある 2 辺は矢印で示された向きに力を受ける．この 2 辺にはたらくローレンツ力は互いに相殺し合い，回転運動に影響をもたらすことはない．

残りの 2 辺にはたらく力は図 (b) に描かれている．この図は紙面手前の回転軸の側から回路を眺めたときのものである．回路上部の ⊙ マークは電流が紙面奥から手前に流れていることを示す記号である．この辺が受ける力は電流と磁場の向きを考慮すると，鉛直上向きであることがわかる．回路下部の ⊗ マークは電流が紙面手前から奥に流れていることを示す記号であり，この辺が受ける力は鉛直下向きである．いずれの力も，大きさは同じで，ともに回路の回転を妨げる向きをもつことがわかるだろう．

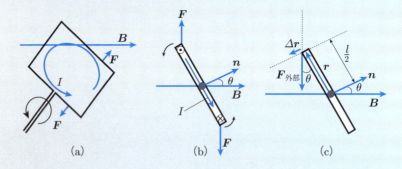

(a)　(b)　(c)

(1) θ が $\frac{\pi}{2} \leq \theta \leq \pi$, $\pi \leq \theta \leq \frac{3}{2}\pi$ および $\frac{3}{2}\pi \leq \theta \leq 2\pi$ の 3 つの範囲にあるときのそれぞれについて，図 (b) に相当する図を作成せよ．（電流の向きを ⊙ または ⊗ の記号で，ローレンツ力の向きを矢印で書き込めばよい．）

(2) 回路には回転を止めようとする力が常にはたらいているので，一定の

5.2 ファラデーの法則

角速度を保つには外部から力を加え続けなければならない．これらの外部から加える力が行う"瞬間的な"仕事率 $P_{外力}$ が，確認例題 5.2 の小問 (3) で求めた消費電力 P に一致することを確かめよ．

ヒント：2辺のうちの1辺に加えるべき力がする仕事を考えてみよう．この辺にはたらくローレンツ力を $\boldsymbol{F}_L$ とすると，外部から与えるべき力 $\boldsymbol{F}_{外力}$ は，$\boldsymbol{F}_L$ をちょうど打ち消す力なので $\boldsymbol{F}_{外力} = -\boldsymbol{F}_L$ である．短い時間 Δt の間に，回路の角度が $\Delta\theta = \omega\Delta t$ だけ進んだとすると，その間の辺の変位は $\frac{l}{2} \times \omega\Delta t$ である．また，図 (c) を参考にすると，この微小変位の向きは $-\boldsymbol{n}$ と一致している．すなわち，Δt の間の変位ベクトルは $\Delta\boldsymbol{r} = -\frac{l}{2}\omega\Delta t\boldsymbol{n}$ で表すことができる．Δt の間に外力 $\boldsymbol{F}_{外力}$ がする仕事 ΔW は

$$\Delta W = \boldsymbol{F}_{外力} \cdot \Delta\boldsymbol{r} \tag{5.5}$$

から求めることができる．同じ力の外力を2箇所に加えているので，外力が行う瞬間的な仕事率は

$$P_{外力} = 2\lim_{\Delta t \to 0} \frac{\Delta W}{\Delta t} \tag{5.6}$$

となる．

【解答】 (1) レンツの法則を満たすような誘導電流の向きを考えると，答えは図のように与えられる．考えている2辺を流れる電流と磁場は，常に水平方向を向いていて，また互いに直交している．このため，この2辺が受ける電気的な力は鉛直上向きか鉛直下向きのどちらかである．これらの力は常に回転を止めようとする向きにはたらいている．

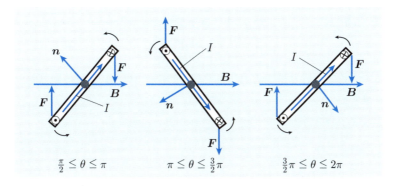

102   第 5 章　電 磁 誘 導

(2)　$t = 0$ に最高地点にある辺に加えるべき仕事を考える．この辺を流れる電流 $\boldsymbol{I}$，磁場 $\boldsymbol{B}$ および回路とともに回転する単位法線ベクトル $\boldsymbol{n}$ は，水平方向右向きが x 軸の正の向き，鉛直上向きが y 軸の正の向きである座標系を選ぶと，それぞれ

$$\boldsymbol{I} = \frac{BA\omega}{R} \sin \omega t \hat{\boldsymbol{z}}, \quad \boldsymbol{B} = B\hat{\boldsymbol{x}}, \quad \boldsymbol{n} = \cos \omega t \hat{\boldsymbol{x}} + \sin \omega t \hat{\boldsymbol{y}}$$

のように表すことができる．

この辺にはたらくローレンツ力は (4.7) 式より

$$\boldsymbol{F}_{\mathrm{L}} = (\boldsymbol{I} \times \boldsymbol{B}) \times l$$

で与えられるので，加えるべき外力 $\boldsymbol{F}_{外力}$ は

$$\boldsymbol{F}_{外力} = -\boldsymbol{F}_{\mathrm{L}} = -(\boldsymbol{I} \times \boldsymbol{B}) \times l = -\frac{B^2 A l \omega}{R} \sin \omega t \, (\hat{\boldsymbol{z}} \times \hat{\boldsymbol{x}})$$

$$= -\frac{B^2 A l \omega}{R} \sin \omega t \, \hat{\boldsymbol{y}}. \tag{5.7}$$

Δt の間の変位ベクトルは

$$\Delta \boldsymbol{r} = -\frac{l}{2} \omega \Delta t \boldsymbol{n} = -\frac{l}{2} \omega \Delta t (\cos \omega t \hat{\boldsymbol{x}} + \sin \omega t \hat{\boldsymbol{y}}) \tag{5.8}$$

である．(5.7) 式と (5.8) 式を，(5.5) 式に代入すると

$$\Delta W = \boldsymbol{F}_{外力} \cdot \Delta \boldsymbol{r}$$

$$= \left(-\frac{B^2 A l \omega}{R} \sin \omega t \hat{\boldsymbol{y}} \right) \cdot \left\{ -\frac{l}{2} \omega \Delta t (\cos \omega t \hat{\boldsymbol{x}} + \sin \omega t \hat{\boldsymbol{y}}) \right\}$$

$$= \frac{B^2 A l^2 \omega^2}{2R} \Delta t \sin^2 \omega t.$$

ΔW を (5.6) 式に代入し，$l^2 = A$ であることを使うと

$$P_{外力} = \frac{(BA\omega)^2}{R} \sin^2 \omega t$$

を得る．この値は確認例題 5.2 の小問 (3) で求めた抵抗における瞬間的な消費電力に等しい．

> **ファラデーの法則のまとめ**
> - ファラデーの法則は回路を貫く磁束の時間変化と誘導起電力の関係を記述する
> - ファラデーの法則は電磁気学の基本方程式のひとつである
> - 電磁誘導は力学的エネルギーを電気的エネルギーに変換する発電機の原理である

5.3 自己インダクタンス

コイルを含む回路に，電流を流すことを考えてみよう．電流が流れ始めると，コイルを貫く磁場が生じる．すると，**このコイル自身にも電磁誘導の効果により，印加した電圧を打ち消すような起電力が生じることになる**．これを**自己誘導**という．この起電力 $\mathcal{E}_{誘導}$ は電磁誘導の法則の式 (5.1) によると，コイルを貫く磁束 Φ の時間変化に比例する．磁束 Φ はコイルを流れる電流 I に比例するので，起電力 $\mathcal{E}_{誘導}$ は

$$\mathcal{E}_{誘導} = -L\frac{dI}{dt} \tag{5.9}$$

の形で表すことができるはずである．(5.9) 式に現れる L を**自己インダクタンス**という．自己インダクタンスの単位は H（ヘンリー）である．

自己誘導の存在によって，コイルを含む回路に流れる電流は，直流電源につないだ瞬間から定常状態に達することはできない．電源につないだ後，電流は徐々に大きくなる．電流が定常状態に近づくと，磁束の変化も小さくなり，自己誘導による電圧降下も少なくなる．そして，定常電流に達すると自己誘導による影響が完全になくなる．

導入 例題 5.5

図に示すような電圧 $\mathcal{E}_{電源}$ の直流電源，自己インダクタンス L のコイル（⌇⌇⌇マークで記されている），および抵抗 R を直列に接続した回路を考える．この回路のスイッチ

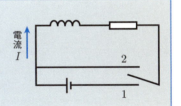

104　　　　　　　　　　第5章　電磁誘導

（図右下）を1側に閉じると，直流電源により電流が流れ始める．電流は徐々に流れ始め，最終的に定常に流れることになる．抵抗の両端に生じる電位差は，直流電源の電圧 $\mathcal{E}_{電源}$ と誘導起電力 $\mathcal{E}_{誘導}$ の和であり，回路に流れる電流を I とすると

$$\mathcal{E}_{電源} + \mathcal{E}_{誘導} = RI \implies \mathcal{E}_{電源} = L\frac{dI}{dt} + RI \tag{5.10}$$

の関係が成立する ♠2．

(1)　スイッチを1側に入れて十分に時間が経過した後の，回路に流れる電流の大きさ I_∞ を求めよ．

(2)　(5.10) 式は，電流 I を時間の関数 $I(t)$ とする**常微分方程式**である．電源電圧が零（$\mathcal{E}_{電源} = 0$），初期状態における電流の大きさが I_0 という条件で (5.10) 式を解き，電流 $I(t)$ を時刻 t の関数として表せ．これはスイッチを1側に入れて十分に時間が経った後，スイッチを2側に切り替えた瞬間を初期状態とする状況を表している．

(3)　再び，スイッチが1側にも2側にも接続されていない状態から，1側に接続し，電流が定常になるまでの変化を考える．電流の大きさは

- スイッチを入れた瞬間に零，
- 十分時間が経過した後では，小問 (1) で求めた I_∞

に等しい．さらにスイッチを1側に倒した後，電磁誘導の効果は小問 (2) で求めた答えと同じペースで減少すると仮定し，電源電圧が零でないときの電流の大きさ $I(t)$ を予想せよ．

【解答】　(1)　スイッチを入れて十分に時間が経過した後は，回路に定常電流が流れるはずである．すなわち $I = I_\infty$ かつ $\frac{dI}{dt} = 0$ である．これらを (5.10) 式に代入すると

$$I_\infty = \frac{\mathcal{E}_{電源}}{R}$$

♠2　キルヒホッフの第2法則（第3章末，演習 3.2）による書き方では

$$\mathcal{E}_{電源} - L\frac{dI}{dt} - RI = 0$$

となる．電圧を下げる回路素子は，負の電圧を与えるものとして数え上げる．

と求まる．

(2) $\mathcal{E}_{電源} = 0$ のとき，(5.10) 式は変数分離形である：
$$0 = L\frac{dI}{dt} + RI \implies \frac{dI}{I} = -\frac{R}{L}dt.$$
両辺を積分し，初期条件を考慮すると
$$I = I_0 \exp\left(-\frac{R}{L}t\right)$$
と求まる．

(3) 小問 (2) の答えより，電磁誘導の効果は時間とともに $\exp\left(-\frac{R}{L}t\right)$ の大きさに比例して減少することが予想される．そこで
$$I(t) = I_\infty \left\{1 - \exp\left(-\frac{R}{L}t\right)\right\} \tag{5.11}$$
の形の解を予想してみる．この式を (5.10) 式の右辺に代入すると

$$\begin{aligned}L\frac{dI}{dt} + RI &= L\left\{\frac{R}{L}I_\infty \exp\left(-\frac{R}{L}t\right)\right\} \\ &\quad + RI_\infty\left\{1 - \exp\left(-\frac{R}{L}t\right)\right\} \\ &= RI_\infty = \mathcal{E}_{電源}.\end{aligned}$$

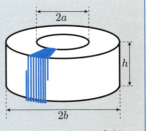

(5.11) 式は (5.10) 式の解であることが確認できた．この回路における，スイッチを入れてからの電流の大きさの変化を図に示す． ■

次に自己インダクタンスの値を計算できる例を考えてみよう．

導入 例題 5.6

導線を環状に巻いて作られるコイルを**トロイダルコイル**という．ここでは，特に図のようにバームクーヘンの形をしたコイルを考える．コイルの寸法は，図に示すように内径 a，外径 b および 高さ h であるとする．よって断面は横が $b-a$，縦が h の長方形である．また導線は均等かつコイルの中心から放射状に N 回巻き付けられている．コイルの内部は

真空であるとし，以下の設問に答えよ．

(1) 導線が密に巻かれていると仮定すると，導線に電流 I を流したときに発生する磁場はコイルの外に漏れない．結果として，コイルの内部を環状に回るような磁場が生じる．図に描かれた点線を閉経路に選んで，アンペールの法則を適用することで，コイル内部の磁場の大きさをコイルの中心軸からの距離 r の関数 $B(r)$ として求めよ．

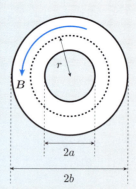

(2) コイルの断面，すなわち 1 回巻きのコイルを貫く磁束の大きさを求めよ．

(3) N 回巻きのトロイダルコイル全体の磁束は，小問 (2) で求めた値の N 倍である．トロイダルコイルの自己インダクタンスの値を求めよ．

【解答】 (1) コイルの中心軸から半径 r（ただし $a < r < b$）の円周上では，対称性により磁場の大きさは同じである．この円周を閉経路としてアンペールの法則を適用すると，コイルは N 回巻きであるため，磁場の大きさは

$$2\pi r B(r) = \mu_0 \times NI$$
$$\implies B(r) = \frac{\mu_0 NI}{2\pi r}$$

と求まる．

(2) コイルの中心軸から距離 r のコイルの断面上に，高さ h，厚さ dr の薄い面を考える（図）．磁場の向きは断面に垂直であるため，薄い面を貫く磁束は

$$\text{磁場の大きさ} \times \text{薄い面の面積} = B(r) \times h\,dr$$

である．コイルの断面全体を貫く磁束の大きさは，この式を r について a から b まで積分すれば求めることができる．積分を実行すると，1 巻きコイルの磁束 Φ_1 は

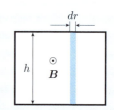

5.3 自己インダクタンス

$$\Phi_1 = \int_a^b B(r)h\,dr$$
$$= \frac{\mu_0 hNI}{2\pi} \int_a^b \frac{dr}{r}$$
$$= \frac{\mu_0 hNI}{2\pi} \ln\frac{b}{a}$$

と求まる.

(3) トロイダルコイル全体の磁束は $\Phi = N\Phi_1$ である. これを電磁誘導の式 (5.1) に代入すると

$$\mathcal{E}_{誘導} = -\frac{d\Phi}{dt}$$
$$= -\frac{Nd\Phi_1}{dt}$$
$$= -\frac{\mu_0 hN^2}{2\pi} \ln\frac{b}{a}\frac{dI}{dt}.$$

自己インダクタンスの定義式 (5.9) と比較すると, トロイダルコイルの自己インダクタンスは

$$L = \frac{\mu_0 hN^2}{2\pi} \ln\frac{b}{a} \tag{5.12}$$

と求まる.

自己インダクタンスのまとめ

- コイルを含む回路は**過渡現象**を起こす
- コイルに生じる誘導起電力の大きさは流れる電流の時間変化の大きさに比例し, その比例係数を自己インダクタンスという

5.4 伝搬する場

我々はここまで，ガウスの法則，磁荷不存在の法則，アンペールの法則，そしてファラデーの法則を学んできた．これら4つの法則こそが，電磁気学の4つの基本法則であり，電場 E と磁場 B の振る舞いは，これらの法則に従うことになる．

ここで空間を伝搬する電場と磁場を考えてみよう．このような場が，電磁気学の基本法則を守りながら存在するには，どのような条件が必要になるのかを考察してみよう．

y–z 平面の表面の一方に，無限に広い正電荷をもつ電荷シートが，もう一方の面に，やはり無限に広い負電荷の電荷シートがほとんど接触するくらいの距離を隔てて置かれているとする．はじめ2つの電荷シートは静止しており，また両者の電荷密度は等しく，静電場は存在していないと仮定する．初期時刻 $t=0$ に，正電荷シートは z 軸の正の向きに，負電荷のシートは z 軸の負の向きに，それぞれ同じ大きさの速さを瞬間的に与えた．動き始めた後も，(ローレンツ収縮による電荷密度の増加が生じるが) 正負の電荷は相変わらず打ち消し合うため，静電場は存在しない．他方，z 軸正の向きの電流が生じるため，これに伴う磁場が発生することになる．このときの (2つの電荷シートを合計した) 電流の大きさは，y 軸方向の単位長さあたりで J A/m であったとする．このような面電流が作る磁場は既に求めていて，導入例題4.2 小問 (3) の答えで $Jd \to J$ とした

$$B = (B_x, B_y, B_z)$$
$$= \begin{cases} \left(0, \dfrac{1}{2}\mu_0 J, 0\right) & (x > 0) \\ \left(0, -\dfrac{1}{2}\mu_0 J, 0\right) & (x < 0) \end{cases} \quad (5.13)$$

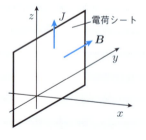

という磁場が発生する．この磁場は電荷シートが動き始めた瞬間に無限遠方まで到達することはできず，徐々に遠方に伝わっていくことになる．そこで，以下の仮定をしてみる：

- 磁場が存在する領域は一定の速さ u (>0) で x 軸の正負の 2 方向に伝搬する．すなわち $t>0$ において，$-ut < x < ut$ の領域では (5.13) 式で表される磁場が存在し，それ以外の領域 ($x < -ut$ および $x > ut$) では電

5.4 伝搬する場

場も磁場も存在しない.

- 今回考えている磁場は伝播する. すなわち, 時間とともに変化する場である. ファラデーの法則の式 (5.2) によれば, 変化する磁場は電場に影響を与える. また, 一般化されたアンペールの法則の式 (4.4) によれば, 変化する電場は磁場に影響を与える. よって伝播する磁場には, それに伴う電場が存在しているはずである. そこで (伝播するが大きさは変化しない) 磁場が存在する領域にのみ, 電場の定ベクトル

$$\bm{E} = (E_x, E_y, E_z) \quad (\text{ただし } E_x, E_y, E_z \text{ はすべて定数})$$

が磁場と共存していると仮定してみる.

導入 例題 5.7

伝搬する電場と磁場に関する前述の仮定が, 電磁気学の基本法則を満足するためには, どのような条件が必要になるか, 以下の設問に従って考えよ.

(1) x–z 面上の $x > 0$ の領域に, 図 (a) に示すような 1 辺が単位長さをもつ正方形の閉経路を置く. 閉経路には磁場が存在する境界面 ($x = ut$) が通っている. また, 閉経路を時計回りに進むと決めておけば, 閉経路を囲む面の面積ベクトルは $\bm{a} = \hat{\bm{y}}$ に決まる. この閉経路について, 一般化されたアンペールの法則の式 (4.4) を適用すると, 電場の y 成分 E_y が決定される. E_y を求めよ.

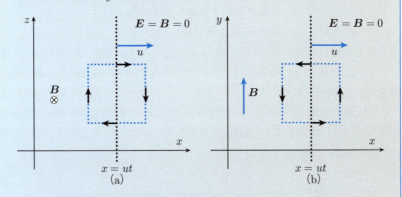

(2) x–y 面上の $x > 0$ の領域に, 図 (b) に示すような 1 辺が単位長さをもつ正方形の閉経路を置く. 閉経路には磁場が存在する境界面 ($x = ut$)

が通っている．また，今度は閉経路を**反時計回り**に進むと決めておけば閉経路を囲む平面の面積ベクトルは $\boldsymbol{a} = \widehat{\boldsymbol{z}}$ に決まる．この閉経路について，一般化されたアンペールの法則の式 (4.4) を適用し，電場の z 成分 E_z を決定せよ．

(3) 図 (c) に示すような各辺が単位長さをもつ立方体を，境界面 $x = ut$ をまたぐような位置に置く．立方体のすべての辺は，x, y, z 軸のいずれかと平行であるように配置している．この立方体の表面をガウス閉曲面としてガウスの法則を適用し，電場の x 成分 E_x を決定せよ．

(4) 図 (a) の閉経路に，ファラデーの法則の式 (5.2) を適用し，E_z と B_y が満たすべき関係式を求めよ．さらに小問 (2) の答えとあわせて，伝搬速度 u を決定せよ．

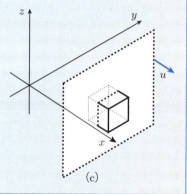

(c)

【解答】 (1) まず，一般化されたアンペールの法則の式 (4.4) の左辺 $\sum_i \boldsymbol{B} \cdot d\boldsymbol{l}_i$ を考える．閉経路をなす正方形の 4 辺は，いずれも x 軸または z 軸と平行である．よって y 軸に平行な磁場 $\boldsymbol{B}$ と閉経路の接線ベクトルである $d\boldsymbol{l}_i$ は，経路上のすべての位置で直交している．すなわち，すべての i で $\boldsymbol{B} \cdot d\boldsymbol{l}_i = 0$ である．以上より，一般化されたアンペールの法則の式 (4.4) の左辺は $\sum_i \boldsymbol{B} \cdot d\boldsymbol{l}_i = 0$ である．

次に一般化されたアンペールの法則の式 (4.4) の右辺 $\mu_0 \left(\boldsymbol{j} + \varepsilon_0 \frac{\partial \boldsymbol{E}}{\partial t} \right) \cdot \boldsymbol{a}$ を考える．まず，閉経路を貫く電流は存在しないので $\boldsymbol{j} = 0$ である．また，閉経路が囲む面の中で電場が貫通している（と仮定した）領域の面積は，$x_\text{左}$ を閉経路の原点に最も近い辺の x 座標とすれば $1 \times (ut - x_\text{左})$ で与えられる．閉経路が囲む面の面積ベクトルは $\boldsymbol{a} = \widehat{\boldsymbol{y}}$ なので，一般化されたアンペールの法則の式 (4.4) の右辺は

$$\mu_0 \left(\boldsymbol{j} + \varepsilon_0 \frac{\partial \boldsymbol{E}}{\partial t} \right) \cdot \boldsymbol{a} = \mu_0 \varepsilon_0 \frac{\partial}{\partial t} (\boldsymbol{E} \cdot \hat{\boldsymbol{y}}) = \mu_0 \varepsilon_0 \frac{\partial}{\partial t} \{ E_y (ut - x_{左}) \}$$

$$= \mu_0 \varepsilon_0 u E_y$$

のように計算される．一般化されたアンペールの法則の式 (4.4) の左辺と右辺を等値すると，$u \neq 0$ を仮定しているので

$$0 = \mu_0 \varepsilon_0 u E_y \implies E_y = 0 \tag{5.14}$$

と決定される．

(2) 磁場は y 軸に平行で，また $x > ut$ の領域には存在しない．よって，一般化されたアンペールの法則の式 (4.4) の左辺の和において，原点に近い方の y 軸に平行な 1 辺の線積分だけが零でない値をもつ．すなわち $\sum_i \boldsymbol{B} \cdot d\boldsymbol{l}_i = -B_y$ と計算される．

また，閉経路を貫くのは電場の z 成分だけであり，面積ベクトルは $\boldsymbol{a} = \hat{\boldsymbol{z}}$ であることに注意して小問 (1) と同様に考えると，一般化されたアンペールの法則の式 (4.4) の右辺は

$$\mu_0 \left(\boldsymbol{j} + \varepsilon_0 \frac{\partial \boldsymbol{E}}{\partial t} \right) \cdot \boldsymbol{a} = \mu_0 \varepsilon_0 u E_z$$

と計算される．一般的なアンペールの法則の式 (4.4) の左辺と右辺を等値すると

$$-B_y = \mu_0 \varepsilon_0 u E_z \implies E_z = -\frac{1}{\mu_0 \varepsilon_0 u} B_y = -\frac{c^2}{u} B_y \tag{5.15}$$

と決定される．ただしここで，真空中の透磁率 μ_0 の定義式 (3.9) を用いた．

(3) 小問 (1) の答えより $E_y = 0$ である．このため閉曲面のうち，x–z 面に平行な 2 つの面の電束は零である．また小問 (2) の答えより，E_z は負の定数である．x–y 面に平行な 2 つの面のうち，上部の面からは電場が入り込み，下部の面からは同じ大きさの電場が外に出ていく．このため，x–y 面に平行な 2 つの面の電束は合計で零になる．E_x の電場成分が貫く y–z 面に平行な 2 つの面に関しては，$x > ut$ に位置する面上には電場が存在しないので，この 2 つの面における電束は $-\varepsilon_0 E_x$ であり，結局，この値が立方体全体の電束となる．閉曲面内に電荷は存在していないので，ガウスの法則により全電束の値は零，すなわち

$$E_x = 0 \tag{5.16}$$

と決定される．

(4) 電場は零でない z 成分をもつが,$x > ut$ の領域に電場は存在しない.よって,ファラデーの法則の式 (5.2) の左辺である電場の和で,原点に近い方の辺の線積分だけが零でない値をもち,$\sum_i \boldsymbol{E} \cdot d\boldsymbol{l}_i = E_z$ と計算される.また,磁場は閉経路を図の表から裏に向かって貫き,磁場の向きと閉曲線を囲む面積ベクトル $\boldsymbol{a} = \hat{\boldsymbol{y}}$ は同じ向きをもつので,ファラデーの法則の式 (5.2) の右辺は,小問 (1) または (2) と同様に

$$-\frac{\partial \boldsymbol{B}}{\partial t} \cdot \boldsymbol{a} = -uB_y$$

と計算される.ファラデーの法則の式 (5.2) の左辺と右辺を等値すると

$$E_z = -uB_y \tag{5.17}$$

でなければならないことがわかる.ここで (5.15) 式と (5.17) 式を比較すると

$$\frac{c^2}{u} = u \implies u = \pm c$$

が求まる.$u > 0$ なので $u = c$ と決まる.すなわち,$x > 0$ の領域において,磁場と電場は

$$\boldsymbol{B} = (B_x, B_y, B_z) = \left(0, \frac{1}{2}\mu_0 J, 0\right), \quad \boldsymbol{E} = (0, 0, -cB_y)$$

の形で存在し,光速 c で x 軸の正の向きに広がっていくことがわかった.∎

導入例題 5.7 について $x < 0$ の領域を同様に考えると,磁場と電場は

$$\boldsymbol{B} = (B_x, B_y, B_z) = \left(0, -\frac{1}{2}\mu_0 J, 0\right), \quad \boldsymbol{E} = (0, 0, cB_y)$$

の形で存在し,光速 c で x 軸の負の向きに広がっていくことがわかる.図に磁場と電場が存在する波面が広がっていく様子を描いている.

導入例題 5.7 で見た電磁場は,進行する**電磁波**の 1 つの例を示しており,そこでは $x = \pm ct$ に位置する波面は進行方向に対して垂直な面であった.このような波のことを**平面波**とよぶ.導入例題 5.7 で求めた答えには,以下に挙げる電磁波の平面波解がもつ一般的な性質を見ることができる:

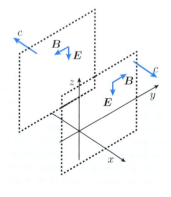

- 電場と磁場の向きの関係：電場 E と磁場 B は直交している．
- 電場と磁場の大きさの関係：電場 E の大きさは磁場 B の大きさの c 倍である：$|E| = c|B|$．
- 電磁波の進行方向：電磁波は電場 E と磁場 B のベクトル積 $E \times B$ の向きに進む．

第 5 章　演習問題

5.1　鉛直方向に張られた無限に長い導線に，一定の電流 I が上向きに流れている（図）．1 辺の長さ a の正方形の回路を，導線の近くから一定の速さ v で遠ざける向きに動かす．以下の設問に答えよ．

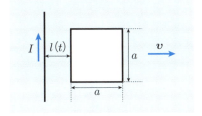

(1)　回路の中で導線に最も近い 1 辺と導線との距離を l とする．回路を貫く磁束を l を使って表せ．

(2)　回路が電気抵抗 R をもつとき，生じる誘導起電力 $V_{誘導}$ と誘導電流 $I_{誘導}$ の大きさ，および，誘導電流の向きを答えよ．

(3)　回路を一定の速さで動かすために，単位時間あたりに回路に加えなければならない仕事（仕事率）を求めよ．この仕事率は，回路の単位時間あたりの発熱量に等しいことを確認せよ．

5.2　半径 a の薄い円盤状の導体を，図のように軸の周りに角速度 ω で回転させる．回転軸は導体でできており，円盤の縁と抵抗 R を含む導線でつながれている．また，円盤を垂直上向きに貫くような一様な磁場 B が外部から印加されている．この装置は**ダイナモ**とよばれる**直流発電機**である．発生する電流 I の大きさを，以下の誘導に従って求めよ．

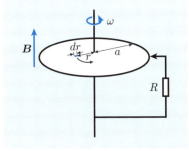

(1)　円盤の中心から距離 r の位置にある，微小長さ dr の経路（図）の両端に生じる電位差を求めよ．

ヒント：微小経路は速度 $v = r\omega$ をもつので，この位置に存在する電荷 q のキャリアーは，qvB の大きさのローレンツ力を受けることになる．すなわち，この位置には実効的に vB の大きさの電場が存在しているとみなすことができる．

(2) 円盤の中心と縁の間の電位差 V を求めよ．

(3) 抵抗に流れる電流の大きさ I と向きを答えよ．

5.3 交流電源に接続した自己インダクタンス L のコイルと抵抗 R を含む回路について，以下の設問に答えよ．

(1) 図のようにコイルと抵抗を直列接続した回路に，起電力が角振動数 ω で周期的に振動する**交流電源**を接続した．この回路を流れる電流は，導入例題 5.5 の (5.10) 式における $\mathcal{E}_{電源}$ を，角振動数 ω で周期的に変動する電源に置き換えた

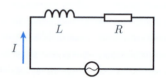

$$L\frac{dI}{dt} + RI = \mathcal{E}_0 \cos\omega t \tag{5.18}$$

という微分方程式に従って流れることになる．（$L, R, \mathcal{E}_0$ はすべて正の定数とする．）この方程式の一般解は

$$I(t) = I_0 e^{-\frac{R}{L}t} + I_s \cos(\omega + \varphi) \tag{5.19}$$

という形で記述できる．ただし I_0, I_s, φ は定数である．(5.19) 式右辺の第 1 項は，初期状態から十分に時間が経過すると消滅する**過渡的な状態**を表しており，その後は第 2 項の電源と同じ角振動数で振動する電流が定常的に流れることになる．この定常電流

$$I(t) = I_s \cos(\omega + \varphi) \tag{5.20}$$

が微分方程式 (5.18) 式を満たすように，I_s と φ の値を決定せよ．ただし $I_s > 0$ とする．

(2) 図のようにコイルと抵抗を並列接続した回路に，角振動数 ω で周期的に振動する交流電源を接続した．交流電源を通過する電流 I と，分岐してコイルに流れる電流 I_L と抵抗に流れる電流 I_R には

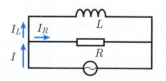

$$I = I_L + I_R \tag{5.21}$$

という関係がある．またコイルと抵抗には，常に電源と同じ電圧が印加されている．すなわち

$$L\frac{dI_L}{dt} = \mathcal{E}_0 \cos\omega t, \quad RI_R = \mathcal{E}_0 \cos\omega t. \tag{5.22}$$

十分に時間が経過した後の，定常状態の電流を小問 (1) と同様に求め，交流電源を通過する電流を

$$I(t) = I_s \cos(\omega + \varphi) \tag{5.23}$$

の形で表せ．

5.4 電流や電圧を，虚数単位 i を含む複素数に拡張すると，**オイラーの公式**

$$e^{i\theta} = \cos\theta + i\sin\theta \tag{5.24}$$

を利用することにより，抵抗，コイルおよびコンデンサーを含む交流回路の計算を簡素化することができる．まず複素数値をもつ**インピーダンス**と**アドミッタンス**を

	抵抗	コイル L	コンデンサー C
インピーダンス Z	R	$i\omega L$	$-\frac{i}{\omega C}$
アドミッタンス Y	$\frac{1}{R}$	$-\frac{i}{\omega L}$	$i\omega C$

のように定義する．R, L, C はそれぞれ抵抗，自己インダクタンス，静電容量を表し，いずれも実数である．インピーダンス Z は抵抗の次元をもち，アドミッタンス Y はその逆数 $Y = \frac{1}{Z}$ である．インピーダンスまたはアドミッタンスを使って，複素数の電流 I と電圧 V は以下のように定義される：

$$I = \frac{1}{Z}V, \quad I = YV. \tag{5.25}$$

これらが威力を発揮するのが，回路素子の合成である．直列接続の場合は接続する素子のインピーダンスの和を合成インピーダンスに，並列接続の場合はアドミッタンスの和を合成アドミッタンスにするだけでよい（図）．

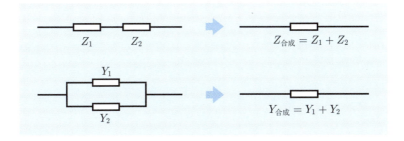

116   第 5 章　電 磁 誘 導

(1)　以下の手順に従って，演習 5.3 小問 (1) で求めたコイルと抵抗を直列接続した
回路に流れる電流を求めよ．

　　i.　合成インピーダンス $Z_{合成}$ を求め，その逆数を指数関数の形に変形せよ．

　　ii.　交流電源の電圧を $V = \mathcal{E}_0 e^{i\omega t}$ として $I = \frac{1}{Z_{合成}} V$ に代入せよ．ただし，ω と
$\mathcal{E}_0$ はともに実数である．次に I の実数部を回路に流れる電流とみなし，それが演
習 5.3 小問 (1) で求めた答えと一致していることを確かめよ．

(2)　演習 5.3 小問 (2) の並列回路について，アドミッタンスの合成則を使って，小
問 (1) の手順と同様に交流電源を流れる電流を求めよ．

5.5　導入例題 5.1 において，静止した系（これを S 系とする）にいる観測者が観測
した電場と磁場は，それぞれ

$$\boldsymbol{E} = (E_x, E_y, E_z) = 0, \quad \boldsymbol{B} = (B_x, B_y, B_z) = (0, B, 0) \qquad (5.26)$$

であった．

(1)　同じ現象を，導体棒とともに移動する系，すなわち x 軸の正の向きに一定の速
さ v で移動する系（これを S′ 系とする）にいる観測者が観測した．S′ 系の観測者が
観測する電場 $\boldsymbol{E}'$ と磁場 $\boldsymbol{B}'$ を，付録 B のローレンツ変換式 (B.20) および (B.21) を
使って求めよ．

(2)　導入例題 5.1 では，S 系の観測者は，導体棒中の自由電子が z 軸の負の向きに
移動することを観測した．S′ 系の観測者も同様の動きを見ることができることを確か
めよ．

第6章　電磁気的なエネルギー

　電場や磁場はエネルギーを蓄えることができる．この電磁気的なエネルギーを熱，光，動力，音などに変化させることにより，我々は日々の生活や産業で恩恵を受けている．この章では，静止した点電荷系，抵抗やコンデンサーなどの電子回路素子，および電磁波に蓄えられるエネルギーを定量的に議論する．

6.1　静電エネルギー

まずは静止した点電荷系がもつエネルギーから考えてみることにしよう．

> **導入　例題 6.1**
>
> 　電荷 q_1 をもつ点電荷 1 と電荷 q_2 をもつ点電荷 2 が，距離 r_{12} を隔てて静止している．この状態は次のように作られたものと考えてみよう：① 初期状態として，点電荷 1 がある場所に固定されていた．② 無限遠点にあった点電荷 2 を，速度を与えないように運び，点電荷 1 に近づけていった．③ 最終的に点電荷 2 を点電荷 1 から距離 r_{12} の位置まで近づけた．
>
> 　初期状態から最終状態までに点電荷 2 に加えられた仕事を求めよ．この値が，点電荷 1 と 2 が距離 r_{12} を隔てて存在しているときの**静電エネルギー**である．

【解答】　位置 r_1 に固定した点電荷に，1 C の電荷を位置 r_2 まで近づけるために必要となる仕事は，r_1 に位置する点電荷が自身から距離 $|r_1 - r_2| = r_{12}$ の位置に作る静電ポテンシャル $\phi_1(r_{12})$ に等しい．今回は運ぶ電荷が q_2 になるので，点電荷 2 に加えるべき仕事は $q_2\phi_1(r_{12})$ である．点電荷の静電ポテンシャルは (2.10) 式により与えられるので，求める静電エネルギーは

$$U = q_2\phi_1(r_{12}) = q_2 \cdot \frac{1}{4\pi\varepsilon_0}\frac{q_1}{r_{12}} = \frac{1}{4\pi\varepsilon_0}\frac{q_1 q_2}{r_{12}} \tag{6.1}$$

となる．　■

点電荷が3つになると，静電エネルギーはどのように表すことができるだろうか．

確認 例題 6.1

電荷がそれぞれ q_1, q_2, q_3 である3つの点電荷が，図 (a) に示された位置関係で静止しているとする．この状態がもつ静電エネルギーの大きさを以下の手順に従って求めよ：① 初期状態として，図 (b) に示すように点電荷1と2が距離 r_{12} を隔て固定された状態を選ぶ．この状態の静電エネルギーは導入例題 6.1 より $\frac{1}{4\pi\varepsilon_0}\frac{q_1 q_2}{r_{12}}$ である．② 点電荷3を無限遠点から速度を与えないように運び，点電荷1までの距離が r_{13} に，点電荷2までの距離が r_{23} になるまで近づける．初期状態の静電エネルギーと点電荷3を運ぶのに要する仕事の和が，求める静電エネルギーである．

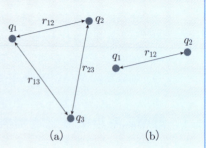

【解答】 図 (b) において点電荷1と2により作られる静電ポテンシャルは，重ね合わせの原理により，それぞれの点電荷が作る静電ポテンシャル ϕ_1 と ϕ_2 の和 $\phi_1 + \phi_2$ である．この場の中を，電荷 q_3 の点電荷3を無限遠点から運んでいき，点電荷1からは r_{13} の距離であり，点電荷2からは r_{23} の距離である位置まで移動させるために要する仕事は $q_3\{\phi_1(r_{13}) + \phi_2(r_{23})\}$ となる．以上より，求める静電エネルギーは

$$\begin{aligned}U &= \frac{1}{4\pi\varepsilon_0}\frac{q_1 q_2}{r_{12}} + q_3\{\phi_1(r_{13}) + \phi_2(r_{23})\} \\ &= \frac{1}{4\pi\varepsilon_0}\frac{q_1 q_2}{r_{12}} + \frac{1}{4\pi\varepsilon_0}\frac{q_1 q_3}{r_{13}} + \frac{1}{4\pi\varepsilon_0}\frac{q_2 q_3}{r_{23}}\end{aligned} \quad (6.2)$$

となる．

確認例題 6.1 の答えが示すように，**点電荷が増えるごとに，新たな点電荷を無限遠点から1つずつ近づけて，それを運ぶのに要する仕事を加えていけば静電エネルギーを求めることができる．** 例えば，点電荷が4つになったときの静

6.1 静電エネルギー   **119**

電エネルギーは

$$U = \frac{1}{4\pi\varepsilon_0}\frac{q_1 q_2}{r_{12}} + \frac{1}{4\pi\varepsilon_0}\frac{q_1 q_3}{r_{13}} + \frac{1}{4\pi\varepsilon_0}\frac{q_1 q_4}{r_{14}}$$
$$+ \frac{1}{4\pi\varepsilon_0}\frac{q_2 q_3}{r_{23}} + \frac{1}{4\pi\varepsilon_0}\frac{q_2 q_4}{r_{24}} \tag{6.3}$$
$$+ \frac{1}{4\pi\varepsilon_0}\frac{q_3 q_4}{r_{34}}$$

となる.

ここで (6.3) 式を眺めてみると,**点電荷系の静電エネルギーを求めるには,異なる 2 つの点電荷の対を選び,その点電荷対がもつ静電エネルギーを,すべての対に関して和をとればよい**ことがわかる.つまり N 個の点電荷系の静電エネルギーは

$$U = \frac{1}{2}\sum_{i \neq j}\frac{1}{4\pi\varepsilon_0}\frac{q_i q_j}{r_{ij}} \tag{6.4}$$

と表すことができる.ここで記号 $\sum_{i \neq j}$ は,2 重和 $\sum_{i=1}^{N}\sum_{j=1}^{N}$ から $i = j$ である要素を除いて和をとることを意味している.また (6.4) 式の右辺の和では,$\frac{q_i q_j}{r_{ij}}$ と $\frac{q_j q_i}{r_{ji}}$ という同じものをそれぞれ数え上げているので,重複を避けるために $\frac{1}{2}$ をかけている.

記号 $\sum_{j(\neq i)}$ を $j = \{1, 2, \ldots, N\}$ の中で $j = i$ を除外して和をとるものと定義すると,(6.4) 式は

$$U = \frac{1}{2}\sum_{i} q_i \sum_{j(\neq i)}\frac{1}{4\pi\varepsilon_0}\frac{q_j}{r_{ij}}$$

と書き換えることができる.和 $\sum_{j(\neq i)}\frac{1}{4\pi\varepsilon_0}\frac{q_j}{r_{ij}}$ は,"点電荷 i の位置に,他の点電荷が作る静電ポテンシャル" である.この静電ポテンシャルを $\phi_{(i)}$ と表記することにすれば,N 個の点電荷系の静電エネルギーは

$$U = \frac{1}{2}\sum_{i} q_i \phi_{(i)} \tag{6.5}$$

と表せることになる.

120　　　　　　　　第 6 章　電磁気的なエネルギー

6.2　回路素子がもつエネルギー

回路を構成する素子（抵抗，コンデンサー，コイル）をエネルギーの観点から考察してみよう．

電圧 V の電源につながれ，電流 I が流れる抵抗において，単位時間あたりに消費されるエネルギー（または発熱量）P は，既に導入例題 3.6 で調べていて

$$P = IV = IR^2 \text{ ワット}$$

であった．

まずはコンデンサーが蓄えるエネルギーから考えてみよう．

導入　**例題 6.2**

第 4 章 4.2 節の図 (a)（82 ページ）に示したように，抵抗 R と容量 C をもつコンデンサーを直列につないだ回路を考える．初期状態では，コンデンサーに電荷 Q_0 が蓄えられていたとする．スイッチを閉じると電流が流れ始め，抵抗が発熱し始める．流れる電流 I とコンデンサーの電荷の大きさ Q の間には，$I = -\frac{dQ}{dt}$ の関係がある．スイッチを入れてから，コンデンサーの電荷がなくなるまでに，抵抗で消費されるエネルギー

$$U = \int_0^\infty IV \, dt \tag{6.6}$$

を計算せよ．ここで V はコンデンサーの両極板間の電圧である．消費電力 U はコンデンサーが蓄えていたエネルギーに等しいはずである．

【解答】　$I = -\frac{dQ}{dt}$ と (3.13) 式で与えられたコンデンサーの電荷と電圧の関係式 $Q = CV$ を (6.6) 式に代入すると

$$U = \int_0^\infty IV \, dt = \int_0^\infty \left(-\frac{dQ}{dt} \right) V \, dt = \int_0^\infty \left(-C \frac{dV}{dt} \right) V \, dt$$
$$= -C \int_0^\infty V \frac{dV}{dt} dt.$$

$\frac{dV}{dt} dt = dV$ として変数 V の積分に変換する．初期状態におけるコンデンサーの両極板間の電位差を V_0 とすると，$t = 0$ で $V = V_0 = \frac{Q_0}{C}$，$t \to \infty$ で $V = 0$ である．以上より，コンデンサーが蓄えるエネルギーは

6.2 回路素子がもつエネルギー **121**

$$U = -C \int_{V_0}^{0} V \, dV = \frac{1}{2} C V_0^2$$

$$\Longleftrightarrow \quad \boxed{U = \frac{Q_0^2}{2C}} \tag{6.7}$$

と求まる. ■

(6.7) 式で表されるコンデンサーがもつエネルギーを, 別の考え方から求めてみよう.

確認 例題 6.2

容量 C のコンデンサーに電荷 q が充電されていて, このときの極板間の電圧が v であった.

(1) 負に帯電している極板から, コンデンサーの電圧 v に逆らって, 微小な電荷 $dq \, (> 0)$ を正に帯電している極板に運び, 両極板の電荷の大きさを $q + dq$ に増加させるために必要な仕事を求めよ.

(2) 極板の電荷の大きさを零から Q まで増加させるために必要な仕事を求めよ. この仕事は, 電荷 Q に帯電したコンデンサーが蓄えているエネルギーと等しいはずである.

【解答】 (1) 1 C の電荷を v ボルトの電位差に逆らって移動させるときに必要な仕事は v ジュールである. よって, 微小な電荷 dq を v ボルトの電位差に逆らって移動させるのに必要な仕事は $v \, dq$ である.

(2) 小問 (1) の答え $v \, dq$ を q について零から Q まで積分すればよい. ただし, 極板の電荷が増加するにつれて, 極板間の電位差も増加するため $q = Cv$ の関係を使い, $v \, dq = \frac{q}{C} \, dq$ として積分を実行する. コンデンサーに蓄えられるエネルギーは

$$\begin{aligned} U &= \int_0^Q v \, dq = \int_0^Q \frac{q}{C} \, dq \\ &= \frac{Q^2}{2C} \end{aligned} \tag{6.8}$$

と求まる. 導入例題 6.2 と同様の結果が得られた. ■

122　　　　　　　　　第 6 章　電磁気的なエネルギー

次にコイルが蓄えるエネルギーを考えてみよう.

導入 例題 6.3

　導入例題 5.5（103 ページ）の回路を再び考えてみよう. スイッチを 1 側に倒して十分に待つと, 回路には $I_\infty = \frac{\mathcal{E}_{電源}}{R}$ の定常電流が流れる. この状態からスイッチを瞬間的に 2 側に切り替えると, 電源との接続はなくなるが, コイルの自己誘導のため電流は減衰しつつも, しばらくは流れ続ける. コイルに蓄積していたエネルギーは, スイッチを切り替えた時刻（これを初期時刻とする）以降の抵抗における発熱量に等しいはずである. 微小時間 dt の間の発熱量 $RI^2\,dt$ を時間に関して積分することにより, コイルが蓄えるエネルギーを求め, それを自己インダクタンス L と初期時刻における電流 I_0 を用いて表せ.

【解答】　導入例題 5.5 の小問 (1) および (2) の答えより, $t = 0$ における電流の大きさは $I_0 = \frac{\mathcal{E}_{電源}}{R}$ であり, $t > 0$ における電流の大きさは $I(t) = I_0\,e^{-\frac{R}{L}t}$ である. 以上より, コイルに蓄えられていたエネルギーは

$$U = \int_0^\infty RI^2\,dt = \int_0^\infty RI_0^2\,e^{-\frac{2R}{L}t}\,dt = RI_0^2 \left[-\frac{L}{2R}\,e^{-\frac{2R}{L}t} \right]_0^\infty$$

$$\Longleftrightarrow \quad \boxed{U = \frac{1}{2}LI_0^2} \tag{6.9}$$

と求まる.　　　　　　　　　　　　　　　　　　　　　　　　　　　　■

　(6.9) 式は次のように導出することも可能である：コイルを含む回路に電源をつなぎ, 電流が流れ始めると, 定常状態にいたるまでコイルには誘導起電力が生じる. この誘導起電力と電流の積は, 誘導起電力に逆らって電流を流すために単位時間あたりに電源が "失う" エネルギーに等しい. すなわち

$$電源がエネルギーを失う率 = 誘導起電力 \times 電流$$

$$\Longrightarrow \quad \frac{dW}{dt} = -L\,\frac{dI}{dt} \times I. \tag{6.10}$$

(6.10) 式は変数分離形であり, 積分することが可能である：

$$dW = -LI\,\frac{dI}{dt}\,dt = -LI\,dI \quad \Longrightarrow \quad W = -\frac{1}{2}LI^2.$$

ここで $I=0$ のときに $W=0$ であるとした．W は電源から供給され，コイルに "吸い込まれたエネルギー" のことであり，コイルに蓄えられたエネルギー U は

$$U = -W = \frac{1}{2}LI^2 \tag{6.11}$$

であることになる．

確認 例題 6.3

導入例題 5.6（105 ページ）で扱ったトロイダルコイルに，電流 I が流れているとき，コイルに蓄えられるエネルギーを求めよ．

【解答】 導入例題 5.6 で求めたトロイダルコイルの自己インダクタンスの表式を，(6.11) 式に代入すると

$$U = \frac{1}{2}LI^2 = \frac{\mu_0 h N^2 I^2}{4\pi} \ln \frac{b}{a} \tag{6.12}$$

と求まる．

さらに，コンデンサーとコイルとからなる回路を考えてみよう．

導入 例題 6.4

図に示したように，自己インダクタンス L のコイルと容量 C のコンデンサーが直列に接続された回路（LC 回路）がある．はじめにスイッチは開けられており，コンデンサーは電荷 Q_0 に帯電していたとする．以下の設問に答えよ．

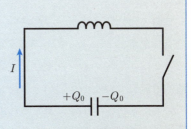

(1) スイッチを入れると，コンデンサーに蓄えられた電荷が回路に流れ出し，電流 I が発生する．図左側の極板の電荷を $Q(t)$，矢印の向きを電流の正の向きとすると，Q と I は $I = -\frac{dQ}{dt}$ で関係付けられる．また回路を一周したときの電位差は零なので，コンデンサーの両極板間の電圧とコイルの誘導起電力をそれぞれ，V と $\mathcal{E}_{誘導}$ とすると

$$V + \mathcal{E}_{誘導} = V - L\frac{dI}{dt} = 0 \tag{6.13}$$

124　　　　　　　　第6章　電磁気的なエネルギー

> が成り立つ．（コンデンサーは矢印の向きに電流を流そうとするため，
> 正の符号をもつ．他方，コイルは反対向きに電流を流そうとするので，
> 負符号をもっている．）以上より，極板の電荷 Q が満たす時間に関する
> 微分方程式を求めよ．
>
> (2)　スイッチを閉じた瞬間を $t = 0$ とし，極板の電荷と回路に流れる電流
> を時間の関数として求めよ．

【解答】　(1)　(6.13) 式に $Q = CV$ および $I = -\dfrac{dQ}{dt}$ を代入すると

$$V - L\frac{dI}{dt} = \frac{Q}{C} + L\frac{d^2Q}{dt^2} = 0$$

$$\Longrightarrow \quad \frac{d^2Q}{dt^2} = -\frac{1}{LC}Q. \tag{6.14}$$

(2)　(6.14) 式は固有振動数 $\omega = \dfrac{1}{\sqrt{LC}}$ をもつ単振動の方程式である．よっ
て，初期条件 $Q = Q_0$ かつ $I = 0$ を満たす解は

$$Q(t) = Q_0 \cos\frac{t}{\sqrt{LC}}, \quad I(t) = \frac{Q_0}{\sqrt{LC}}\sin\frac{t}{\sqrt{LC}} \tag{6.15}$$

となる．

　容量 C のコンデンサーと自己インダクタンス L のコイルを組み合わせれば，
固有振動数 $\omega = \dfrac{1}{\sqrt{LC}}$ のリズムで発振する回路が作れることを，導入例題 6.4
の答えは示している．初期状態ではコンデンサーに $Q = Q_0$ の電荷が存在し，
電流は流れていない．このときはコンデンサーに $\dfrac{Q_0^2}{2C}$ のエネルギーが蓄えられ
ていて，他方，コイルに蓄えられたエネルギーは零である．時間が経過し，電
流の大きさが最大の $I = \dfrac{Q_0}{\sqrt{LC}}$ になったときに，コンデンサーの極板に電荷は
存在しない．このとき，コイルには $\dfrac{1}{2}LI^2 = \dfrac{1}{2}L\left(\dfrac{Q_0}{\sqrt{LC}}\right)^2 = \dfrac{Q_0^2}{2C}$ のエネルギー
が蓄えられ，他方，コンデンサーに蓄えられたエネルギーは零である．このよ
うにコンデンサーとコイルとで，電気的なエネルギーを交換しながら，振動し
ているのである．

6.3 電磁場のエネルギー

前節までに，静止した点電荷系がもつエネルギーと，回路素子が蓄えるエネルギーを調べた．実は電磁気的なエネルギーは，次の式で一般的に表すことができるのである：

$$u = \frac{\varepsilon_0}{2}\, \boldsymbol{E} \cdot \boldsymbol{E} + \frac{1}{2\mu_0}\, \boldsymbol{B} \cdot \boldsymbol{B}. \tag{6.16}$$

ここで u は，電磁気的なエネルギーの単位体積あたりの密度（単位は $\mathrm{J/m^3}$）を表している．これまでに議論してきた種々の電磁気的エネルギーが，このエネルギー密度 u で説明できることを確認してみよう．

> **導入** 例題 6.5
>
> 極板の面積 A が，極板間の間隔 d に比べて非常に大きな平行板コンデンサーがある．このコンデンサーの極板には $\pm Q$ の電荷が充電されている．電流は流れていないとして，コンデンサーが蓄えているエネルギーを (6.16) 式から求めよ．また，その値が確認例題 6.2 で求めた (6.7) 式と一致していることを確認せよ．

【解答】 コンデンサーの容量を C，極板間の電位差を V，極板間に存在する電場の大きさを E とすると，導入例題 3.7 の答えより

$$C = \frac{\varepsilon_0 A}{d}, \quad Q = CV, \quad E = \frac{V}{d}. \tag{6.17}$$

(6.17) 式から $E = \frac{V}{d} = \frac{Q}{dC} = \frac{Q}{\varepsilon_0 A}$ である．また，電場はコンデンサーの極板に挟まれた体積 Ad の領域にのみ存在している．電流は存在しないので $\boldsymbol{B} = 0$ である．以上より，電磁場のエネルギーは (6.16) 式より

$$U = u \times 極板に挟まれた領域の体積 = \frac{\varepsilon_0}{2}\, \boldsymbol{E} \cdot \boldsymbol{E} \times Ad$$

$$= \frac{\varepsilon_0}{2}\left(\frac{Q}{\varepsilon_0 A}\right)^2 \cdot Ad = \frac{Q^2 d}{2\varepsilon_0 A} = \frac{Q^2}{2C}$$

と計算される．これは確認例題 6.2 で求めた (6.7) 式と一致している．

磁場によるエネルギーが存在する例も見てみよう．

126   第 6 章　電磁気的なエネルギー

導入　例題 6.6

　導入例題 5.6（105 ページ）のトロイダルコイルが蓄えるエネルギーを
(6.16) 式から求めてみよう．コイルの中心軸から距離 r（ただし $a \le r \le b$）
の位置における磁場の大きさは $B(r) = \frac{\mu_0 N I}{2\pi r}$ であった．N はコイルの巻
数，I は定常電流の大きさである．この磁場がコイルの内部のみに存在し
ている．磁場によるエネルギーを求めるには，導入例題 5.6 の図（106 ペー
ジ）に描かれた，$h \times dr$ の断面をもつような薄い円環がもつエネルギー du
を求め，du を r に関して $a \le r \le b$ の範囲で積分すればよい．トロイダ
ルコイル内に存在する磁場のエネルギーを求め，それが確認例題 6.3 で求
めた (6.12) 式に一致することを確認せよ．

【解答】　電場 $\boldsymbol{E}$ は存在していないので，薄い円環がもつエネルギー du は磁場
$B(r)$ がもつエネルギー密度に円環の体積をかけたもので

$$du = \frac{1}{2\mu_0} B^2(r) \times (h \times dr \times 2\pi r)$$

$$= \frac{\mu_0 h N^2 I^2}{4\pi} \frac{dr}{r}$$

と求まる．よって，トロイダルコイル内部に存在する電磁場のエネルギーは

$$U = \int du$$

$$= \frac{\mu_0 h N^2 I^2}{4\pi} \int_a^b \frac{dr}{r}$$

$$= \frac{\mu_0 h N^2 I^2}{4\pi} \ln \frac{b}{a}$$

である．これは確認例題 6.3 で求めた (6.12) 式に一致している．　　　■

　次に進行する電磁波のエネルギーを考えてみよう．導入例題 5.7（109 ペー
ジ）で，正負の電荷シートを一定の速度で動かすことにより，光速 c で伝搬す
る電磁波が生じることを学んだ．ここで電磁波がもつエネルギーと，その供給
元が何であるかを調べてみよう．

導入 例題 6.7

導入例題 5.7 の正負の電荷シートを，次のように動かしてみよう．

- 静止していた電荷シートに瞬間的に速度を与え，一定の速さで動かし続ける．正の電荷シートは z 軸の正の向き，負の電荷シートは負の向きに動かす．その結果，y 軸方向に単位長さあたりで J A/m の電流が生じる．
- 電磁波が光速で x 軸の正負の方向にそれぞれ伝搬を始める．
- 電荷シートを動かし始めてから Δt 秒後に，電荷シートを 2 つとも突然停止させる．停止後は，シートから電磁波は湧き出さなくなるが，既に放出されている，x 軸方向に $c\Delta t$ の厚さをもつ 2 つの電磁波層は存在し続け，x 軸の正負の方向にそれぞれ進行を続ける（図 (a)）．

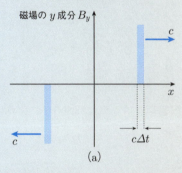

この厚さ $c\Delta t$ の電磁波層に関して，以下の設問に答えよ．

(1) $x > 0$ を伝搬する電磁波層を，図 (b) に示すように y–z 平面に平行な単位長さの辺をもつ正方形でくり抜く．くり抜いた部分に含まれる電磁場のエネルギーを (6.16) 式から求めよ．

(2) 電荷シートを動かしている間は $-ct < x < ct$ の領域に，z 軸の負の向きをもつ電場が存在している．この電場から，正の電荷シートは z 軸の負の向きに力を受けることになる．このため正の電荷シートを z 軸の正の向きに等速で動かし続けるためには，それに逆らう力を加え続けなければならない．

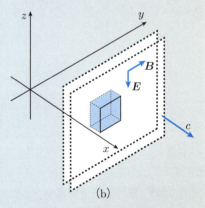

128　　　　第6章　電磁気的なエネルギー

(a)　正の電荷シートの電荷面密度を $\rho\,\mathrm{C/m^2}$, z 軸に沿った速さを v とする. 電荷シートが Δt 秒動く間に, 電荷シートの単位面積あたりに加えなければならない仕事を求めよ.

(b)　正の電荷シートにおいて, y 軸に平行な単位長さを通過する電荷は単位時間あたり ρv である. 正負の 2 枚の電荷シートで全体の電流を作るので, この量が電流密度の半分 $\dfrac{J}{2}$ に等しい:
$$\rho v = \frac{J}{2}. \tag{6.18}$$
この関係を用いて, 小問 (2)(a) で求めた仕事が, 小問 (1) で求めた電磁波のエネルギーに等しいことを確かめよ.

(c)　以上の結果の意味することを述べよ.

【解答】　(1)　導入例題 5.7 によれば, $x > 0$ の領域における磁場と電場は
$$\boldsymbol{B} = (B_x,\, B_y,\, B_z) = \left(0,\, \frac{1}{2}\mu_0 J,\, 0\right),$$
$$\boldsymbol{E} = (0,\, 0,\, -cB_y)$$
である. 直方体の体積は $c\,\Delta t$ なので, その中に含まれるエネルギーは
$$U = \text{エネルギー密度} \times \text{直方体の体積}$$
$$= \left(\frac{\varepsilon_0}{2}\boldsymbol{E}^2 + \frac{1}{2\mu_0}\boldsymbol{B}^2\right) \times c\,\Delta t$$
$$= \left(\frac{\varepsilon_0}{2}\frac{c^2\mu_0^2 J^2}{4} + \frac{1}{2\mu_0}\frac{\mu_0^2 J^2}{4}\right) \times c\,\Delta t$$
$$= \frac{\mu_0 J^2}{4}c\,\Delta t \tag{6.19}$$
と求まる.

(2)　(a)　電荷シートが電場から受ける力の大きさは, 単位面積あたり $|\rho E_z|$ である. ここで E_z は電場の z 成分を表す. これと同じ力を Δt 秒間加える必要があるので, 加えるべき仕事は
$$W = \text{加える力の大きさ} \times \text{動かした距離} = |\rho E_z| \times v\,\Delta t$$
$$= \rho\frac{c}{2}\mu_0 Jv\,\Delta t. \tag{6.20}$$

6.3 電磁場のエネルギー

(b) (6.18) 式を (6.20) 式に代入し，ρ を消去すると

$$
\begin{aligned}
W &= \rho \frac{c}{2} \mu_0 J v \Delta t \\
&= (\rho v) \frac{1}{2} \mu_0 J c \Delta t \\
&= \frac{J}{2} \frac{1}{2} \mu_0 J c \Delta t \\
&= \frac{\mu_0 J^2}{4} c \Delta t.
\end{aligned}
$$

この値は小問 (1) で求めた厚さ $c\Delta t$ をもつ電磁波層の直方体部分がもつエネルギーである (6.19) 式に等しい.

(c) 以上の結果は，電荷シートを等速で動かし続けるために投入した仕事が，伝播する電磁波のもつエネルギーの源泉であったことを意味している. ∎

最後に電磁場のエネルギー密度の式 (6.16) 式により，N 個の静止した点電荷のエネルギーがどのように説明できるかを示してみよう.

N 個の点電荷が静止して存在していると仮定する．このとき磁場は存在していないので，この系がもつ電磁場のエネルギーは，エネルギー密度を表す (6.16) 式で $\boldsymbol{B} = 0$ としたものを全空間で積分すれば求めることができる：

$$
\begin{aligned}
U &= \int u \, d\mathcal{V} \\
&= \int \frac{\varepsilon_0}{2} \boldsymbol{E} \cdot \boldsymbol{E} \, d\mathcal{V}.
\end{aligned}
$$

$\int \cdots d\mathcal{V}$ は全空間にわたる体積積分を表す．静電場 $\boldsymbol{E}$ と静電ポテンシャル ϕ の関係式 $\boldsymbol{E} = -\nabla\phi$ を使うと，静電エネルギーは

$$
\begin{aligned}
U &= \int \frac{\varepsilon_0}{2} \boldsymbol{E} \cdot \boldsymbol{E} \, d\mathcal{V} \\
&= -\int \frac{\varepsilon_0}{2} \boldsymbol{E} \cdot \nabla\phi \, d\mathcal{V}
\end{aligned}
\tag{6.21}
$$

と表すことができる.

130 第6章 電磁気的なエネルギー

導入 例題 6.8

N 個の静止した点電荷系について，以下の設問に答えよ．

(1) 位置 $\boldsymbol{r} = (x, y, z)$ を変数とする任意のベクトル $\boldsymbol{f}(\boldsymbol{r})$ と任意のスカラー関数 $g(\boldsymbol{r})$

$$\boldsymbol{f}(\boldsymbol{r}) = (f_x(x, y, z), f_y(x, y, z), f_z(x, y, z)), \quad g(\boldsymbol{r}) = g(x, y, z)$$

に対して

$$\nabla \cdot (\boldsymbol{f}g) = \boldsymbol{f} \cdot \nabla g + g(\nabla \cdot \boldsymbol{f}) \tag{6.22}$$

が成り立つことを示せ．$\nabla\cdot$ はベクトル量をスカラー量に変換する微分演算子であり

$$\nabla \cdot \boldsymbol{f} = \frac{\partial f_x}{\partial x} + \frac{\partial f_y}{\partial y} + \frac{\partial f_z}{\partial z} \tag{6.23}$$

で定義される．記号 $\nabla\cdot$ は**発散演算子**とよばれている ♠1．

(2) (6.22) 式を使うと，$\boldsymbol{E}$ と ϕ について

$$\nabla \cdot (\boldsymbol{E}\phi) = \boldsymbol{E} \cdot \nabla \phi + \phi(\nabla \cdot \boldsymbol{E})$$

が成り立つ．この式を (6.21) 式に代入すると，静電エネルギーは

$$U = -\frac{\varepsilon_0}{2} \int \nabla \cdot (\boldsymbol{E}\phi) \, d\mathcal{V} + \frac{\varepsilon_0}{2} \int \phi(\nabla \cdot \boldsymbol{E}) \, d\mathcal{V} \tag{6.24}$$

と書けることになる．ここで (6.24) 式の右辺第1項を考えてみよう．**積分定理**である**ガウスの定理**によれば

$$\int_{\mathcal{V}} \nabla \cdot \boldsymbol{f} \, d\mathcal{V} = \int_{\mathcal{S}} \boldsymbol{f} \cdot d\boldsymbol{a} \tag{6.25}$$

が成り立つ ♠2．このガウスの定理を (6.24) 式の右辺第1項に適用すると

$$-\frac{\varepsilon_0}{2} \int \nabla \cdot (\boldsymbol{E}\phi) \, d\mathcal{V} = -\frac{\varepsilon_0}{2} \int (\boldsymbol{E}\phi) \cdot d\boldsymbol{a} \tag{6.26}$$

♠1 $\nabla \cdot \boldsymbol{f}$ を $\mathrm{div}\boldsymbol{f}$ と表記することもある．$\nabla \cdot \boldsymbol{f}$ や $\mathrm{div}\boldsymbol{f}$ を「$\boldsymbol{f}$ の発散」や「ダイバージェンス エフ」と読む．

♠2 $\boldsymbol{f}$ は任意のベクトルであり，(6.25) 式の左辺は，$\boldsymbol{f}$ の発散 $\nabla \cdot \boldsymbol{f}$ を，ある体積領域 $\mathcal{V}$ 全体にわたって和をとる体積積分である．(6.25) 式の右辺は，$\mathcal{V}$ の表面 $\mathcal{S}$ における**面積分**を表す．すなわち，$\boldsymbol{f}$ と $\mathcal{V}$ の表面にある（微小な）面積素ベクトル $d\boldsymbol{a}$ の内積 $\boldsymbol{f} \cdot d\boldsymbol{a}$ を，面 $\mathcal{S}$ の上で和をとった量を表す．付録 D.1 参照．

6.3 電磁場のエネルギー **131**

となる．N 個の点電荷が有限の領域に固定されているとき，(6.26) 式の値は零であることを説明せよ．

ヒント：(6.26) 式左辺の体積積分は全空間にわたる積分なので，右辺の面積分は，無限遠方における $\boldsymbol{E}\phi$ と面積素ベクトル $d\boldsymbol{a}$ との内積の和である．

(3) 小問 (2) の答えより，静電エネルギーの式 (6.24) は

$$U = \frac{\varepsilon_0}{2} \int \phi(\nabla \cdot \boldsymbol{E}) \, d\mathcal{V} \qquad (6.27)$$

と書けることになる．(6.27) 式に，電場 $\boldsymbol{E}$ と電荷密度 $\rho(x,y,z)\,\mathrm{C/m^3}$ の間に一般的に成立する関係

$$\nabla \cdot \boldsymbol{E} = \frac{\rho}{\varepsilon_0} \qquad (6.28)$$

を代入せよ ♠3．結果として (6.5) 式が得られることを示せ．

【解答】 (1) 発散演算子の定義式 (6.23) を使い，式を整理すると

$$\nabla \cdot (\boldsymbol{f}g) = \frac{\partial(f_x g)}{\partial x} + \frac{\partial(f_y g)}{\partial y} + \frac{\partial(f_z g)}{\partial z}$$

$$= g\frac{\partial f_x}{\partial x} + f_x\frac{\partial g}{\partial x} + g\frac{\partial f_y}{\partial y} + f_y\frac{\partial g}{\partial y} + g\frac{\partial f_z}{\partial z} + f_z\frac{\partial g}{\partial z}$$

$$= f_x\frac{\partial g}{\partial x} + f_y\frac{\partial g}{\partial y} + f_z\frac{\partial g}{\partial z} + g\frac{\partial f_x}{\partial x} + g\frac{\partial f_y}{\partial y} + g\frac{\partial f_z}{\partial z}$$

$$= \boldsymbol{f} \cdot \nabla g + g(\nabla \cdot \boldsymbol{f}).$$

(2) N 個の点電荷は有限な領域内にあるので，電場の大きさは無限遠方で零になる．すなわち (6.26) 式右辺の面積分の被積分関数 $\boldsymbol{E}\phi$ も，無限遠方では零である．よって，(6.26) 式右辺の面積分の値は零ということになる．

(3) (6.27) 式に (6.28) 式を代入すると

$$U = \frac{1}{2} \int \phi\rho \, d\mathcal{V} \qquad (6.29)$$

を得る．(6.29) 式は，ある位置 $\boldsymbol{r} = (x,y,z)$ における静電ポテンシャル $\phi(\boldsymbol{r})$ と，同じ位置にある微小な体積要素 $d\mathcal{V} = dx\,dy\,dz$ に含まれる電荷 $\rho(\boldsymbol{r})\,dx\,dy\,dz$

♠3 (6.28) 式はガウスの法則 2.1 を微分を使って表したもので，**ガウスの法則の微分形**とよばれる．付録 E.1 参照．

の積 $\phi(\boldsymbol{r})\rho(\boldsymbol{r})\,dx\,dy\,dz$ を，全空間で和をとったものに等しい．N 個の点電荷系の場合，(6.29) 式は

$$U = \frac{1}{2}\sum_{i=1}^{N} \rho_i \phi(\boldsymbol{r}_i)$$

と書ける．ここで ρ_i は i 番目の点電荷がもつ電荷の大きさを，$\phi(\boldsymbol{r}_i)$ は i 番目の点電荷の位置 $\boldsymbol{r}_i$ において，i 以外の点電荷によって作られる静電ポテンシャルの値を表す．これは (6.5) 式に他ならない．

> **第 6 章のまとめ**
>
> - 点電荷系の静電エネルギーは，2 つの異なる点電荷対がもつ静電エネルギーを，すべての点電荷対に対して加算したものに等しい
> - コンデンサー，コイル，および電磁波は電磁気的エネルギーを蓄えることができる
> - 電磁気的エネルギーの体積密度 u は，電場 $\boldsymbol{E}$ と磁場 $\boldsymbol{B}$ を用いて，一般に $u = \frac{\varepsilon_0}{2}\boldsymbol{E}\cdot\boldsymbol{E} + \frac{1}{2\mu_0}\boldsymbol{B}\cdot\boldsymbol{B}$ で表される

第 6 章　演習問題

6.1 電荷 q および Q をもつ点電荷が 2 つずつ，図のように長さ（a とする）が変わらない棒でつながれている．

(1) 静電エネルギーを求めよ．
(2) 静電エネルギーが最小になる θ の条件を求めよ．

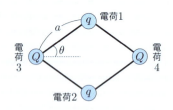

6.2 抵抗 R，自己インダクタンス L のコイル，および静電容量 C のコンデンサーを直列につないだ回路がある．電源が存在しないとき，この回路を 1 周するときの電圧の和は零であり，回路の電流を I とコンデンサーが蓄える電荷 Q に

$$-L\frac{dI}{dt} - RI + \frac{Q}{C} = 0 \tag{6.30}$$

の関係が成り立つ．(6.30) 式に電流 I と電荷 Q の関係式

$$I = -\frac{dQ}{dt} \tag{6.31}$$

第 6 章　演習問題　**133**

を代入すると

$$L\frac{d^2Q}{dt^2} + R\frac{dQ}{dt} + \frac{Q}{C} = 0 \implies \frac{d^2Q}{dt^2} + \frac{R}{L}\frac{dQ}{dt} + \frac{1}{LC}Q = 0 \qquad (6.32)$$

という電荷 Q に関する 2 階の**線形微分方程式**を得る．$R = 0$ のとき (6.32) 式は，導入例題 6.4 の固有振動数 $\omega_0 = \frac{1}{\sqrt{LC}}$ をもつ単振動の式に一致する．$R \neq 0$ のとき，(6.32) 式左辺の第 2 項は，電荷 Q の変化を妨げようとする効果をもつ．

(6.32) 式は R, L, C の値によって，以下の解をもつ：

$$\left(\frac{R}{2L}\right)^2 < \frac{1}{LC} \text{ のとき } \quad Q(t) = e^{-\frac{R}{2L}t}\left(A_1 \sin\sqrt{\frac{1}{LC} - \left(\frac{R}{2L}\right)^2}\,t\right.$$
$$\left. + A_2 \cos\sqrt{\frac{1}{LC} - \left(\frac{R}{2L}\right)^2}\,t\right),$$
$$(6.33)$$

$$\left(\frac{R}{2L}\right)^2 = \frac{1}{LC} \text{ のとき } \quad Q(t) = (A_3 + A_4 t)\,e^{-\frac{R}{2L}t}, \qquad (6.34)$$

$$\left(\frac{R}{2L}\right)^2 > \frac{1}{LC} \text{ のとき } \quad Q(t) = A_5\,e^{\left(-\frac{R}{2L} + \sqrt{\left(\frac{R}{2L}\right)^2 - \frac{1}{LC}}\right)t}$$
$$+ A_6\,e^{\left(-\frac{R}{2L} - \sqrt{\left(\frac{R}{2L}\right)^2 - \frac{1}{LC}}\right)t}. \qquad (6.35)$$

ここで $A_1, A_2, A_3, A_4, A_5, A_6$ は定数である．(6.33) 式の解を**減衰振動解**，(6.34) 式を**臨界減衰**，(6.35) 式を**過減衰**という．

(1)　初期条件として，電流を零（$I(0) = 0$），コンデンサーに Q_0 の電荷を与えた（$Q(0) = Q_0$）とする．自己インダクタンス L と静電容量 C の値は固定したまま，抵抗 R を変化させることで，電流または電荷の時間変化がどのようになるかを調べたい．まず (6.33)–(6.35) 式を無次元化することにしよう．今回は L と C の値を固定するので，時間 t を回路の固有振動の周期を使って無次元化すると都合がよい．そこで

$$t = \sqrt{LC}\,\tau, \quad Q = Q_0 q, \quad I = \frac{Q_0}{\sqrt{LC}}j \qquad (6.36)$$

のように無次元の時間 τ，電荷 q および電流 j を導入してみる．(6.36) 式を使って，(6.33)–(6.35) の 3 つの式を無次元化せよ．

(2)　初期条件 $q(0) = 1$, $j(0) = 0$ を使い，無次元化した電荷と電流の無次元化した時間 τ 依存性を表す式 $q = q(\tau)$, $j = j(\tau)$ を決定せよ．

(3)　回路の全エネルギー E を L, C, I, Q を使って表せ．次に無次元化したエネ

ルギー e を，無次元化した電荷 q と電流 j を使って導入せよ．グラフ描画ツールを使って，全エネルギーの時間変化を調べてみよ．

6.3 (1) 電圧が

$$V = V_0 \cos \omega t \tag{6.37}$$

のように変動する交流電源と抵抗 R を接続した．抵抗で消費される電力は，$P = IV$ で与えられる．ここで "1 周期あたりの消費電力の平均" を**平均の電力**として定義し，$\langle P \rangle$ と記すことにする．すなわち，印加する交流電圧の周期を T とすると，平均の電力 $\langle P \rangle$ は

$$\langle P \rangle = \frac{1}{T} \int_0^T IV \, dt \tag{6.38}$$

で与えられる．抵抗 R で消費される平均の電力を，交流電圧の最大値 V_0 と電流の最大値 I_0 を使って表せ．

(2) 電圧と電流の大きさを $\sqrt{2}$ で割った値を，電圧および電流の**実効値**という．すなわち，実際の電圧と電流をそれぞれ V, I，それらの実効値を $V_{実効}, I_{実効}$ としたとき

$$V_{実効} = \frac{V}{\sqrt{2}}, \quad I_{実効} = \frac{I}{\sqrt{2}} \tag{6.39}$$

の関係がある．実効値を使うと，平均の電力は

$$P = I_{実効} V_{実効} \tag{6.40}$$

で表すことができる．家庭の電源表示には実効値が使われている．電源の電圧が正確に三角関数に従って変動していると仮定して，"50 Hz，100 V の電源" で表される電圧の時間変化を式で表せ．位相は零としてよい．

(3) 抵抗 R，自己インダクタンス L のコイルおよび容量 C のコンデンサーを直列に接続した回路に，(6.37) 式に従って変化する交流電源を接続した．

ⅰ．第 5 章末の演習 5.4 を参考に，合成インピーダンスを計算し，回路に流れる電流の表式を求めよ．

ⅱ．前問で求めた電流の振幅が最も大きくなる角振動数 ω_0 を R, L, C を使って表せ．ω_0 を**共振振動数**という．

ⅲ．この回路の平均の電力を与える表式を求めよ．

6.4 **ポインティングベクトル**は電磁場のエネルギーの流れを表すベクトルであり

$$\boldsymbol{S} = \frac{1}{\mu_0} \boldsymbol{E} \times \boldsymbol{B} \tag{6.41}$$

で定義される．電場と磁場のベクトル積で決まるポインティングベクトルの向き $\boldsymbol{E} \times \boldsymbol{B}$ は電磁波のエネルギーが流れる向きを，その大きさ $|\boldsymbol{S}|$ は単位時間，単位面積あたりに流れる電磁波のエネルギーの大きさを表す．以下の設問に答えよ．

第6章 演習問題

(1) R オームの抵抗を V ボルトの直流電源につなぐと，I アンペアの電流が流れた．抵抗は半径 r，長さ l の円筒形であるとする（図 (a)）．抵抗の側面から単位時間あたりに流れ込むポインティングベクトルが，抵抗における単位時間あたりの発熱量に等しいことを示せ．ただし，抵抗内部における電場の向き，大きさは一様であると仮定せよ．

(2) 半径 r の円形極板 2 枚に挟まれた，極板間隔 d（ただし $r \gg d$）の平行板コンデンサーを，直流電源につなぎ，ゆっくりと充電する（図 (b)）．コンデンサーが蓄積するエネルギーの増加率が，極板に挟まれた円筒領域の側面から単位時間に流れ込むポインティングベクトルに等しいことを示せ．

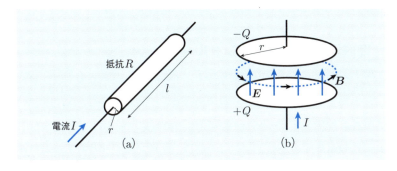

第7章

電磁ポテンシャル

　動く電荷は，周囲にどのような電磁場を生じさせるのだろうか．電磁ポテンシャルが，その答えを与えてくれる．静電ポテンシャルを与える式に対して，「情報は有限の速さである光速で伝わる」ことを考慮に入れると，電磁ポテンシャルを求めるための式を得ることができる．本章では，等速直線運動を行う点電荷が作る電磁場を，具体的に計算してみることにする．

7.1　電磁場と電磁ポテンシャル

第2章では静止した電荷が作る静電場 E と静電ポテンシャル ϕ の間に (2.11) 式

$$E = -\nabla\phi \tag{7.1}$$

の関係があることを勉強した．静電磁気学では電場と磁場は時間 t には依らず，位置 r だけの関数であった．しかし一般に，電荷が動くなどして系が時間的に変動する場合には，電場と磁場は位置 r と時間 t の両方に依存することになる．そのような場合，電場 $E(r, t)$ と磁場 $B(r, t)$ は**電磁ポテンシャル** $\phi(r, t)$ および $A(r, t)$ と以下のように関係付けられている：

$$E(r, t) = -\nabla\phi - \frac{\partial A}{\partial t}, \tag{7.2}$$

$$B(r, t) = \nabla \times A. \tag{7.3}$$

ここで，$\phi(r, t)$ は**スカラーポテンシャル**，$A(r, t)$ は**ベクトルポテンシャル**とよばれる [1]．電荷が静止している，または定常に流れる系では，電気的な性質を表す量は，時間に陽に依存しない．よって，ベクトルポテンシャル $A(r, t)$ も時間に依存しない $A(r)$ という形をもち，$\frac{\partial A}{\partial t} = 0$ である．このとき (7.2) 式は (7.1) 式に一致する．静電場と静電ポテンシャルの関係式 (7.1) は，(7.2) 式の特別な形だったのである．

---

[1]　電磁ポテンシャルと電磁気学の基本法則との関係は付録 E.2 を参照．

7.1 電磁場と電磁ポテンシャル 137

磁場 $\boldsymbol{B}$ はベクトルポテンシャル $\boldsymbol{A}$ に，左から微分演算子 $\nabla\times$ を作用させることで得ることができる．記号 $\nabla\times$ を**回転演算子**といい，任意のベクトル $\boldsymbol{f}=(f_x,\,f_y,\,f_z)$ に対して，以下で定義される演算子である[2]：

$$\nabla\times\boldsymbol{f}=\left(\frac{\partial f_z}{\partial y}-\frac{\partial f_y}{\partial z},\,\frac{\partial f_x}{\partial z}-\frac{\partial f_z}{\partial x},\,\frac{\partial f_y}{\partial x}-\frac{\partial f_x}{\partial y}\right). \tag{7.4}$$

(7.4) 式はベクトル積のように

$$\nabla\times\boldsymbol{f}=\begin{vmatrix} \widehat{\boldsymbol{x}} & \widehat{\boldsymbol{y}} & \widehat{\boldsymbol{z}} \\ \frac{\partial}{\partial x} & \frac{\partial}{\partial y} & \frac{\partial}{\partial z} \\ f_x & f_y & f_z \end{vmatrix}$$

としても求められる．

導入 例題 7.1

(1) 偏微分を行う順番を交換しても結果が変わらないようなスカラー関数 g を考える：

$$\frac{\partial^2 g}{\partial x\partial y}=\frac{\partial^2 g}{\partial y\partial x}.$$

このようなスカラー関数 g に対して

$$\nabla\times\nabla g=0 \tag{7.5}$$

が成り立つことを示せ．（以下，スカラーポテンシャルやベクトルポテンシャルの各成分は，偏微分を行う順序を交換しても結果は変わらないものとする．）

(2) (7.2) 式の左右両辺に，左から $\nabla\times$ を作用させることにより

$$\nabla\times\boldsymbol{E}=-\frac{\partial\boldsymbol{B}}{\partial t} \tag{7.6}$$

が成り立つことを示せ[3]．

---

[2] $\nabla\times\boldsymbol{f}$ を「エフの回転」と読む．または同じものを $\mathrm{rot}\,\boldsymbol{f}$（ローテーション エフ）や $\mathrm{curl}\,\boldsymbol{f}$（カール エフ）と表記することもある．

[3] (7.6) 式はファラデーの法則を微分を使って表したものであり，**ファラデーの法則の微分形**とよばれる．付録 E.1 参照．

138　　　　　　　　第 7 章　電磁ポテンシャル

【解答】　(1)

$$\nabla \times \nabla g = \nabla \times \left(\frac{\partial g}{\partial x}, \frac{\partial g}{\partial y}, \frac{\partial g}{\partial z} \right)$$

$$= \left(\frac{\partial^2 g}{\partial y \partial z} - \frac{\partial^2 g}{\partial z \partial y}, \frac{\partial^2 g}{\partial z \partial x} - \frac{\partial^2 g}{\partial x \partial z}, \frac{\partial^2 g}{\partial x \partial y} - \frac{\partial^2 g}{\partial y \partial x} \right) = 0.$$

(2) (7.2) 式の両辺に回転演算子を左から作用させると

$$\nabla \times \boldsymbol{E} = -(\nabla \times \nabla \phi) - \nabla \times \frac{\partial \boldsymbol{A}}{\partial t}. \tag{7.7}$$

右辺第 1 項の $\nabla \times \nabla \phi$ は小問 (1) の答えより零である．第 2 項は回転演算子と時間 t に関する偏微分の順序を入れ替えて，(7.3) 式を使うと

$$-\nabla \times \frac{\partial \boldsymbol{A}}{\partial t} = -\frac{\partial}{\partial t}(\nabla \times \boldsymbol{A}) = -\frac{\partial \boldsymbol{B}}{\partial t} \tag{7.8}$$

を得る．すなわち (7.7) 式は (7.6) 式に等しいことになる．　　　　　　　■

7.2　定常電流が作るベクトルポテンシャル

　ここでベクトルポテンシャルの具体例を調べてみることにしよう．ベクトルポテンシャル $\boldsymbol{A}$ は磁場 $\boldsymbol{B}$ と (7.3) 式で関連付いている．磁場は電流によって作られるので，ベクトルポテンシャルも当然，電流によって作られることになる．実は，定常電流が作るベクトルポテンシャルは，静電荷によって作られる静電ポテンシャルの式 (2.16) と全く同じ形をしている ♠4．以下に，静電ポテンシャルとベクトルポテンシャルを求める式をそれぞれ並べてみる：

$$\phi(\boldsymbol{r}) = \frac{1}{4\pi\varepsilon_0} \int_{\mathcal{V}} \frac{\rho(\boldsymbol{r}')\,d\mathcal{V}'}{|\boldsymbol{r} - \boldsymbol{r}'|}, \tag{7.9}$$

$$\boldsymbol{A}(\boldsymbol{r}) = \frac{\mu_0}{4\pi} \int_{\mathcal{V}} \frac{\boldsymbol{j}(\boldsymbol{r}')\,d\mathcal{V}'}{|\boldsymbol{r} - \boldsymbol{r}'|}. \tag{7.10}$$

(7.9) 式と (7.10) 式において，それぞれ $\frac{\rho}{\varepsilon_0}$ と $\mu_0 \boldsymbol{j}$ を除いた部分は完全に一致している．$\varepsilon_0 \mu_0 = \frac{1}{c^2}$ の関係を使うと，これらの式の間に

$$\frac{\rho}{\varepsilon_0} \leftrightarrow \mu_0 \boldsymbol{j} = \frac{\boldsymbol{j}}{\varepsilon_0 c^2} \quad \Longleftrightarrow \quad \rho \leftrightarrow \frac{\boldsymbol{j}}{c^2}$$

♠4 定常状態のスカラーポテンシャル（静電ポテンシャル）とベクトルポテンシャルは，ともにポアソン方程式とよばれる偏微分方程式（付録 E，(E.30) 式）の解である．

7.2 定常電流が作るベクトルポテンシャル **139**

の対応関係があることがわかる．これは**ある電荷密度 ρ をもつ静電荷の静電ポ**
テンシャルが既にわかっているとき，同じ形状をもつ電流密度 j が作るベクト
ルポテンシャルは，静電ポテンシャルの表式において $\rho \to \frac{j}{c^2}$ の置き換えをす
るだけで求めることができることを意味している．

導入 **例題 7.2**

　無限に長い直線電流が作るベクトルポテンシャル
を求めてみよう．図に示すように，z 軸上を電流 I
が z 軸の正の向きに流れている．z 軸上に張られた
導線の断面が，半径 a の円（ただし $a \ll 1$）である
とすると，電流密度は

$$\boldsymbol{j} = (j_x, j_y, j_z) = \left(0,\, 0,\, \frac{I}{\pi a^2}\right)$$

で表すことができる．

(1)　導線が占める無限に長い円柱部分に，一様な電荷が線密度 λ C/m で
　　分布していると考える．この電荷分布が作る静電ポテンシャルを z 軸
　　からの距離 $r = \sqrt{x^2 + y^2}$ の関数として求めよ．導線は非常に細いの
　　で，$r > a$ の領域についてだけ考えればよい．また，静電ポテンシャル
　　の基準点は $r = r_0 = 1$ とせよ．

(2)　小問 (1) の電荷分布において，電荷線密度 λ C/m と電荷体積密度
　　ρ C/m^3 の間に $\lambda = \pi a^2 \rho$ の関係がある．この関係と $\rho \to \frac{j}{c^2}$ の置き換
　　えを使うことにより，無限に長い直線状電流が作るベクトルポテンシャ
　　ル $\boldsymbol{A} = (A_x, A_y, A_z)$ の表式を求めよ．

(3)　小問 (2) の答えと (7.3) 式より，直線状電流が作る磁場の表式を求
　　めよ．

【解答】　(1)　導入例題 2.6 小問 (3) の答えより，無限に長い直線状の電荷が作
る電場の大きさは $E(r) = \frac{\lambda}{2\pi\varepsilon_0 r}$ である．よって，静電ポテンシャルは

$$\phi(r) = \int_{r_0}^{r} \left(-E(r')\right) dr' = -\int_{1}^{r} \frac{\lambda}{2\pi\varepsilon_0 r'}\, dr' = -\frac{\lambda}{2\pi\varepsilon_0} \ln r \qquad (7.11)$$

と求まる．

140　　　　　　　　第 7 章　電磁ポテンシャル

(2)　電流密度の x, y 成分は零なので，これらの成分のベクトルポテンシャルの値も零である．ベクトルポテンシャルの z 成分は (7.11) 式において，λ を ρ で表し，次に ρ を $\frac{j_z}{c^2}$ に置き換えると求まる：

$$\phi = -\frac{\lambda}{2\pi\varepsilon_0}\ln r = -\frac{\pi a^2 \rho}{2\pi\varepsilon_0}\ln r \quad \Longrightarrow \quad A_z = -\frac{\pi a^2 j_z}{2\pi\varepsilon_0 c^2}\ln r.$$

$j_z = \frac{I}{\pi a^2}$ および $\mu_0 = \frac{1}{\varepsilon_0 c^2}$ を代入すると

$$\boldsymbol{A} = \left(0,\, 0,\, -\frac{\mu_0 I}{2\pi}\ln r\right). \tag{7.12}$$

(3)　$\ln r$ の x, y, z に関する偏微分は，それぞれ

$$\frac{\partial}{\partial x}\ln r = \frac{\partial}{\partial x}\ln\sqrt{x^2+y^2} = \frac{x}{r^2},$$

$$\frac{\partial}{\partial y}\ln r = \frac{y}{r^2}, \quad \frac{\partial}{\partial z}\ln r = 0.$$

これらの式と $A_x = A_y = 0$ を (7.3) 式に代入すると

$$\boldsymbol{B} = \nabla \times \boldsymbol{A} = \left(\frac{\partial A_z}{\partial y} - \frac{\partial A_y}{\partial z},\ \frac{\partial A_x}{\partial z} - \frac{\partial A_z}{\partial x},\ \frac{\partial A_y}{\partial x} - \frac{\partial A_x}{\partial y}\right)$$

$$= \left(\frac{\partial A_z}{\partial y},\ -\frac{\partial A_z}{\partial x},\ 0\right) = \left(-\frac{\mu_0 I y}{2\pi r^2},\ \frac{\mu_0 I x}{2\pi r^2},\ 0\right)$$

$$= \frac{\mu_0 I}{2\pi r}\left(-\frac{y}{r},\ \frac{x}{r},\ 0\right).$$

磁場の z 成分は零である．磁場の x および y 成分は，x–y 平面上にとった 2 次元極座標の偏角方向の単位ベクトル $\widehat{\boldsymbol{\theta}} = -\frac{y}{r}\widehat{\boldsymbol{x}} + \frac{x}{r}\widehat{\boldsymbol{y}} = -\sin\theta\widehat{\boldsymbol{x}} + \cos\theta\widehat{\boldsymbol{y}}$ を使って

$$\boldsymbol{B} = \frac{\mu_0 I}{2\pi r}\left(-\frac{y}{r},\ \frac{x}{r}\right)$$

$$= \frac{\mu_0 I}{2\pi r}\widehat{\boldsymbol{\theta}}$$

のように表すことができる．この磁場は大きさが $\frac{\mu_0 I}{2\pi r}$，向きが x–y 面の反時計回りであり，第 4 章の導入例題 4.1 で求めた直線状電流が作る磁場に一致している．

　シート状の電流が作るベクトルポテンシャルも求めてみよう．

7.2 定常電流が作るベクトルポテンシャル   **141**

> **確認** **例題 7.1**
>
> 導入例題 4.2（77ページ）で考えた，厚さ d の無限に広い板状の導体に，単位断面積あたり J の電流が流れるときに生じるベクトルポテンシャルを求めよ．さらに (7.3) 式を使って磁場を計算し，それが導入例題 4.2 で得たものと一致していることを確認せよ．シートは非常に薄いものとし（$d \ll 1$），シート外部に発生するベクトルポテンシャルと磁場を求めればよい．

【解答】 電流が流れるシートを x–z 面に一致させ，電流の向きを z 軸の正の向きに選ぶと，電流密度は $\boldsymbol{j} = (j_x, j_y, j_z) = (0, 0, J)$ である．よって，ベクトルポテンシャルは $\boldsymbol{A} = (0, 0, A_z)$ のように z 成分のみが非零の値をもつことになる．

ここで x–z 面に，電荷面密度 $\sigma\ \mathrm{C/m^2}$ の電荷が存在するときに生じる電場 $\boldsymbol{E}$ を考える．確認例題 2.3 によれば

$$
\boldsymbol{E} = \begin{cases} \left(0, \dfrac{\sigma}{2\varepsilon_0}, 0\right) & y > 0, \\[2mm] \left(0, -\dfrac{\sigma}{2\varepsilon_0}, 0\right) & y < 0 \end{cases}
$$

であった．この電場による静電ポテンシャルは，電荷シートからの距離 y の関数として

$$
\phi = \begin{cases} -\dfrac{\sigma}{2\varepsilon_0}y & y > 0, \\[2mm] \dfrac{\sigma}{2\varepsilon_0}y & y < 0 \end{cases} \tag{7.13}
$$

で与えられる．（x–z 平面上を静電ポテンシャルの基準点に選んでいる．）

電荷面密度 σ と電荷体積密度 ρ は $\sigma = \rho d$ で関係付けられる．(7.13) 式の σ を ρ で表し，さらに $\rho \rightarrow \dfrac{j_z}{c^2} = \dfrac{J}{c^2}$ と置き換えることにより，ベクトルポテンシャルの z 成分が

$$
A_z = \begin{cases} -\dfrac{\mu_0 J d}{2}y & y > 0, \\[2mm] \dfrac{\mu_0 J d}{2}y & y < 0 \end{cases} \tag{7.14}
$$

と求まる．(7.3) 式を使って磁場を計算すると，$A_x = A_y = 0$，かつ，A_z は y だけを含むので，磁場 $\boldsymbol{B}$ は

142　第7章　電磁ポテンシャル

$$B = \left(\frac{\partial A_z}{\partial y}, 0, 0\right) = \begin{cases} \left(-\frac{\mu_0 Jd}{2}, 0, 0\right) & y > 0, \\ \left(\frac{\mu_0 Jd}{2}, 0, 0\right) & y < 0 \end{cases}$$

と求まる．これは導入例題 4.2 で求めた磁場と一致している．

7.3　遅延ポテンシャル

本節と次節では，電荷が動き回るとき，時刻 t に，位置 $\boldsymbol{r} = (x, y, z)$（以降，この点を観測点 P ということにする）で観測される電磁ポテンシャルの求め方を説明する．

スカラーポテンシャル $\phi(\boldsymbol{r}, t)$ とベクトルポテンシャル $\boldsymbol{A}(\boldsymbol{r}, t)$ は，以下の体積積分でそれぞれ求められる：

$$\phi(\boldsymbol{r}, t) = \frac{1}{4\pi\varepsilon_0} \int \frac{\rho\left(\boldsymbol{r}', t - \frac{|\boldsymbol{r} - \boldsymbol{r}'|}{c}\right) d\mathcal{V}'}{|\boldsymbol{r} - \boldsymbol{r}'|}, \tag{7.15}$$

$$\boldsymbol{A}(\boldsymbol{r}, t) = \frac{\mu_0}{4\pi} \int \frac{\boldsymbol{j}\left(\boldsymbol{r}', t - \frac{|\boldsymbol{r} - \boldsymbol{r}'|}{c}\right) d\mathcal{V}'}{|\boldsymbol{r} - \boldsymbol{r}'|}. \tag{7.16}$$

静電ポテンシャルと定常電流が作るベクトルポテンシャルをそれぞれ与える (7.9) 式および (7.10) 式と比較すると，一見して，時刻に関する変数が，電荷密度 ρ と電流密度ベクトル $\boldsymbol{j}$ に（2 番目の変数として）加わっているだけであることがわかる．ただし，その時刻は t そのものでなく

$$t - \frac{|\boldsymbol{r} - \boldsymbol{r}'|}{c}$$

である．この意味を考えてみよう．

軌道 $\boldsymbol{r}_0(t)$ に沿って運動する電荷の小片を図に示す．ベクトル $\boldsymbol{r}_0(t)$ は時刻 t における電荷の位置を表している．$\boldsymbol{r} = (x, y, z)$ に位置する観測点 P の時刻 t におけるスカラーポテンシャルを我々は知りたい．時刻 t に電荷は $\boldsymbol{r}_0(t)$ に存在しているが，情報は有限の速さである光速で伝わるため，この電荷の位置に関する情報は，時刻 t では観測点 P にはまだ

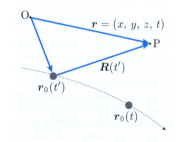

7.3 遅延ポテンシャル

届いていないのである．代わりに，時刻 t に観測点 P にちょうど届く情報は，t よりも少し前の時刻 t' における電荷の位置情報である．時刻 t' に電荷は $\bm{r}_0(t')$ に位置しており，この時刻に発せられた情報は $\frac{|\bm{r}-\bm{r}_0(t')|}{c}$ だけの時間をかけて点 P に到達する．その到達時刻が t である．つまり

$$t = t' + \frac{|\bm{r}-\bm{r}'|}{c} \iff t' = t - \frac{|\bm{r}-\bm{r}'|}{c}$$

ということである．動く電荷の電磁ポテンシャルを与える式, (7.15) と (7.16) に現れる $\bm{r}'$ はすべてこの少し前の時刻における電荷の位置を表している．(7.15) 式と (7.16) 式で表される電磁ポテンシャルは，情報伝達に要した分だけの遅延の効果を考慮したものであり，**遅延ポテンシャル**とよばれている．

遅延ポテンシャルは，具体的には次のように計算すればよい．体積積分を薄い球殻部分ごとに和をとって計算することを考えてみよう．時刻 t における観測点 P の電磁ポテンシャルが知りたい．まずは，観測点 P を中心とする微小な半径 δr の球を考える（図）．この球内で発生する事象に関する情報は $\frac{\delta r}{c}$ の時間内で点 P に到達する．よって，時刻 $t - \frac{\delta r}{c}$ に，

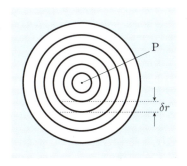

この球内に存在していた電荷密度および電流密度ベクトルについて遅延ポテンシャルの式 (7.15) と (7.16) の被積分関数の和を計算する．次のステップでは，観測点 P を中心とする半径 $2\delta r$ の球面を描き，最初に和をとった球をくり抜いた，厚さ δr の球殻の中に時刻 $t - 2\frac{\delta r}{c}$ に存在していた電荷密度と電流密度について和を計算する．このように，厚さ δr だけ空間的な距離を広げ，同時に時間を $\frac{\delta r}{c}$ ずつ遡りながら，和をとり続ければよい．

ここで電荷 q をもち，軌道 $\bm{r}_0(t)$ に沿って運動する点電荷が作る電磁ポテンシャルを考えてみよう．142 ページの図を参考にすると，時刻 t における観測点 P の位置 $\bm{r}$ と過去の時刻 t' における点電荷の位置 $\bm{r}_0(t')$ について，以下の関係が成り立っている：

$$\bm{R}(t') = \bm{r} - \bm{r}_0(t'), \quad t' + \frac{R(t')}{c} = t \quad (\text{ただし } R(t') = |\bm{R}(t')|). \quad (7.17)$$

これらの記号を使うと，点電荷の電磁ポテンシャルは $\phi(\bm{r},t) = \frac{1}{4\pi\varepsilon_0}\frac{q}{R(t')}$ および $\bm{A}(\bm{r},t) = \frac{\mu_0}{4\pi}\frac{q\bm{v}(t')}{R(t')}$ であると直観的に予想する人がいるかもしれない．（$\bm{v}$

は点電荷の速度ベクトルを表している.）しかしながら，これらは点電荷の速度が光速に近くなると正確でなくなることがわかっている.

運動する点電荷が作る電磁ポテンシャルの正しい表式は

$$\phi(\boldsymbol{r},t) = \frac{1}{4\pi\varepsilon_0} \frac{q}{R(t') - \frac{\boldsymbol{v}(t')\cdot\boldsymbol{R}(t')}{c}}, \tag{7.18}$$

$$\boldsymbol{A}(\boldsymbol{r},t) = \frac{\mu_0}{4\pi} \frac{q\boldsymbol{v}(t')}{R(t') - \frac{\boldsymbol{v}(t')\cdot\boldsymbol{R}(t')}{c}} = \frac{1}{c^2}\boldsymbol{v}(t')\phi(\boldsymbol{r},t) \tag{7.19}$$

で与えられる．これらの表式はアルフレッド=マリー リエナールが 1898 年に，エミール ヴィーヘルトが 1900 年に独立に得たもので，**リエナール–ヴィーヘルトポテンシャル**とよばれている．

スカラーポテンシャルの式 (7.18) を

$$\phi(\boldsymbol{r},t) = \frac{1}{4\pi\varepsilon_0} \frac{q}{R(t')} \frac{1}{1 - \frac{\boldsymbol{v}(t')\cdot\boldsymbol{R}(t')}{cR(t')}} \tag{7.20}$$

のように表してみよう．$\frac{\boldsymbol{R}(t')}{R(t')}$ は"過去の時刻"における点電荷の位置から観測点 P へ向く単位動径ベクトルであることから，(7.20) 式の右辺第 3 因子は $\frac{1}{1-\frac{v}{c}}$ 程度の大きさをもつことがわかる．すなわち，この因子は直観的に予想できるスカラーポテンシャル $\phi(\boldsymbol{r},t) = \frac{1}{4\pi\varepsilon_0}\frac{q}{R(t')}$ に加えられた（$v \ll c$ では無視できる程度の）補正なのである．この補正が必要になる原因は電荷が動くことにある．スカラーポテンシャルを求めるための積分を今一度思い出そう．そこでは時間を遡りながら，異なる大きさの球殻内部に観測できる電荷を数え上げるのであった．この積分を，今度は大きな球殻から小さな球殻へ，時間を進めながら数え上げてみることを考えてみる．もし，点電荷が静止していれば，点電荷が数え上げられるのは 1 回だけである（図）．

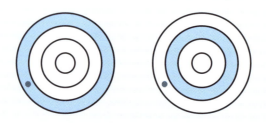

色付きの球殻内に存在する電荷を数え上げる．
静止した電荷は 1 回だけ数えられる．

7.3 遅延ポテンシャル

しかしながら，点電荷が点Pに近づくように，かつ，光速に近い速さで動いていると，同じ点電荷が複数回数え上げられることも可能になってくる（図）．では，同じ電荷が重複して数え上げられる回数はどの程度になるであろうか．

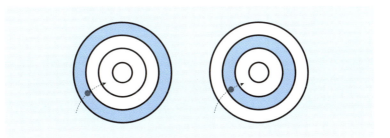

動く点電荷は複数回数えられることがある．

導入 例題 7.3

観測点Pに向かって一定の速さvで進む点電荷がある．この点電荷が，遅延ポテンシャルの積分において，図に示された幅δrの球殻内で重複して数え上げられる回数mをvと光速cを用いて表せ．

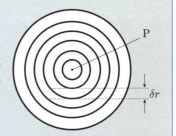

ヒント：幅δrをもつ球殻の外から内へ向かって，時間を$\frac{\delta r}{c}$だけ進めながら，点電荷を観測していくことを考える．点電荷が，ある位置から電磁ポテンシャルの伝搬を担う素粒子（光子）と同時に点Pへ向けて出発したとする．当然，光子の方が速いのであるが，点電荷から光子までの距離がδr以上とならない限り，点電荷はこの数え上げの対象になり得る．

【解答】 点電荷がm回観測されるということは，「同じ位置から同時に点Pへ向けて出発した点電荷と光子の間の距離が，$m \times \frac{\delta r}{c}$の時間をかけて，$\delta r$以上になった」ことを意味している．つまり

$$\text{速度差} \times \text{経過時間} = (c-v) \times m\frac{\delta r}{c} = \delta r$$

$$\implies m = \frac{1}{1-\frac{v}{c}}. \tag{7.21}$$

一般に点電荷は任意の向きを進むことができるが，重複回数の計算には点電荷と点Pを結ぶ動径方向の速度成分だけが関係している．つまり (7.21) 式で，速さ v を点電荷の速度ベクトル $\bm{v}$ と動径方向の単位ベクトル $\frac{\bm{R}}{R}$ の内積に置き換えた

$$m = \frac{1}{1 - \frac{\bm{v}}{c} \cdot \frac{\bm{R}}{R}}$$

が重複回数を与える一般的な表式ということになる．これが (7.20) 式に現れた補正項の由来である．点電荷が観測点 P に向かうときは電荷を複数回数え上げ，離れる向きに運動するときは数える回数が少なくなることから，電荷の大きさが実効的に

$$q \implies \frac{q}{1 - \frac{\bm{v}}{c} \cdot \frac{\bm{R}}{R}}$$

に変化していると考えることもできる．

7.4 等速直線運動する点電荷が作る電磁場

等速直線運動をする点電荷が作る電磁場を求めてみよう．点電荷は電荷 q をもち，x 軸上を正の向きに一定の速さ v で移動していると仮定する．また初期状態（時刻 $t = 0$）に点電荷は座標の原点 $x = y = z = 0$ に位置していたとする．点電荷の電磁ポテンシャルを知ることができれば，(7.2) 式および (7.3) 式から電磁場を求めることができる．しかしながら，(7.18) 式や (7.19) 式で表される電磁ポテンシャルは過去の時刻である t' を含んでいるので，このままでは扱いが困難である．そこで電磁ポテンシャルの式を x, y, z, t のみで表すことから始める．

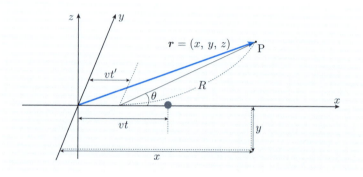

7.4 等速直線運動する点電荷が作る電磁場

時刻 t における観測点 P ($\boldsymbol{r} = (x, y, z)$) と点電荷の過去の時刻 t' での位置との距離 R は, (7.17) 式より

$$R = c(t - t'). \tag{7.22}$$

また, 図に描かれた位置関係より

$$R^2 = (x - vt')^2 + y^2 + z^2. \tag{7.23}$$

(7.22) 式の R を (7.23) 式に代入し, R を消去して整理すると

$$(c^2 - v^2)t'^2 - 2(c^2 t - vx)t' + c^2 t^2 - x^2 - y^2 - z^2 = 0$$

という t' に関する 2 次方程式を得る. この 2 次方程式の解は

$$\begin{aligned} t' &= \frac{c^2 t - vx \pm \sqrt{(c^2 t - vx)^2 - (c^2 - v^2)(c^2 t^2 - x^2 - y^2 - z^2)}}{c^2 - v^2} \\ &= \frac{c^2 t - vx \pm \sqrt{c^2(x - vt)^2 + (c^2 - v^2)(y^2 + z^2)}}{c^2 - v^2} \end{aligned} \tag{7.24}$$

であるが, $t > t'$ を満たす t' は 2 つの解のうち, 負符号をもつ方を選ばなければならない♠5. (7.24) 式において, 負符号を選び式を整理すると

$$\left(1 - \frac{v^2}{c^2}\right) t' = t - \frac{v}{c^2} x - \frac{1}{c} \sqrt{(x - vt)^2 + \left(1 - \frac{v^2}{c^2}\right)(y^2 + z^2)} \tag{7.25}$$

♠5 これは観測点 P を x 軸上にとった特別な例を考えると理解しやすい. x–t 時空平面に点電荷の軌道 ($vt = x$) を矢印付きの破線で, 時刻 t'_- に点電荷から発せられた光の軌道 ($ct \sim x$) を矢印付きの実線でそれぞれ図 (a) に示す. 図から $R = c(t - t'_-)$ かつ $R = x - vt'_-$ であることがわかり, これにより $t'_- = \frac{ct - x}{c - v}$ と求まるが, これは (7.24) 式で $y = z = 0$ かつ負符号を選んだときに得られる解である. 正符号の解は図 (b) における時刻 t'_+ を求めていることになり, これは物理的には意味をもたない時刻である.

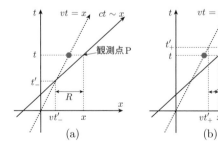

148　　　　　　　第 7 章　電磁ポテンシャル

を得る．過去の時刻 t' における点電荷の位置から観測点 P を向くベクトル $\boldsymbol{R}$ と x 軸が成す角度を θ とすると，$\cos\theta = \frac{x-vt'}{R}$ が成り立つ．すなわち点電荷の速度 $\boldsymbol{v}$ の $\boldsymbol{R}$ 方向の成分は

$$\boldsymbol{v}\cdot\frac{\boldsymbol{R}}{R} = v\cos\theta = \frac{v(x-vt')}{R}$$

となる．これを (7.20) 式に代入すると

$$\begin{aligned}\phi(\boldsymbol{r},t) &= \frac{1}{4\pi\varepsilon_0}\frac{q}{R}\frac{1}{1-\frac{\boldsymbol{v}\cdot\boldsymbol{R}}{cR}} \\ &= \frac{1}{4\pi\varepsilon_0}\frac{q}{R-\frac{v(x-vt')}{c}}.\end{aligned} \tag{7.26}$$

(7.26) 式の最右辺第 2 因子の分母に $R = c(t-t')$ を代入すると，第 2 因子の分母は

$$c(t-t') - \frac{v(x-vt')}{c} = c\left\{t - \frac{v}{c^2}x - \left(1-\frac{v^2}{c^2}\right)t'\right\}.$$

これに (7.25) 式の $\left(1-\frac{v^2}{c^2}\right)t'$ を代入して，t' を消去すると，等速直線運動を行う点電荷のスカラーポテンシャルが

$$\begin{aligned}\phi(\boldsymbol{r},t) &= \frac{1}{4\pi\varepsilon_0}\frac{q}{\sqrt{(x-vt)^2 + \left(1-\frac{v^2}{c^2}\right)(y^2+z^2)}} \\ &= \frac{1}{4\pi\varepsilon_0}\frac{1}{\sqrt{1-\frac{v^2}{c^2}}}\frac{q}{\sqrt{\frac{(x-vt)^2}{1-\frac{v^2}{c^2}}+y^2+z^2}}\end{aligned}$$

と求まる．よく用いる記号

$$\gamma = \frac{1}{\sqrt{1-\frac{v^2}{c^2}}}$$

を使い，またベクトルポテンシャルの式 (7.19) に $\boldsymbol{v} = v\widehat{\boldsymbol{x}}$ を代入することで，電磁ポテンシャルが

$$\phi = \frac{1}{4\pi\varepsilon_0}\frac{\gamma q}{\sqrt{\{\gamma(x-vt)\}^2+y^2+z^2}}, \quad \boldsymbol{A} = \frac{v}{c^2}\phi\widehat{\boldsymbol{x}} \tag{7.27}$$

と求まる．これで等速直線運動を行う点電荷が作る電磁場を求める準備が整ったことになる．

7.4 等速直線運動する点電荷が作る電磁場

導入 例題 7.4

(1) 電磁ポテンシャルの式 (7.27) に対して，(7.2) 式を計算することにより，x 軸の正の向きを速さ v で等速直線運動を行う電荷 q の点電荷が，位置ベクトル $\bm{r} = (x, y, z)$ で指定される観測点 P に作る電場は

$$\bm{E} = \frac{q}{4\pi\varepsilon_0} \frac{\gamma}{[\{\gamma(x-vt)\}^2 + y^2 + z^2]^{3/2}} (x-vt, y, z) \tag{7.28}$$

で表されることを確かめよ．

(2) (7.28) 式が

$$\bm{E} = \frac{q}{4\pi\varepsilon_0} \frac{\bm{r}'}{|\bm{r}'|^3} \frac{1-\beta^2}{(1-\beta^2 \sin^2\theta)^{3/2}} \tag{7.29}$$

と書けることを示せ．ここで $\beta = \frac{v}{c}$ である．また $\bm{r}'$ は，時刻 t における点電荷の位置（$\bm{r}_0 = (vt, 0, 0)$）からみた観測点 P の相対位置（$\bm{r}' = \bm{r} - \bm{r}_0 = (x-vt, y, z)$）であり，$\theta$ はベクトル $\bm{r}'$ と点電荷の進行方向，すなわち x 軸と成す角度である：

$$\bm{r}' = (x-vt, y, z), \quad \sin\theta = \frac{\sqrt{y^2+z^2}}{|\bm{r}'|}. \tag{7.30}$$

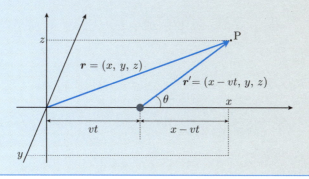

【解答】 (1) $\bm{A} = \left(\frac{v}{c^2}\phi, 0, 0\right)$ を (7.2) 式に代入すると

$$\bm{E} = \left(-\frac{\partial\phi}{\partial x} - \frac{v}{c^2}\frac{\partial\phi}{\partial t}, -\frac{\partial\phi}{\partial y}, -\frac{\partial\phi}{\partial z}\right). \tag{7.31}$$

スカラーポテンシャルの x と t による偏微分はそれぞれ

150　　第 7 章　電磁ポテンシャル

$$\frac{\partial \phi}{\partial x} = \frac{\gamma q}{4\pi\varepsilon_0} \frac{\partial}{\partial x}\left[\left\{\gamma(x-vt)\right\}^2 + y^2 + z^2\right]^{-\frac{1}{2}}$$

$$= \frac{\gamma q}{4\pi\varepsilon_0}\left(-\frac{1}{2}\right)\left[\left\{\gamma(x-vt)\right\}^2 + y^2 + z^2\right]^{-\frac{3}{2}} \cdot \left\{2\gamma^2(x-vt)\right\}$$

$$= -\frac{\gamma q}{4\pi\varepsilon_0} \frac{\gamma^2(x-vt)}{[\{\gamma(x-vt)\}^2 + y^2 + z^2]^{3/2}},$$

$$\frac{\partial \phi}{\partial t} = \frac{\gamma q}{4\pi\varepsilon_0} \frac{\partial}{\partial t}\left[\left\{\gamma(x-vt)\right\}^2 + y^2 + z^2\right]^{-\frac{1}{2}}$$

$$= \frac{\gamma q}{4\pi\varepsilon_0}\left(-\frac{1}{2}\right)\left[\left\{\gamma(x-vt)\right\}^2 + y^2 + z^2\right]^{-\frac{3}{2}} \cdot \left\{2\gamma^2(x-vt)\right\}(-v)$$

$$= \frac{\gamma q}{4\pi\varepsilon_0} \frac{\gamma^2 v(x-vt)}{[\{\gamma(x-vt)\}^2 + y^2 + z^2]^{3/2}}.$$

よって，電場の x 成分 E_x は

$$E_x = -\frac{\partial \phi}{\partial x} - \frac{v}{c^2}\frac{\partial \phi}{\partial t} = \frac{\gamma q}{4\pi\varepsilon_0} \frac{\gamma^2\left\{(x-vt) - \frac{v^2}{c^2}(x-vt)\right\}}{[\{\gamma(x-vt)\}^2 + y^2 + z^2]^{3/2}}$$

$$= \frac{\gamma q}{4\pi\varepsilon_0} \frac{\gamma^2\left(1 - \frac{v^2}{c^2}\right)(x-vt)}{[\{\gamma(x-vt)\}^2 + y^2 + z^2]^{3/2}}$$

$$= \frac{q}{4\pi\varepsilon_0} \frac{\gamma(x-vt)}{[\{\gamma(x-vt)\}^2 + y^2 + z^2]^{3/2}}.$$

電場の y 成分 E_y は

$$E_y = -\frac{\partial \phi}{\partial y} = -\frac{\gamma q}{4\pi\varepsilon_0} \frac{\partial}{\partial y}\left[\left\{\gamma(x-vt)\right\}^2 + y^2 + z^2\right]^{-\frac{1}{2}}$$

$$= -\frac{\gamma q}{4\pi\varepsilon_0}\left(-\frac{1}{2}\right)\left[\left\{\gamma(x-vt)\right\}^2 + y^2 + z^2\right]^{-\frac{3}{2}} \cdot 2y$$

$$= \frac{q}{4\pi\varepsilon_0} \frac{\gamma y}{[\{\gamma(x-vt)\}^2 + y^2 + z^2]^{3/2}}.$$

電場の z 成分 E_z も同様に

$$E_z = -\frac{\partial \phi}{\partial z}$$

$$= \frac{q}{4\pi\varepsilon_0} \frac{\gamma z}{[\{\gamma(x-vt)\}^2 + y^2 + z^2]^{3/2}}.$$

と求まる．以上の計算により，(7.28) 式を得ることができた．

(2) (7.28)式を相対位置ベクトル $\boldsymbol{r}'$ を使って表すと

$$\boldsymbol{E} = \frac{1}{4\pi\varepsilon_0} \frac{\gamma q \boldsymbol{r}'}{[\{\gamma(x-vt)\}^2 + y^2 + z^2]^{3/2}}$$

$$= \frac{q}{4\pi\varepsilon_0} \frac{\boldsymbol{r}'}{\gamma^2\{(x-vt)^2 + \frac{y^2}{\gamma^2} + \frac{z^2}{\gamma^2}\}^{3/2}}.$$

ここで γ を使った表現から β を使ったものに書き換えると

$$\boldsymbol{E} = \frac{q}{4\pi\varepsilon_0} \frac{(1-\beta^2)\boldsymbol{r}'}{\{(x-vt)^2 + (1-\beta^2)y^2 + (1-\beta^2)z^2\}^{3/2}}$$

$$= \frac{q}{4\pi\varepsilon_0} \frac{(1-\beta^2)\boldsymbol{r}'}{\{(x-vt)^2 + y^2 + z^2 - \beta^2(y^2 + z^2)\}^{3/2}}.$$

これに $|\boldsymbol{r}'| = \sqrt{(x-vt)^2 + y^2 + z^2}$ を代入すると

$$\boldsymbol{E} = \frac{q}{4\pi\varepsilon_0} \frac{(1-\beta^2)\boldsymbol{r}'}{|\boldsymbol{r}'|^3\left(1 - \beta^2 \frac{y^2+z^2}{|\boldsymbol{r}'|^2}\right)^{3/2}}$$

を得る．これは (7.29) 式に他ならない．■

　動く電荷が作る電場を考察してみよう．まず，(7.29) 式から電場の向きはベクトル $\boldsymbol{r}'$ と同じ向きをもつことがわかる．これは電荷が動いているときも，電場は電荷から放射状に湧き出すか，または電荷に向かってまっすぐに吸い込まれるか，のいずれかであることを意味している（図）．

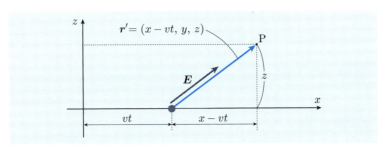

次に (7.29) 式右辺の第 3 因子

$$f(\theta, \beta) = \frac{1-\beta^2}{(1-\beta^2 \sin^2 \theta)^{3/2}}$$

に注目してみよう．点電荷の速度が零（$v=0 \to \beta=0$）のとき，$f(\theta,0)$ は 1 であり，このときの (7.29) 式は，当然ながらクーロンの法則に一致する．角度 θ に対する $f(\theta,\beta)$ の大きさを右図に示す（代表値として $\beta=0, 0.25, 0.5, 0.75$ を選択している）．非零の β に対しては，θ が $\frac{\pi}{2}$ に近づくほど，$f(\theta,\beta)$ の値が大きくなっていることが

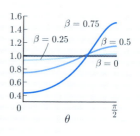

わかる．これは，点電荷を中心とする半径 $|\boldsymbol{r}'|$ の同心球面上では，**点電荷の運動方向（図の x 軸）から離れた方向（例えば図の z 軸）に行くほど，電場が強くなる**ことを示している．電場の強さを電気力線の密度で表したときの，動く点電荷が作る電場の概略図を下に示す．これが，第 3 章 3.2 節で述べた**動く電場が作る電場の非対称性**である．

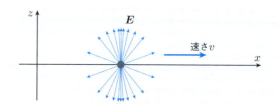

動く正の点電荷が作る電場．
電気力線の密度が電場の強さを表している．

最後に等速直線運動を行う点電荷が作る磁場を求めてみよう．

> **導入 例題 7.5**
>
> (7.27) 式で与えられるベクトルポテンシャルを用いて，等速直線運動を行う点電荷が作る磁場が
>
> $$\boldsymbol{B} = \frac{1}{c^2}\boldsymbol{v}\times\boldsymbol{E} \tag{7.32}$$
>
> で与えられることを示せ．

【解答】 $\boldsymbol{A} = (A_x, 0, 0) = \left(\frac{v}{c^2}\phi, 0, 0\right)$ を (7.3) 式の第 2 式に代入すると

7.4　等速直線運動する点電荷が作る電磁場

$$\boldsymbol{B} = \nabla \times \boldsymbol{A} = \left(0, \frac{\partial A_x}{\partial z}, -\frac{\partial A_x}{\partial y}\right)$$
$$= \left(0, \frac{v}{c^2}\frac{\partial \phi}{\partial z}, -\frac{v}{c^2}\frac{\partial \phi}{\partial y}\right). \tag{7.33}$$

他方，(7.32) 式の右辺に (7.31) 式を代入すると

$$\frac{1}{c^2}\boldsymbol{v} \times \boldsymbol{E} = \frac{1}{c^2}(v, 0, 0) \times \left(-\frac{\partial \phi}{\partial x} - \frac{v}{c^2}\frac{\partial \phi}{\partial t}, -\frac{\partial \phi}{\partial y}, -\frac{\partial \phi}{\partial z}\right)$$
$$= \left(0, \frac{v}{c^2}\frac{\partial \phi}{\partial z}, -\frac{v}{c^2}\frac{\partial \phi}{\partial y}\right). \tag{7.34}$$

(7.33) 式と (7.34) 式を比較することにより，(7.32) 式が成立していることが確認できる．　■

(7.32) 式より，磁場 $\boldsymbol{B}$ は電場 $\boldsymbol{E}$ と速度ベクトル $\boldsymbol{v}$ の両方と直交する．電場 $\boldsymbol{E}$ の大きさは x 軸に関する回転対称性をもっているので [6]，点電荷が作る磁場は x 軸上の点を中心とし，x 軸に直交する同心円上で同じ強さをもつ．また点電荷が正の電荷をもつならば，点電荷が進む向きを右ねじの進む向きと考えたとき，磁場の向きは右ねじを回す向きと一致している（図）．

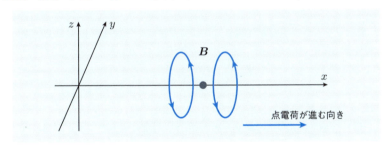

---

[6] 円柱座標 $(x, r'\cos\theta', r'\sin\theta')$ を使うと，電場 $\boldsymbol{E}$ の2乗は (7.28) 式より

$$|\boldsymbol{E}|^2 = \left|\frac{\gamma q}{4\pi\varepsilon_0}\right|^2 \frac{(x-vt)^2 + r'^2}{[\{\gamma(x-vt)\}^2 + r'^2]^3}$$

となり，θ' に依らないことがわかる．これは電場の大きさは x 軸に関して軸対称であることを意味している．

154　　　　　　　　　第 7 章　電磁ポテンシャル

🛈　第 7 章のまとめ

- 電場および磁場は電磁ポテンシャルから導くことができる
- 静電ポテンシャルを求める式 (7.9) と定常電流が作るベクトルポテンシャルを求める式 (7.10) は同じ形式をもち，一方の解が既知であれば，同等の電荷分布または電流分布をもつ他方の解を計算なしに知ることができる
- 動く電荷が作る電磁ポテンシャルは，電荷の過去の位置情報を考慮した遅延ポテンシャルとして求めることができる
- 動く点電荷が作る電場は，点電荷から放射状に湧き出すか，または点電荷に向かって真っ直ぐに吸い込まれる
- 動く点電荷が作る電場の大きさは，進行方向に沿った向きよりも，進行方向に対して垂直な向きの方が大きくなるような非対称性をもつ

▏▎▍ 第 7 章　演習問題 ▏▎▍▏▎▍▏▎▍▏▎▍▏▎▍▏▎▍▏▎▍▏▎▍▏▎▍▏▎▍▏▎▍▏▎▍▏▎▍

7.1　電流が周囲に作る磁場を与えるビオ–サバールの法則とよばれる有名な公式がある．ここでは，以下の設問に従って，この公式を (7.32) 式の近似式として導出し，応用してみることにしよう．

(1)　電荷 q をもつ点電荷が光速 c に比べて非常に小さな速さ $v \ll c$ で運動していると仮定する．このとき，動く電荷が作る電場は (7.29) 式によれば，クーロンの法則による電場 $\boldsymbol{E}_{\mathrm{C}}$（クーロン場）に $\mathcal{O}(\beta^2)$ 程度の大きさの補正を加えた大きさをもつ．ただし $\beta = |\boldsymbol{\beta}| = \left|\frac{v}{c}\right| (\ll 1)$[♠7]．他方，動く電荷が作る磁場は (7.32) 式により，$\boldsymbol{B} = \frac{\beta}{v} \boldsymbol{\beta} \times \boldsymbol{E}$ である．すなわち，$v \ll c$ であれば，作られる磁場の主要な項の大きさは，$\frac{\beta^2}{v} \times |\boldsymbol{E}_{\mathrm{C}}|$ 程度であり，次に $\mathcal{O}(\beta^4)$ 程度の大きさの補正が加わることになる．ここでは，$\mathcal{O}(\beta^4)$ 程度の大きさの補正項は無視できる場合を考えることにする．このとき，動く電荷が作る磁場は，(7.32) 式の電場をクーロン場で置き換えた

$$\boldsymbol{B} \simeq \frac{1}{c^2} \boldsymbol{v} \times \boldsymbol{E}_{\mathrm{C}} = \frac{1}{c^2} \boldsymbol{v} \times \frac{q}{4\pi\varepsilon_0} \frac{\boldsymbol{r}'}{|\boldsymbol{r}'|^3} \tag{7.35}$$

で近似できることになる．ここで $\boldsymbol{r}'$ は点電荷の存在する位置に対する磁場 $\boldsymbol{B}$ を観

[♠7] (7.29) 式の右辺第 3 因子は，$v \ll c$, すなわち $\beta \ll 1$ のとき

$$\frac{1 - \beta^2}{(1 - \beta^2 \sin^2 \theta)^{3/2}} \sim 1 + \mathcal{O}(\beta^2).$$

測する位置の相対ベクトルである．(7.35) 式を使い，図 (a) に示したような電流 I が流れる導線の，長さ ds の微小な電流素片が作る磁場は

$$d\bm{B} = \frac{\mu_0}{4\pi} \frac{I d\bm{s} \times \bm{r}'}{|\bm{r}'|^3} \tag{7.36}$$

で表されることを示せ．ただし，$d\bm{s}$ は電流素片の位置における電流の単位接線ベクトル $\bm{t}$ に平行で，長さ ds をもつベクトル $d\bm{s} = \bm{t} ds$ である．(7.36) 式を**ビオ–サバールの法則**という．

(2) 半径 r の環状導体に電流 I が流れている（図 (b)）．環状導体の中心に作られる磁場の大きさを，(7.36) 式を使って求めよ．

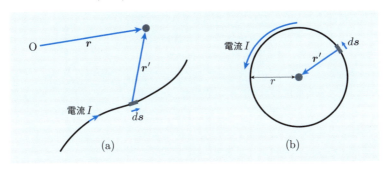

7.2 ベクトルポテンシャルを求める式 (7.10) の両辺に，左から回転演算子を作用させることにより

$$\bm{B} = \frac{\mu_0}{4\pi} \int_{\mathcal{V}} \frac{\bm{j}(\bm{r}') \times (\bm{r} - \bm{r}')}{|\bm{r} - \bm{r}'|^3} d\mathcal{V}' \tag{7.37}$$

を導け．ただし，$\bm{r}' = (x', y', z')$, $d\mathcal{V}' = dx' dy' dz'$ である．これはビオ–サバールの法則を電流密度で表した式である．

付録A 直線状およびシート状電荷が作る静電場

点電荷が作る静電場の式 (2.2) をもとに，無限に長い直線状の電荷と無限に広がったシート状の電荷が作る静電場を計算する．

A.1 無限に長い直線状の電荷

一様な電荷線密度 ρ C/m の，無限に長い直線状の電荷が存在しているとする．この電荷分布から，距離 r 離れた点（以下，観測点）に作られる電場の大きさを求める．

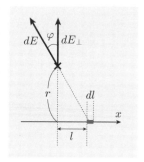

図に示すように，×マークで示された観測点から垂線を下ろし，そこから直線状電荷に沿って距離 l の位置にある，微小な長さ dl の電荷素片を考える．電荷素片がもつ電荷量は $\rho\,dl$ であり，電荷素片と観測点の間の距離は $\sqrt{r^2+l^2}$ なので，この電荷素片が観測点の位置に作る電場の大きさ dE は，(2.2) 式より

$$dE = \frac{1}{4\pi\varepsilon_0}\frac{\rho\,dl}{r^2+l^2}.$$

電場の直線状電荷に垂直な成分の大きさ $dE_\perp$ は，電荷素片が作る電場の向きと垂線のなす角を φ とすると

$$dE_\perp = dE\cos\varphi = dE\,\frac{r}{\sqrt{r^2+l^2}}$$
$$= \frac{1}{4\pi\varepsilon_0}\frac{r\rho\,dl}{(r^2+l^2)^{3/2}}.$$

無限に長い電荷が，観測点に作る電場の大きさ $E(r)$ を求めるには，$dE_\perp$ を l について $-\infty$ から ∞ まで積分すればよい．（直線状電荷に平行な電場成分は打ち消し合って零になるので，考慮しなくてよい．）以上より

$$E = \int dE_\perp = \int_{-\infty}^{\infty}\frac{1}{4\pi\varepsilon_0}\frac{r\rho\,dl}{(r^2+l^2)^{3/2}}$$
$$= 2\int_0^{\infty}\frac{1}{4\pi\varepsilon_0}\frac{r\rho\,dl}{(r^2+l^2)^{3/2}}.$$

最後の等式では，被積分関数が偶関数であることを使った．ここで新しい変数 θ を，

A.2 無限に広いシート状電荷　　　　　　　　　　　　　　　　　　　**157**

$l = r\tan\theta$ として導入すると，l の微小変化 dl に対する θ の微小変化 $d\theta$ の関係は

$$\frac{dl}{d\theta} = r\frac{d}{d\theta}\tan\theta = \frac{r}{\cos^2\theta}$$
$$\implies dl = \frac{r\,d\theta}{\cos^2\theta}.$$

この関係を使い，変数 l の積分から変数 θ の積分に変更すると

$$E = \int_0^\infty \frac{\rho}{2\pi\varepsilon_0}\frac{r\,dl}{(r^2+l^2)^{3/2}}$$
$$= \int_0^{\frac{\pi}{2}} \frac{\rho}{2\pi\varepsilon_0}\frac{r}{(r^2+r^2\tan^2\theta)^{3/2}}\frac{r\,d\theta}{\cos^2\theta}.$$

ここで

$$1+\tan^2\theta = 1+\left(\frac{\sin\theta}{\cos\theta}\right)^2 = \frac{\cos^2\theta+\sin^2\theta}{\cos^2}$$
$$= \frac{1}{\cos^2\theta} \tag{A.1}$$

を代入し，整理すると

$$E(r) = \frac{\rho}{2\pi\varepsilon_0 r}\int_0^{\frac{\pi}{2}}\cos\theta\,d\theta = \frac{\rho}{2\pi\varepsilon_0 r}\Big[\sin\theta\Big]_0^{\frac{\pi}{2}}$$
$$= \frac{\rho}{2\pi\varepsilon_0 r}. \tag{A.2}$$

A.2　無限に広いシート状電荷

　一様な電荷面密度 $\rho\,\mathrm{C/m^2}$ をもつ，無限に広がったシート状の電荷が存在しているとする．図に示すように，シート状電荷から距離 r に位置する × マークで示された点（以下，観測点）における電場の大きさを求める．

　まず，観測点から引いた垂線が，シート状電荷と交わる点を中心とする半径 l，微小な厚さ dl の円環状の電荷が作る電場を計算する．円環に含まれる電荷素片（図の塗りつぶし部分）は観測点に，観測点を頂点とする円錐面

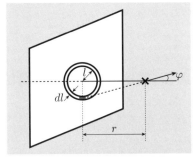

円環状の電荷の中の一部の
電荷素片が作る電場の例.

に接するような向きの電場を作る．必要なのは電場の垂線に平行な成分なので，この向きの電場だけであれば，円環内の全電荷が円環上のどこか 1 点に集中して存在しているとみなして計算しても構わない．点電荷が作る電場の式 (2.2) より，円環状電荷

158　　　付録 A　直線状およびシート状電荷が作る静電場

による電場の垂線方向の成分は

$$dE = \frac{1}{4\pi\varepsilon_0} \frac{円環に含まれる全電荷}{(円環上の 1 点と観測点の間の距離)^2} \times \cos\varphi$$

から求まる．ここで φ は，図に示したように円環上の任意の 1 点と観測点を結ぶ直線と，垂線とのなす角である．また半径 $l + dl$ の円の面積から，半径 l の円の面積をくり抜けば円環の面積が得られるので，円環に含まれる全電荷は

$$\rho \times \left\{ \pi(l + dl)^2 - \pi l^2 \right\} \simeq 2\pi\rho l\, dl$$

と求まる．円環と観測点の距離は $\sqrt{r^2 + l^2}$ であり，$\cos\varphi = \frac{r}{\sqrt{r^2+l^2}}$ なので

$$\begin{aligned}
dE &= \frac{1}{4\pi\varepsilon_0} \frac{2\pi\rho l\, dl}{(\sqrt{r^2 + l^2}\,)^2} \times \frac{r}{\sqrt{r^2 + l^2}} \\
&= \frac{\rho}{2\varepsilon_0} \frac{rl\, dl}{(r^2 + l^2)^{3/2}}.
\end{aligned}$$

求める電場の大きさは dE を l について 0 から ∞ まで積分すれば求まる：

$$\begin{aligned}
E(r) &= \int dE \\
&= \int_0^\infty \frac{\rho}{2\varepsilon_0} \frac{rl\, dl}{(r^2 + l^2)^{3/2}}.
\end{aligned}$$

新しい変数 $l = r\tan\theta$ を導入すると，$dl = \frac{r\, d\theta}{\cos^2\theta}$ であり，再び (A.1) 式を使って整理すると

$$\begin{aligned}
E(r) &= \int_0^\infty \frac{\rho}{2\varepsilon_0} \frac{r^3 \tan\theta\, d\theta}{(r^2 + r^2 \tan^2\theta)^{3/2} \cos^2\theta} = \frac{\rho}{2\varepsilon_0} \int_0^{\frac{\pi}{2}} \sin\theta\, d\theta \\
&= \frac{\rho}{2\varepsilon_0} \left[-\cos\theta \right]_0^{\frac{\pi}{2}} = \frac{\rho}{2\varepsilon_0}.
\end{aligned} \tag{A.3}$$

A.3　電場の大きさの電荷からの距離依存性

　電場の大きさについて，電荷からの距離依存性を考察してみる．無限に長い直線状電荷が作る電場の場合，電場の大きさは (A.2) 式が示すように電荷からの距離 r に反比例し，無限に広いシート状電荷の場合は，(A.3) 式が示すように r に依存しなかった．直線状電荷もシート状電荷も点電荷の集合体とみなせるが，点電荷が作る電場の大きさが距離の 2 乗に反比例して減少することと，これらがどのように関連しているのだろうか．

　実は，電荷分布から距離 r の位置に作られる電場は，その位置から最も近い電荷の，r 程度に広がった領域の電荷が，その電場のほとんどを作っているのである．つまり，

A.3 電場の大きさの電荷からの距離依存性 **159**

線密度 ρ の直線状電荷の場合，r 程度の長さ領域には ρr 程度の電荷が存在するので，電荷から距離 r 離れた位置における電場の大きさは $\rho r \times r^{-2} \sim \frac{\rho}{r}$ に比例する．また，面密度 ρ のシート状電荷の場合，r 程度に広がった領域には ρr^2 程度の電荷が存在し，電場の大きさは $\rho r^2 \times r^{-2} \sim \rho$ に比例している．

では，無限に長い直線状電荷が作る電場の大きさである (A.2) 式と，無限に広がったシート状電荷が作る電場の式 (A.3) の，それぞれ 50% および 75% の強さの電場を，同じ電荷密度で，かつ，有限の広がりをもった電荷分布で作るには，電荷分布はどの程度の広がりをもてばよいだろうか．

直線状電荷では，(A.2) 式を求めるときに，変数変換 $l = r\tan\theta$ を使って，電荷の長さ l の積分から角度の積分 $\int_0^{\pi/2} \cos\theta\, d\theta = 1$ に置き換えた．これはすなわち $\int_0^{\theta'} \cos\theta\, d\theta = \sin\theta' = 0.5$ を満たす θ' に対して，$l = r\tan\theta'$ 程度に広がった線分の電荷から，全電場の 50% が作られることを意味している．つまり

$$l = r\tan(\sin^{-1} 0.5) \simeq 0.577r$$

程度の長さがあれば，無限に長い電荷が作る電場の 50% の大きさを作ることができる．同様に 75% の大きさであれば，$l = r\tan(\sin^{-1} 0.75) \simeq 1.13r$ 程度の長さが必要となる．

シート状電荷の場合も同様に，(A.3) 式の導出に用いた積分を利用する．50% の強さの電場を作る条件は $\int_0^{\theta'} \sin\theta\, d\theta = 1 - \cos\theta' = 0.5$ であり，結果は $l = r\tan\theta' = r\tan[\cos^{-1}(1-0.5)] \simeq 1.73r$ 程度の半径をもつシート状電荷が必要となる．75% の大きさであれば，$l = r\tan[\sin^{-1}(1-0.75)] \simeq 3.87\,r$ 程度の半径が必要となる．

付録 B 特殊相対論の概要

B.1 ローレンツ変換

物理学は
- 空間は等方的かつ一様であり，
- 等速で相対運動する観測者に対して，物理学の基本法則は不変である

ことを基本原理としている．まず，静止した観測者から見た座標系（これを S 系とする）において，空間座標を $\boldsymbol{r} = (x, y, z)$，時間を t で表すことにする．次に，S 系に対して x 軸の正の向きに速さ v で等速運動する座標系（これを S′ 系とする）では，空間座標を $\boldsymbol{r}' = (x', y', z')$，時間を t' で表すことにする（図）．

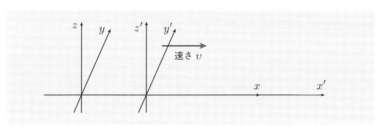

ただし，$t = t' = 0$ で，両座標系の原点がちょうど重なっていたと仮定する．すると，2つの座標の間に

$$x' = x - vt, \quad y' = y, \quad z' = z, \quad t' = t \tag{B.1}$$

という関係があることになる．(B.1) 式を**ガリレイ変換**という．物理学の基本原理によれば，物理学の法則はガリレイ変換に対して不変でなくてはならない．事実，ニュートンの運動方程式はガリレイ変換に対して不変である．(B.1) 式において時間は共通（$t' = t$）なので，S 系と S′ 系における質点の速度ベクトルは，それぞれの位置座標を t で微分することにより，S 系では $\boldsymbol{v} = (v_x, v_y, v_z) = \left(\frac{dx}{dt}, \frac{dy}{dt}, \frac{dz}{dt}\right)$，S′ 系では $\boldsymbol{v}' = (v'_x, v'_y, v'_z) = \left(\frac{dx'}{dt}, \frac{dy'}{dt}, \frac{dz'}{dt}\right)$ で与えられることになる．したがって，(B.1) 式のはじめの3つの式をそれぞれ t で微分することにより，この2つの系の速度の間に

$$v'_x = v_x - v, \quad v'_y = v_y, \quad v'_z = v_z \tag{B.2}$$

という関係が成り立つことが導かれる．これは古典力学における S 系と S′ 系との間

B.1 ローレンツ変換 161

の速度に関する変換規則を与える.

　この基本原理に, 19 世紀末から 20 世紀初頭にかけての観測結果により, もう 1 つ
の事項を物理学の基本原理として加える必要があることが判明した. それが**光の速さ
は, 光源に対して等速で運動するいかなる観測者にとっても同じである**という, **光速
度不変の原理**である. この原理によれば, S 系において $t = 0$ に原点から発せられた
光は, $x^2 + y^2 + z^2 = (ct)^2$ で広がっていく球面波で表され, 他方, S′ 系において発
せられた光も $x'^2 + y'^2 + z'^2 = (ct')^2$ という球面波として伝搬しなければならないこ
とになる. すなわち, S 系と S′ 系の "時空" 座標間で

$$(ct)^2 - x^2 - y^2 - z^2 = (ct')^2 - x'^2 - y'^2 - z'^2 \tag{B.3}$$

の関係が成立していなければならないことになる. ガリレイ変換の式 (B.1) は, 明ら
かにこの関係を満足していない. (B.3) 式の関係を満たし, かつ, 考えている速さ v
が光速 c に比べ無視できるような極限 $\left(\frac{v}{c} \to 0\right)$ ではガリレイ変換に帰着するような
変換規則が必要となったのである.

　その変換規則は, 電磁気学の基本方程式を不変に保つ, 以下の形

$$x' = \frac{x - vt}{\sqrt{1 - \left(\frac{v}{c}\right)^2}}, \quad y' = y, \quad z' = z, \quad t' = \frac{t - \frac{v}{c^2}x}{\sqrt{1 - \left(\frac{v}{c}\right)^2}} \tag{B.4}$$

として発見された. (B.4) 式を**ローレンツ変換**という. **物理学の法則は, このローレ
ンツ変換に対して不変でなければならない**ことになった. (以下, "**相対論的**" という
言葉を使うとき, それは物理法則がローレンツ変換に対して不変であることを意味し
ている.)

　よく用いられる記号

$$\beta = \frac{v}{c}, \quad \text{および} \quad \gamma = \frac{1}{\sqrt{1 - \left(\frac{v}{c}\right)^2}} = \frac{1}{\sqrt{1 - \beta^2}}$$

を使うと, ローレンツ変換式 (B.4) は

$$x' = \gamma(x - vt), \quad y' = y, \quad z' = z, \quad t' = \gamma\left(t - \frac{\beta}{c}x\right) \tag{B.5}$$

と表記できる. S′ 系の観測者にとって, S 系は x 軸に沿って速度 $-v$ で動いている.
つまりローレンツ逆変換は (B.4) 式または (B.5) 式で, v または β の符号を逆にする
だけで得ることができる:

$$x = \gamma(x' + vt'), \quad y = y', \quad z = z', \quad t = \gamma\left(t' + \frac{\beta}{c}x'\right). \tag{B.6}$$

　S 系と S′ 系における速度の変換則は以下のように求められる:
まず (B.5) 式より

162　　　　　　　付録 B　特殊相対論の概要

$$dx' = \gamma(dx - v\,dt), \quad dy' = dy, \quad dz' = dz, \quad dt' = \gamma\left(dt - \frac{\beta}{c}\,dx\right). \quad \text{(B.7)}$$

(B.7) 式を用いると，x 成分の速度の変換則は

$$v_x' = \frac{dx'}{dt'} = \frac{\gamma(dx - v\,dt)}{\gamma\left(dt - \frac{\beta}{c}\,dx\right)} = \frac{\frac{dx}{dt} - v}{1 - \frac{\beta}{c}\,\frac{dx}{dt}}$$

$$= \frac{v_x - v}{1 - \frac{\beta}{c}\,v_x}$$

のように求められる．y, z 成分も同様に求めると，速度の変換則は

$$v_x' = \frac{v_x - v}{1 - \frac{\beta}{c}\,v_x}, \quad v_y' = \frac{v_y}{\gamma\left(1 - \frac{\beta}{c}\,v_x\right)}, \quad v_z' = \frac{v_z}{\gamma\left(1 - \frac{\beta}{c}\,v_x\right)} \quad \text{(B.8)}$$

でなければならないことになる．(B.8) 式において，$\frac{v}{c} \to 0$ の極限をとると，古典力学における速度の変換則 (B.2) 式に戻る．

B.2　固有の長さと固有時間

　S 系の x 軸に沿って置かれた棒を考える．S 系の観測者が見た棒の一方の端の座標が x_1 で，他方の端の座標が x_2 であったとする．すると，S 系で観測される棒の長さは，当然

$$L_0 = x_2 - x_1$$

ということになる．棒が静止している S 系において測定された長さ L_0 のことを，棒の**固有の長さ**という．

　S 系に置かれた棒を S′ 系から観察してみる．ローレンツ逆変換の式 (B.6) によれば，それぞれの系における棒の両端の位置には

$$x_1 = \gamma(x_1' + vt_1'), \quad x_2 = \gamma(x_2' + vt_2')$$

$$\implies \quad x_2 - x_1 = \gamma(x_2' - x_1') + \gamma v(t_2' - t_1')$$

の関係がある．ここで，今は S′ 系の観測者が棒を観測していることを思い出そう．つまり **S′ 系の観測者は S′ 系での時計が同時刻を指しているときに棒の両端を観測している**．すなわち，測定時は $t_1' = t_2'$ である．したがって，S′ 系で観測される棒の長さは

$$L' = x_2' - x_1' = \frac{1}{\gamma}(x_2 - x_1) = \sqrt{1 - \left(\frac{v}{c}\right)^2}\,L_0 \quad \text{(B.9)}$$

となり，固有の長さ L_0 より縮んで観測されることになる．この現象を**ローレンツ収縮**という．

　ローレンツ変換では，時間の進み方にも S 系と S′ 系に違いが生じる．S 系のある位

置に時計が置いてあると仮定する．S 系の観測者が，この時計を使って時間間隔

$$\tau = t_2 - t_1$$

を測定した．静止した時計で測った時間間隔 τ のことを**固有時間**という．次に S 系に固定された時計を，S′ 系から観測することを考える．ローレンツ変換の式 (B.5) によれば

$$t_1' = \gamma \left(t_1 - \frac{\beta}{c} x_1 \right), \quad t_2' = \gamma \left(t_2 - \frac{\beta}{c} x_2 \right)$$

である．ただし，時計は S 系に固定されているので $x_1 = x_2$ である．よって

$$\begin{aligned} t_2' - t_1' &= \gamma(t_2 - t_1) \\ &= \frac{\tau}{\sqrt{1 - \left(\frac{v}{c}\right)^2}} > \tau \end{aligned} \tag{B.10}$$

となる．この結果は，S′ 系に対して静止している観測者が，速さ v で動く（S 系に置かれた）時計を観測すると，その時計の進み方は静止した時計よりも遅くなる．この現象を**時間の伸び**という．

B.3 　運動量とエネルギー

相対論において運動量は

$$\boldsymbol{p} = \frac{m\boldsymbol{v}}{\sqrt{1 - \left(\frac{v}{c}\right)^2}}$$

として定義される．$\boldsymbol{v}$ は物体の速度ベクトルであり，m は物体の**静止質量**である．**相対論では物体の質量は，それがもつ速さ v（$= |\boldsymbol{v}|$）に応じて，次のように変化すると**考える：

$$m(v) = \frac{m}{\sqrt{1 - \left(\frac{v}{c}\right)^2}}.$$

すなわち，相対論的な運動量は $\boldsymbol{p} = m(v)\boldsymbol{v}$ であり，その運動方程式は

$$\begin{aligned} \boldsymbol{F} &= \frac{d\boldsymbol{p}}{dt} \\ &= m \frac{d}{dt} \frac{\boldsymbol{v}}{\sqrt{1 - \left(\frac{v}{c}\right)^2}} \end{aligned} \tag{B.11}$$

で記述される．$\boldsymbol{F}$ は物体にはたらく力を表す．

相対論的な全エネルギーは

164　　　　　　　　付録 B　特殊相対論の概要

$$E = \frac{mc^2}{\sqrt{1 - \left(\frac{v}{c}\right)^2}}$$

で定義される．物体の速さが零（$v = 0$）のときのエネルギー（$E = mc^2$）を**静止エネ
ルギー**という．物体の速さが光速に比べて小さいとき（$v \ll c$），テイラー展開により

$$\frac{1}{\sqrt{1 - \left(\frac{v}{c}\right)^2}} = 1 + \frac{1}{2}\left(\frac{v}{c}\right)^2 + \mathcal{O}\left(\left(\frac{v}{c}\right)^4\right).$$

このとき全エネルギーは

$$E \simeq mc^2 + \frac{1}{2}mv^2 \tag{B.12}$$

と近似される．(B.12) 式の右辺第 1 項は静止エネルギーであり，第 2 項は古典力学に
おける運動エネルギーである．

　ベクトル $\boldsymbol{\beta}$ を $c\boldsymbol{\beta} = \boldsymbol{v}$ で定義すると，相対論的な運動量 $\boldsymbol{p}$ の 2 乗は

$$\boldsymbol{p}^2 = m^2 c^2 \boldsymbol{\beta}^2 \gamma^2 \tag{B.13}$$

と表すことができる．また，恒等式

$$\frac{1}{1 - \left(\frac{v}{c}\right)^2} - \frac{\left(\frac{v}{c}\right)^2}{1 - \left(\frac{v}{c}\right)^2} = 1$$
$$\implies \gamma^2 - \boldsymbol{\beta}^2 \gamma^2 = 1$$

の両辺に $m^2 c^2$ をかけると

$$m^2 c^2 \gamma^2 - m^2 c^2 \boldsymbol{\beta}^2 \gamma^2 = m^2 c^2. \tag{B.14}$$

(B.14) 式に (B.13) 式と全エネルギー $E = m\gamma c^2$ を代入すると

$$\left(\frac{E}{c}\right)^2 - \boldsymbol{p}^2 = m^2 c^2 \tag{B.15}$$

を得る．静止質量 m と光速 c は，それぞれローレンツ変換に対して不変な量であり，
(B.15) 式の右辺 $m^2 c^2$ もローレンツ変換に対して不変な量である．同様に (B.15) 式
の左辺 $\left(\frac{E}{c}\right)^2 - \boldsymbol{p}^2$ もローレンツ変換に対して不変である．すなわち，S 系での運動量
と全エネルギーがそれぞれ $\boldsymbol{p}$ と E，S′ 系では $\boldsymbol{p}'$ と E' であるとき

$$\left(\frac{E}{c}\right)^2 - \boldsymbol{p}^2 = \left(\frac{E'}{c}\right)^2 - \boldsymbol{p}'^2 \tag{B.16}$$

が成り立つ．

B.4 4元ベクトル

S系において4つの成分をもつベクトル

$$\boldsymbol{a} = (a_0,\, a_1,\, a_2,\, a_3)$$

があり，その4次元的な距離を

$$a_0^2 - a_1^2 - a_2^2 - a_3^2 \tag{B.17}$$

として定義する．S系のベクトル $\boldsymbol{a}$ に対応するS′系のベクトルが $\boldsymbol{a}' = (a_0',\, a_1',\, a_2',\, a_3')$ であり，それらが互いに

$$a_0' = \frac{a_0 - \frac{v}{c}\,a_1}{\sqrt{1 - \left(\frac{v}{c}\right)^2}}, \quad a_1' = \frac{a_1 - \frac{v}{c}\,a_0}{\sqrt{1 - \left(\frac{v}{c}\right)^2}}, \quad a_2' = a_2, \quad a_3' = a_3 \tag{B.18}$$

という変換規則に従うとき，この変換は (B.17) 式で与えられる4次元的な距離を不変に保つ．このような変換規則をもつベクトルを**4元ベクトル**という．

物理量を成分とする，様々な4元ベクトルが存在している．例えば，時空の座標で構成されたベクトル $\boldsymbol{a} = (ct,\, x,\, y,\, z)$ は4元ベクトルであり，その変換規則を与える式 (B.18) はローレンツ変換の式 (B.5) を与える．

運動量とエネルギーを成分にもつベクトル $\boldsymbol{a} = \left(\frac{E}{c},\, p_x,\, p_y,\, p_z\right)$ も，(B.16) 式の関係が示唆しているように4元ベクトルである．すなわち，エネルギーと運動量の変換規則は

$$E' = \gamma(E - \beta c p_x), \quad p_x' = \gamma\left(p_x - \frac{\beta}{c}\,E\right) \quad p_y' = p_y, \quad p_z' = p_z \tag{B.19}$$

で与えられる．

スカラーポテンシャル ϕ とベクトルポテンシャルの3つの成分 $\boldsymbol{A} = (A_x,\, A_y,\, A_z)$ を成分にもつベクトル

$$\boldsymbol{a} = \left(\frac{\phi}{c},\, A_x,\, A_y,\, A_z\right)$$

も4元ベクトルである．例えばS′系の原点に電荷 q の点電荷が固定されているとすると，この系のスカラーポテンシャルは静電ポテンシャルで与えられ，電流は存在しないのでベクトルポテンシャルは零ベクトルである：

$$\phi'(x',\, y',\, z') = \frac{1}{4\pi\varepsilon_0}\,\frac{q}{\sqrt{x'^2 + y'^2 + z'^2}}, \quad \boldsymbol{A}' = (0,\, 0,\, 0).$$

これをS系から観測すると，電荷 q の点電荷 [♠1] は x 軸に沿って速さ v で移動してい

[♠1] 電荷はローレンツ変換に対して不変な量である．

166　　　　　　　付録 B　特殊相対論の概要

る．変換規則 (B.18)（の逆変換）に従えば，S 系の電磁ポテンシャルは

$$\phi = \frac{\phi'(x', y', z')}{\sqrt{1 - \left(\frac{v}{c}\right)^2}}, \quad A_x = \frac{v\phi'(x', y', z')}{c^2\sqrt{1 - \left(\frac{v}{c}\right)^2}}, \quad A_y = 0, \quad A_z = 0$$

となる．$\phi'(x', y', z')$ をローレンツ変換の式 (B.5) によって x, y, z, t で表すと

$$\phi = \frac{\phi'}{\sqrt{1 - \left(\frac{v}{c}\right)^2}} = \frac{1}{4\pi\varepsilon_0}\frac{\gamma q}{\sqrt{x'^2 + y'^2 + z'^2}}$$

$$= \frac{1}{4\pi\varepsilon_0}\frac{\gamma q}{\sqrt{\{\gamma(x - vt)\}^2 + y^2 + z^2}}$$

を得る．この結果は，等速直線運動を行う点電荷によるリエナール–ヴィーヘルトポテンシャルの式 (7.27) に他ならない．

電磁場の変換規則も導くことができる．結果のみを記すと

$$E'_x = E_x, \qquad E'_y = \gamma(E_y - vB_z), \qquad\qquad E'_z = \gamma(E_z + vB_y), \qquad (B.20)$$

$$B'_x = B_x, \qquad B'_y = \gamma\left(B_y + \frac{v}{c^2}E_z\right), \qquad B'_z = \gamma\left(B_z - \frac{v}{c^2}E_y\right). \qquad (B.21)$$

S 系から見た S′ 系の速度ベクトルを $\boldsymbol{v}$ とすると，電磁場の $\boldsymbol{v}$ に平行な成分（添え字 // で示されている）と垂直な成分（添え字 ⊥ で示されている）の関係は

$$\boldsymbol{E}'_{//} = \boldsymbol{E}_{//}, \quad \boldsymbol{E}'_{\perp} = \gamma(\boldsymbol{E}_{\perp} + \boldsymbol{v} \times \boldsymbol{B}_{\perp}), \qquad (B.22)$$

$$\boldsymbol{B}'_{//} = \boldsymbol{B}_{//}, \quad \boldsymbol{B}'_{\perp} = \gamma\left(\boldsymbol{B}_{\perp} - \frac{1}{c^2}\boldsymbol{v} \times \boldsymbol{E}_{\perp}\right) \qquad (B.23)$$

で与えられる．

B.5　力の変換

運動する物体が，ある瞬間に静止して見える座標系を S′ 系に選ぶことにする．すなわち，この瞬間に S 系に対して S′ 系は x 軸の正の向きに，速さ v で移動している．このとき物体が S′ 系で感じる力は，S′ 系における物体の運動量 $\boldsymbol{p}'$ を，S′ 系の時間 t' で微分した $\boldsymbol{F}' = \frac{d\boldsymbol{p}'}{dt'}$ である．他方，S 系において物体にはたらく力は，S 系における物体の運動量 $\boldsymbol{p}$ を，S 系の時間 t で微分した $\boldsymbol{F} = \frac{d\boldsymbol{p}}{dt}$ である．S′ 系と S 系でそれぞれ観測される力，$\boldsymbol{F}'$ と $\boldsymbol{F}$ の関係を求めてみよう．

まず，物体の運動に垂直な向きの運動量変化については，(B.19) 式より

$$\Delta p_y = \Delta p'_y, \quad \Delta p_z = \Delta p'_z.$$

物体が瞬間的に静止している S′ 系に固定された時計で時間を測ることにすると，そ

B.5 力 の 変 換 167

の時間間隔 $\Delta t'$ は固有時間間隔 $\Delta \tau$ に等しいので，対応する S 系での時間間隔 Δt は $\Delta t'$ に対して "伸びる" ことになる．すなわち (B.10) 式より

$$\Delta t = \gamma \, \Delta t'.$$

以上より

$$\frac{\Delta p_y}{\Delta t} = \frac{\Delta p'_y}{\gamma \, \Delta t'}, \quad \frac{\Delta p_z}{\Delta t} = \frac{\Delta p'_z}{\gamma \, \Delta t'}$$

の関係があることがわかる．つまり

$$F_y = \frac{1}{\gamma} \, F'_y, \quad F_z = \frac{1}{\gamma} \, F'_z \tag{B.24}$$

である．

x 成分については変換式 (B.19)（の逆変換）より

$$\Delta p_x = \gamma \left(\Delta p'_x + \frac{\beta}{c} \, \Delta E' \right). \tag{B.25}$$

ここで (B.15) 式より

$$\left(\frac{E'}{c} \right)^2 - \boldsymbol{p}'^2 = m^2 c^2$$

$$\implies E' = \sqrt{\boldsymbol{p}'^2 c^2 + m^2 c^4}$$

$$\implies \Delta E' = \frac{\boldsymbol{p}' \cdot \Delta \boldsymbol{p}'}{\sqrt{\boldsymbol{p}'^2 c^2 + m^2 c^4}}. \tag{B.26}$$

S′ 系では物体は瞬間的に静止しているので $\boldsymbol{p}' = 0$ である．すなわち (B.26) 式より，$\Delta E' = 0$ ということになる．結局，(B.25) 式より $\Delta p_x = \gamma \, \Delta p'_x$ であり

$$\frac{\Delta p_x}{\Delta t} = \frac{\gamma \, \Delta p'_x}{\gamma \, \Delta t'} = \frac{\Delta p'_x}{\Delta t'}.$$

以上より

$$F_x = F'_x \tag{B.27}$$

である．

付録 C 直線電流の近くを運動する荷電粒子にはたらく力

C.1 電流と平行に運動する荷電粒子

静止した S 系の観測者が，x 軸に沿って張られた無限に長い導線に，x 軸の正の向きに電流 I が流れていることを観測した（図）．さらに，ある瞬間に電荷 q をもつ荷電粒子が x 軸の正の向きに，速さ v で移動していることを観測した．また S 系における観測では，導線は帯電していなかったと仮定する．すなわち，導線内に静止している正電荷列の電荷線密度は $+\rho$ であり，速さ v_0 で x 軸の負の向きに進む自由電子の列の電荷線密度は $-\rho$ であると仮定する．ここで $\rho > 0$ であるとする．ただし，**自由電子は動いているため，ローレンツ収縮により既に電荷密度が高められている**ことに留意しておく必要がある．すなわち，電流が流れていないとき，自由電子の列の電荷線密度は $-\frac{\rho}{\gamma_0}$ である．ここで，$\beta_0 = \frac{v_0}{c}$ として，ローレンツ因子 γ_0 は

$$\gamma_0 = \frac{1}{\sqrt{1-\beta_0^2}}$$

で与えられるものとした．

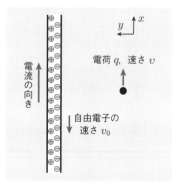

S 系における観測

この導線を x 軸の正の向きに速さ v で運動する荷電粒子から，すなわち S′ 系から眺めてみることにする．S′ 系では導線内の正電荷も自由電子も x 軸の負の向きに移動している．正電荷と自由電子の，S′ 系におけるそれぞれの速度ベクトル $\boldsymbol{v}'_+$ と $\boldsymbol{v}'_-$ は，S 系における速度ベクトル $\boldsymbol{v}_+ = 0$ および $\boldsymbol{v}_- = (-v_0, 0, 0)$ を，速度の変換式 (B.8) に代入することにより

$$\boldsymbol{v}'_+ = (-v, 0, 0), \quad \boldsymbol{v}'_- = \left(\frac{-v_0-v}{1+\beta\beta_0}, 0, 0\right)$$

と求まる．ただし，$\beta = \frac{v}{c}$ である．これにより，S′ 系における正電荷の電荷線密度は，ローレンツ収縮により $\rho'_+ = +\gamma\rho$ に高められることになる．ローレンツ因子 γ は

C.1 電流と平行に運動する荷電粒子 **169**

$$\gamma = \frac{1}{\sqrt{1-\beta^2}}$$

である．また，S' 系における自由電子の電荷線密度は，静止した状態の自由電子の列の電荷線密度に

$$\gamma'_- = \frac{1}{\sqrt{1-\beta'^2_-}}, \quad \text{ただし} \quad \beta'_- = \frac{|\boldsymbol{v}'_-|}{c} = \frac{\beta_0 + \beta}{1 + \beta\beta_0}$$

で決まるローレンツ因子をかけた $\rho'_- = -\gamma'_- \frac{\rho}{\gamma_0}$ である．ここでローレンツ因子 γ'_- を整理すると

$$
\begin{aligned}
\gamma'_- &= \frac{1}{\sqrt{1-\beta'^2_-}} = \frac{1}{\sqrt{1 - \frac{(\beta_0+\beta)^2}{(1+\beta\beta_0)^2}}} = \frac{1+\beta\beta_0}{\sqrt{(1+\beta\beta_0)^2 - (\beta_0+\beta)^2}} \\
&= \frac{1+\beta\beta_0}{\sqrt{\{(1+\beta\beta_0) + (\beta_0+\beta)\}\{(1+\beta\beta_0) - (\beta_0+\beta)\}}} \\
&= \frac{1+\beta\beta_0}{\sqrt{(1+\beta)(1+\beta_0)(1-\beta)(1-\beta_0)}} \\
&= \frac{1+\beta\beta_0}{\sqrt{(1-\beta^2)(1-\beta_0^2)}} = \gamma\gamma_0(1+\beta\beta_0).
\end{aligned}
$$

以上より，S' 系における導線の電荷線密度が

$$\rho' = \rho'_+ + \rho'_- = \gamma\rho - \gamma'_- \frac{\rho}{\gamma_0} = -\gamma\beta\beta_0\rho$$

と求まる．γ, β, β_0 および ρ はいずれも正の量なので，S' 系で静止する荷電粒子から見ると，導線は負に帯電していることになる．S' 系における導線と荷電粒子の距離が r' のとき，帯電した導線が荷電粒子の位置に作る電場の大きさは (2.7) 式より $E' = \frac{\rho'}{2\pi\varepsilon_0 r'}$ である．すなわち，荷電粒子が受ける力の大きさは

$$F' = qE' = \frac{q\rho'}{2\pi\varepsilon_0 r'} = \frac{q\gamma\beta\beta_0\rho}{2\pi\varepsilon_0 r'} = \frac{q\gamma v v_0 \rho}{2\pi\varepsilon_0 c^2 r'}.$$

S' 系で荷電粒子が感じる力 F' は，向きが y' 軸に平行なので，(B.24) 式を使って $F = \frac{F'}{\gamma}$ と変換されたものが S 系で観測される力である．$v_0\rho$ は電流 I のことであり，また S 系における導線と荷電粒子の距離 r は r' に等しいので，S 系で観測される荷電粒子にはたらく力は

$$F = \frac{F'}{\gamma} = \frac{q v v_0 \rho}{2\pi\varepsilon_0 c^2 r} = \frac{q v I}{2\pi\varepsilon_0 c^2 r} \tag{C.1}$$

と求まる．

C.2 電流に向かって垂直に運動する荷電粒子

静止したS系の観測者が y 軸に沿って張られた無限に長い導線に，y 軸の負の向きに電流 I が流れていることを観測した（図(a)）．この系において導線は帯電していないものと仮定する．すなわち，導線内で静止している正電荷列の電荷線密度は $+\rho$ であり，速さ v_0 で y 軸の正の向きに進む自由電子の列の電荷線密度は $-\rho$ であったとする．ρ は正，$\rho > 0$ とする．このような状況の下で，電荷 q をもつ

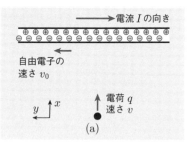

S系における観測

荷電粒子が x 軸の正の向きに，すなわち電流に向かって垂直に速さ v で移動したときに，荷電粒子にはたらく力を求めたい．

荷電粒子が静止しているS′系から導線を眺めてみると，導線内の正負の電荷列はS系の y 軸に沿って並んでいたため，S系の x 軸の正の向きに進むS′系において，電荷間隔にローレンツ収縮は生じない．すなわち，S′系で観測される導線内の正負電荷密度の絶対値もともに ρ であり，S′系でも導線は帯電していないことになる．

第3章3.2節で言及し，第7章7.4節で導出したように，荷電粒子はS′系において，図(b)に描かれた左下向きに進む自由電子が作る非対称な電場により，y' 軸に沿った向きに力を受けることになる．

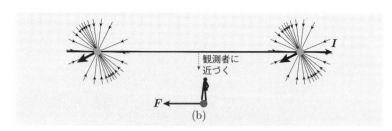

S′系（荷電粒子が静止している系）における観測

S′系において荷電粒子が受ける力の大きさを求めるため，まずは図(c)に示されたような，荷電粒子に対して導線上に対称的に位置する，微小長さ dy' をもつ自由電子の列の素片（の対）を考える．素片に含まれる負電荷は，それぞれ $dq = -\rho dy'$ である．

C.2 電流に向かって垂直に運動する荷電粒子   171

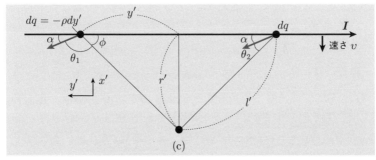

S′ 系における観測.
静止した荷電粒子に導線が速さ v で近づく.

S′ 系における自由電子の列の速度ベクトルは, S 系での速度ベクトル $\bm{v}_- = (0, v_0, 0)$ を, 速度の変換式 (B.8) に代入することで

$$\bm{v}'_- = \left(-v, \frac{v_0}{\gamma}, 0\right)$$

と求まる. ここでローレンツ因子 γ は, $\beta = \frac{v}{c}$ として

$$\gamma = \frac{1}{\sqrt{1-\beta^2}}$$

で与えられる.

S′ 系において, 等速直線運動を行う自由電子が作る電場の大きさは, (7.29) 式により与えられる. つまり, 図 (c) の左側に位置する自由電子素片が荷電粒子におよぼす力の大きさ dF'_1 と右側の素片による力の大きさ dF'_2 はそれぞれ

$$dF'_1 = \frac{q\rho\,dy'}{4\pi\varepsilon_0 l'^2} \frac{1-\beta'^2_-}{(1-\beta'^2_- \sin^2\theta_1)^{3/2}},$$

$$dF'_2 = \frac{q\rho\,dy'}{4\pi\varepsilon_0 l'^2} \frac{1-\beta'^2_-}{(1-\beta'^2_- \sin^2\theta_2)^{3/2}} \tag{C.2}$$

である ♠1. ここで

$$\beta'^2_- = \frac{|\bm{v}'_-|^2}{c^2}. \tag{C.3}$$

図 (c) より $\theta_1 = \pi - \phi - \alpha$ および $\theta_2 = \phi - \alpha$, すなわち

$$\sin\theta_1 = \sin(\phi+\alpha),$$
$$\sin\theta_2 = \sin(\phi-\alpha). \tag{C.4}$$

♠1 荷電粒子の位置の y' 座標を $y'=0$ と定める (図 (c)). また F'_2 に対しては, 便宜上, 水平右向きを y' 軸の正の向きとして計算を行う.

172 付録 C 直線電流の近くを運動する荷電粒子にはたらく力

α は，S$'$ 系において自由電子の速度ベクトルが y' 軸と成す角度である．$0 \le \phi, \alpha \le \frac{\pi}{2}$ であることを考慮すると

$$\sin^2 \theta_1 - \sin^2 \theta_2 = \sin^2(\phi + \alpha) - \sin^2(\phi - \alpha)$$
$$= 4 \sin \phi \cos \phi \sin \alpha \cos \alpha \ge 0.$$

すなわち $\sin^2 \theta_1 > \sin^2 \theta_2$ であり，(C.2) 式より $dF_1' \ge dF_2'$ である．図 (c) に示されたように，平面 $y' = 0$ に対して対称的に配置された自由電子素片の対を，導線上のいかなる位置に選んだとしても，左側に位置する自由電子素片から受ける力の方が，右側から受ける力よりも大きいことになる．

荷電粒子が正に帯電している（$q > 0$）と仮定してみよう．すると，2 つの自由電子素片から荷電粒子が受ける力は，y' 軸の正の向きをもち，その大きさは $dF_y' = \cos \phi \, dF_1' - \cos \phi \, dF_2'$ である．導線全体から受ける力の大きさは，変数 y' について零から無限大まで積分すれば求めることができる：

$$F_y' = \int dF_y' = \int \cos \phi \, dF_1' - \int \cos \phi \, dF_2'$$
$$= \frac{q\rho}{4\pi\varepsilon_0} \int_0^\infty \frac{dy'}{l'^2} \left\{ \frac{(1-\beta_-'^2)\cos \phi}{(1 - \beta_-'^2 \sin^2 \theta_1)^{3/2}} - \frac{(1-\beta_-'^2)\cos \phi}{(1 - \beta_-'^2 \sin^2 \theta_2)^{3/2}} \right\}. \quad \text{(C.5)}$$

(C.5) 式に含まれる変数のうち，ϕ, l', θ_1, θ_2 が y' に依存する．ここで (C.5) 式を変数 ϕ のみで記述することを試みる．まず $\tan \phi = \frac{r'}{y'}$ の両辺を ϕ で微分すると，r' は定数なので

$$\frac{1}{\cos^2 \phi} = -\frac{r'}{y'^2}\frac{dy'}{d\phi} = -\frac{1}{r'}\left(\frac{r'}{y'}\right)^2 \frac{dy'}{d\phi} = -\frac{1}{r'}\tan^2 \phi \frac{dy'}{d\phi}$$
$$\implies \quad dy' = -\frac{r' \, d\phi}{\sin^2 \phi}. \quad \text{(C.6)}$$

また $\frac{1}{l'^2} = \frac{1}{r'^2}\left(\frac{r'}{l'}\right)^2 = \frac{1}{r'^2}\sin^2 \phi$ と (C.6) 式により

$$\frac{dy'}{l'^2} = -\frac{d\phi}{r'} \quad \text{(C.7)}$$

が求まる．(C.5) 式の積分に，(C.4) 式と (C.7) 式を代入し，積分変数を ϕ に変更すると

$$F_y' = \frac{q\rho}{4\pi\varepsilon_0}\frac{1-\beta_-'^2}{r'} \times \left\{ \int_0^{\frac{\pi}{2}} \frac{\cos \phi \, d\phi}{(1 - \beta_-'^2 \sin^2(\phi + \alpha))^{3/2}} \right.$$
$$\left. - \int_0^{\frac{\pi}{2}} \frac{\cos \phi \, d\phi}{(1 - \beta_-'^2 \sin^2(\phi - \alpha))^{3/2}} \right\}. \quad \text{(C.8)}$$

ここで積分公式

C.2 電流に向かって垂直に運動する荷電粒子 **173**

$$\int \frac{\cos x \, dx}{\{1 - b^2 \sin^2(x-a)\}^{3/2}} = \frac{(2-b^2)\sin x + b^2 \sin(2a-x)}{2(1-b^2)\sqrt{1-b^2\sin^2(a-x)}}$$

を使って，(C.8) 式の積分を計算すると

$$\begin{aligned}
F_y' &= \frac{q\rho}{4\pi\varepsilon_0} \frac{1-\beta_-'^2}{r'} \frac{\beta_-'^2 \sin 2\alpha}{(1-\beta_-'^2)\sqrt{1-\beta_-'^2\sin^2\alpha}} \\
&= \frac{q\rho}{4\pi\varepsilon_0 r'} \frac{\beta_-'^2 \sin 2\alpha}{\sqrt{1-\beta_-'^2\sin^2\alpha}}.
\end{aligned} \tag{C.9}$$

ここで

$$\sin\alpha = \frac{v}{|\boldsymbol{v}_-'|}, \quad \cos\alpha = \frac{v_0}{\gamma|\boldsymbol{v}_-'|}, \quad \sin 2\alpha = 2\sin\alpha\cos\alpha = \frac{2vv_0}{\gamma|\boldsymbol{v}_-'|^2}$$

と (C.3) 式より

$$\beta_-'^2 \sin^2\alpha = \left(\frac{v}{c}\right)^2, \quad \beta_-'^2 \sin 2\alpha = \frac{2vv_0}{\gamma c^2}. \tag{C.10}$$

(C.10) 式を (C.9) 式に代入すると，S' 系において荷電粒子にはたらく力 F_y' が

$$\begin{aligned}
F_y' &= \frac{q\rho}{4\pi\varepsilon_0 r'} \frac{1}{\sqrt{1-\left(\frac{v}{c}\right)^2}} \frac{2vv_0}{\gamma c^2} \\
&= \frac{qvv_0\rho}{2\pi\varepsilon_0 c^2 r'}
\end{aligned}$$

と求まる.

S 系で観測される荷電粒子にはたらく力 F_y は，関係式 (B.24) より $F_y = \frac{F_y'}{\gamma}$ である. また $v_0\rho$ は電流 I に等しく，さらに S' 系で観測される x' 軸方向の長さ r' は，S 系では $r = \gamma r'$ に等しい. 以上より

$$\begin{aligned}
F_y &= \frac{F_y'}{\gamma} = \frac{1}{\gamma} \frac{qvv_0\rho}{2\pi\varepsilon_0 c^2 \frac{r}{\gamma}} \\
&= \frac{qvI}{2\pi\varepsilon_0 c^2 r}
\end{aligned} \tag{C.11}$$

と求まる. この結果は (C.1) 式に等しい.

付録 D ベクトル解析

D.1 ベクトルの発散とガウスの定理

一辺の長さがそれぞれ $\delta x, \delta y, \delta z$ の微小な直方体を考える．

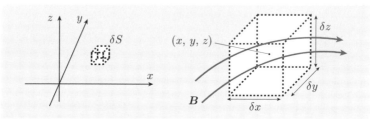

この直方体の中心点の座標を (x, y, z) とする．直方体の 6 つの面は閉曲面を成すが，これを δS と記すことにする．δS についての面積分

$$\delta \Gamma = \int_{\delta S} \boldsymbol{B} \cdot d\boldsymbol{a} \tag{D.1}$$

は，この微小な直方体の表面 δS から流出するベクトル場 $\boldsymbol{B} = (B_x, B_y, B_z)$ の**流束**を与える．閉曲面 δS を構成する 6 つの面のうち，y–z 平面に平行で原点に近い方の面では，その中央の座標 $\left(x - \frac{\delta x}{2}, y, z\right)$ におけるベクトル $\boldsymbol{B}$ と外向き法線面積素ベクトル $d\boldsymbol{a} = -\delta y\, \delta z\, \hat{\boldsymbol{x}}$ の内積が，面積分 $\delta \Gamma$ に寄与する．また，y–z 平面に平行なもう一方の面では，座標 $\left(x + \frac{\delta x}{2}, y, z\right)$ におけるベクトル $\boldsymbol{B}$ と外向き法線面積素ベクトル $d\boldsymbol{a} = \delta y\, \delta z\, \hat{\boldsymbol{x}}$ の内積が面積分 $\delta \Gamma$ に寄与する．すなわち，y–z 平面に平行な 2 つの面の面積分 (D.1) への寄与 $\delta \Gamma_x$ は

$$\delta \Gamma_x = -B_x\left(x - \frac{\delta x}{2}, y, z\right)\delta y\, \delta z + B_x\left(x + \frac{\delta x}{2}, y, z\right)\delta y\, \delta z \tag{D.2}$$

で与えられる．B_x を変数 x について δx の 1 次の項までテイラー展開すると，(D.2) 式から $\delta \Gamma_x = \frac{\partial B_x}{\partial x} \delta x\, \delta y\, \delta z$ が得られる．残り 4 つの面からの寄与も同様に計算して加えると，面積分 (D.1) は

$$\delta \Gamma = \left(\frac{\partial B_x}{\partial x} + \frac{\partial B_y}{\partial y} + \frac{\partial B_z}{\partial z}\right)\delta x\, \delta y\, \delta z \tag{D.3}$$

と求まる．

D.1 ベクトルの発散とガウスの定理

(D.3) 式より，面積分 $\delta\Gamma$ は閉曲面 δS に囲まれた微小な体積 $\delta\mathcal{V} = \delta x\,\delta y\,\delta z$ に比例するため

$$\lim_{\delta\mathcal{V}\to 0}\frac{\delta\Gamma}{\delta\mathcal{V}} = \frac{\partial B_x}{\partial x} + \frac{\partial B_y}{\partial y} + \frac{\partial B_z}{\partial z} \tag{D.4}$$

という極限値が存在することになる．(D.4) 式の右辺は 6.3 節の (6.23) 式で定義されたベクトル B の発散 $\nabla\cdot B$ に他ならない．面積分は閉曲面から出ていく流束を表すので，**ベクトルの発散とは，ある位置において微小な体積から出ていく単位体積あたりの流束である**ことを (D.4) 式は示している．

次に図 (a) に描かれた有限な大きさの閉曲面 $\mathcal{S}$ に関する面積分 $\int_{\mathcal{S}} B\cdot da$ を考える．閉曲面 $\mathcal{S}$ に囲まれた体積領域 $\mathcal{V}$ を，図 (b) に示すように，微小体積 $\delta\mathcal{V}_i = \delta x_i\,\delta y_i\,\delta z_i$ をもつ無数の微小な細胞に分割する．

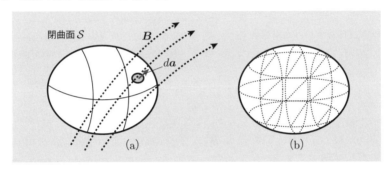

微小細胞ごとにそれぞれの表面 δS_i について面積分を計算し，全体の和 $\sum_i \int_{\delta S_i} B\cdot da$ をとると，隣り合う微小細胞の境界面では法線ベクトルの向きが反対向きなので，境界面部分の面積分は互いに相殺し合い，一番外側にある閉曲面 $\mathcal{S}$ の面積分 $\int_{\mathcal{S}} B\cdot da$ だけが残ることになる．すなわち

$$\int_{\mathcal{S}} B\cdot da = \sum_i \int_{\delta S_i} B\cdot da. \tag{D.5}$$

(D.5) 式の右辺は (D.1) 式および (D.3) 式より和 $\sum_i (\nabla\cdot B)\,d\mathcal{V}_i$ に等しく，この和は $\delta S_i, \delta\mathcal{V}_i \to 0$ の極限では，ベクトル B の発散 $\nabla\cdot B$ を体積領域 $\mathcal{V}$ にわたって足し合わせた体積積分 $\int_{\mathcal{V}}(\nabla\cdot B)\,d\mathcal{V}$ になる．以上から，**ベクトル B の閉曲面 $\mathcal{S}$ に関する面積分と，ベクトル B の発散 $\nabla\cdot B$ の閉曲面 $\mathcal{S}$ に囲まれた体積領域 $\mathcal{V}$ での体積積分が等しい**

$$\int_{\mathcal{S}} B\cdot da = \int_{\mathcal{V}}(\nabla\cdot B)\,d\mathcal{V} \tag{D.6}$$

という関係が導かれる．(D.6) 式を**ガウスの定理**という．

D.2 ベクトルの回転とストークスの定理

x–y 平面に平行で一辺の長さがそれぞれ δx と δy の微小な長方形（図 (a) の点線部分）がある．

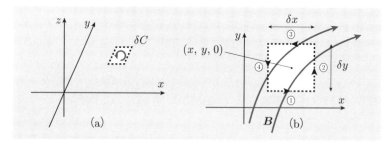

この長方形の中心点の座標を $(x, y, 0)$ とする．また，長方形の縁を反時計回りに一周する微小な閉経路を δC とする．ベクトル場 $\boldsymbol{B} = (B_x, B_y, B_z)$ の閉経路 δC に沿った周回積分

$$\delta \varGamma = \oint_{\delta C} \boldsymbol{B} \cdot d\boldsymbol{l} \tag{D.7}$$

において，図 (b) に示された経路 ① における周回積分 (D.7) への寄与 $\delta \varGamma_1$ は，経路 ① の中点 $\left(x, y - \frac{\delta y}{2}, 0\right)$ におけるベクトル $\boldsymbol{B}$ と，その位置における接線ベクトル $d\boldsymbol{l} = \delta x \hat{\boldsymbol{x}}$ の内積で与えられる．すなわち

$$\delta \varGamma_1 = B_x \left(x, y - \frac{\delta y}{2}, 0\right) \delta x.$$

残りの経路②，③，④ の寄与も考慮すると

$$\begin{aligned}\delta \varGamma = & B_x \left(x, y - \frac{\delta y}{2}, 0\right) \delta x + B_y \left(x + \frac{\delta x}{2}, y, 0\right) \delta y \\ & - B_x \left(x, y + \frac{\delta y}{2}, 0\right) \delta x - B_y \left(x - \frac{\delta x}{2}, y, 0\right) \delta y.\end{aligned}$$

テイラー展開を行うことで，周回積分 $\delta \varGamma$ は

$$\delta \varGamma = \left(\frac{\partial B_y}{\partial x} - \frac{\partial B_x}{\partial y}\right) \delta x \, \delta y \tag{D.8}$$

と求まる．ここで微小閉経路 δC の法線面積素ベクトル $d\boldsymbol{a}$ を，「δC に囲まれた領域の面積をもち，閉経路 δC を進む向きを右ねじを回す向きとみなしたとき，右ねじの進む向きをもつベクトル」として $d\boldsymbol{a} = \delta x \, \delta y \, \hat{\boldsymbol{z}}$ と定義する．すると周回積分 $\delta \varGamma$ は閉経路 δC を囲む面積 $\delta a = |\delta \boldsymbol{a}|$ に比例しており

D.2 ベクトルの回転とストークスの定理

$$\lim_{\delta a \to 0} \frac{\delta \Gamma}{\delta a}\bigg|_{da // \hat{z}} = \frac{\partial B_y}{\partial x} - \frac{\partial B_x}{\partial y} \tag{D.9}$$

という極限値が存在している．(D.9) 式の右辺は，(7.4) 式で与えられるベクトル $\boldsymbol{B}$ の回転 $\nabla \times \boldsymbol{B}$ の z 成分である[♠1]．また (D.7) 式と (D.9) 式から，**ベクトル $\boldsymbol{B}$ が閉経路 δC を進む向きに "回転" するような空間的な変化をもつならば，$\nabla \times \boldsymbol{B}$ が非零の正値をもつ**ことがわかる．これが $\nabla \times \boldsymbol{B}$ が回転とよばれる由縁である．

次に，第 4 章 4.1 節の図（72 ページ）で描かれたような有限な大きさの閉経路 $\mathcal{C}$ に沿った周回積分を考えてみる（図 (a)）．この閉経路 $\mathcal{C}$ に図 (b) に示したような網目をかけ，無数の微小閉経路 δC_i に分割する．

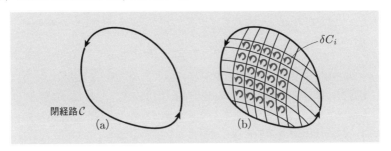

それぞれの経路 δC_i に沿った周回積分を計算し，その和 $\sum_i \oint_{\delta C_i} \boldsymbol{B} \cdot d\boldsymbol{l}$ をとると，隣り合う閉経路の境界では進む向きが反対であるため，境界部分の線積分の値は互いに相殺し合う．つまり一番外側の閉経路 $\mathcal{C}$ の線積分 $\oint_{\mathcal{C}} \boldsymbol{B} \cdot d\boldsymbol{l}$ だけが残ることになり

$$\oint_{\mathcal{C}} \boldsymbol{B} \cdot d\boldsymbol{l} = \sum_i \oint_{\delta C_i} \boldsymbol{B} \cdot d\boldsymbol{l} \tag{D.10}$$

が成り立つ．微小な閉経路 δC に沿った周回積分は，(D.7) 式と (D.8) 式より，微小閉経路の法線面積素ベクトル $d\boldsymbol{a}$ を使って

$$\oint_{\delta C} \boldsymbol{B} \cdot d\boldsymbol{l} = (\nabla \times \boldsymbol{B}) \cdot d\boldsymbol{a} \tag{D.11}$$

と表すことができた．よって，微小閉経路 δC_i の右ねじの法則によって決まる法線面積素ベクトルを $d\boldsymbol{a}_i$ とすると，(D.10) 式の右辺は $\sum_i (\nabla \times \boldsymbol{B}) \cdot d\boldsymbol{a}_i$ に等しいことになる．これはベクトル $\boldsymbol{B}$ の回転 $\nabla \times \boldsymbol{B}$ を閉経路 $\mathcal{C}$ を縁とする面 $\mathcal{S}$ の上で和をとった面積分 $\int_{\mathcal{S}} (\nabla \times \boldsymbol{B}) \cdot d\boldsymbol{a}$ のことである．以上から，**ベクトル $\boldsymbol{B}$ の閉経路 $\mathcal{C}$ に関する周回積分と，ベクトル $\boldsymbol{B}$ の回転 $\nabla \times \boldsymbol{B}$ の $\mathcal{C}$ を縁とする面 $\mathcal{S}$ での面積分が等しく**

[♠1] $\nabla \times \boldsymbol{B}$ の x および y 成分は，微小閉経路 δC の法線ベクトルの向きを，それぞれ x 軸の正の向きおよび y 軸の正の向きに選んだ上で，(D.9) 式左辺の極限をとることで求めることができる．

$$\oint_C \boldsymbol{B} \cdot d\boldsymbol{l} = \int_S (\nabla \times \boldsymbol{B}) \cdot d\boldsymbol{a} \tag{D.12}$$

であることが導かれる．(D.12) 式を**ストークスの定理**という．

D.3　ベクトル解析の応用：電荷の保存

任意の閉曲面 S の表面から "出ていく" 電流の大きさは，電流密度 $\boldsymbol{j}$ と閉曲面 S 上の法線面積素ベクトル $d\boldsymbol{a}$ の内積を，面積分した $\int_S \boldsymbol{j} \cdot d\boldsymbol{a}$ で与えられる．この量は "閉曲面 S から出ていく電荷の瞬間的な割合" であり，電荷の保存則により，閉曲面 S に囲まれた体積領域 $\mathcal{V}$ の中に含まれる全電荷 $\int_{\mathcal{V}} \rho\, d\mathcal{V}$ の時間微分の大きさに等しいはずである（ρ は電荷密度）．すなわち

$$\int_S \boldsymbol{j} \cdot d\boldsymbol{a} = -\frac{\partial}{\partial t} \int_{\mathcal{V}} \rho\, d\mathcal{V}. \tag{D.13}$$

面積分では閉曲面を出ていく電荷量を正とするので，右辺には負符号が必要になる．また，電荷密度は一般に空間と時間の両方に依存するので，時間微分は偏微分で記述している．

(D.13) 式の左辺にガウスの定理を適用すると

$$\int_S \boldsymbol{j} \cdot d\boldsymbol{a} = \int_{\mathcal{V}} \nabla \cdot \boldsymbol{j}\, d\mathcal{V} = -\frac{\partial}{\partial t} \int_{\mathcal{V}} \rho\, d\mathcal{V}$$
$$\implies \int_{\mathcal{V}} \left(\nabla \cdot \boldsymbol{j} + \frac{\partial \rho}{\partial t} \right) d\mathcal{V} = 0. \tag{D.14}$$

任意の閉曲面に対して (D.14) 式が成立するためには，括弧内の値が零でなければならない．すなわち，空間のいたる所で

$$\nabla \cdot \boldsymbol{j} = -\frac{\partial \rho}{\partial t} \tag{D.15}$$

が成立していなければならないことになる．(D.15) 式は電荷の保存則を局所的に表した式である．

D.4　よく使うベクトル演算子と公式

スカラー関数 g の勾配の発散は ∇^2（または Δ）という記号で表記され

$$\nabla^2 g \equiv \nabla \cdot \nabla g = \left(\frac{\partial^2}{\partial x^2} + \frac{\partial^2}{\partial y^2} + \frac{\partial^2}{\partial z^2} \right) g \tag{D.16}$$

のように計算される．

【証明】

$$\nabla^2 g \equiv \nabla \cdot \nabla g = \nabla \cdot \left(\frac{\partial g}{\partial x},\, \frac{\partial g}{\partial y},\, \frac{\partial g}{\partial z} \right) = \frac{\partial^2 g}{\partial x^2} + \frac{\partial^2 g}{\partial y^2} + \frac{\partial^2 g}{\partial z^2}.$$

D.4 よく使うベクトル演算子と公式 **179**

演算子 ∇^2 を**ラプラス演算子**または**ラプラシアン**という.

導入例題 7.1 で証明したように，偏微分を行う順番を交換しても結果が変わらないようなスカラー関数 g の勾配の回転は恒等的に零である：

$$\nabla \times \nabla g = 0. \tag{D.17}$$

同様にベクトル関数 $\boldsymbol{f} = (f_x, f_y, f_z)$ の各成分に対して偏微分を行う順番を交換しても結果が変わらないとき，その回転の発散も恒等的に零である：

$$\nabla \cdot (\nabla \times \boldsymbol{f}) = 0. \tag{D.18}$$

【証明】

$$\nabla \cdot (\nabla \times \boldsymbol{f}) = \nabla \cdot \left(\frac{\partial f_z}{\partial y} - \frac{\partial f_y}{\partial z}, \frac{\partial f_x}{\partial z} - \frac{\partial f_z}{\partial x}, \frac{\partial f_y}{\partial x} - \frac{\partial f_x}{\partial y} \right).$$

偏微分を行う順序を入れ替えることが可能ならば

$$\nabla \cdot (\nabla \times \boldsymbol{f}) = \left(\frac{\partial^2 f_z}{\partial xy} - \frac{\partial^2 f_z}{\partial yx} \right) + \left(\frac{\partial^2 f_x}{\partial yz} - \frac{\partial^2 f_x}{\partial zy} \right) + \left(\frac{\partial^2 f_y}{\partial zx} - \frac{\partial^2 f_y}{\partial xz} \right)$$

$$= 0.$$

ベクトル関数 $\boldsymbol{f}$ に回転演算子を 2 回作用させたとき

$$\nabla \times (\nabla \times \boldsymbol{f}) = \nabla(\nabla \cdot \boldsymbol{f}) - \nabla^2 \boldsymbol{f} \tag{D.19}$$

が成り立つ.

【証明】 (D.19) 式左辺の x 成分を $[\nabla \times (\nabla \times \boldsymbol{f})]_x$ のように表記すると

$$\left[\nabla \times (\nabla \times \boldsymbol{f}) \right]_x = \frac{\partial}{\partial y}[\nabla \times \boldsymbol{f}]_z - \frac{\partial}{\partial z}[\nabla \times \boldsymbol{f}]_y$$

$$= \frac{\partial}{\partial y} \left(\frac{\partial f_y}{\partial x} - \frac{\partial f_x}{\partial y} \right) - \frac{\partial}{\partial z} \left(\frac{\partial f_x}{\partial z} - \frac{\partial f_z}{\partial x} \right).$$

偏微分を行う順序を入れ替えることが可能であるとすると

$$\left[\nabla \times (\nabla \times \boldsymbol{f}) \right]_x = \frac{\partial}{\partial x} \left(\frac{\partial f_y}{\partial y} + \frac{\partial f_z}{\partial z} \right) - \left(\frac{\partial^2}{\partial y^2} + \frac{\partial^2}{\partial z^2} \right) f_x$$

$$= \frac{\partial}{\partial x} \left(\frac{\partial f_x}{\partial x} + \frac{\partial f_y}{\partial y} + \frac{\partial f_z}{\partial z} \right) - \left(\frac{\partial^2}{\partial x^2} + \frac{\partial^2}{\partial y^2} + \frac{\partial^2}{\partial z^2} \right) f_x$$

$$= \left[\nabla(\nabla \cdot \boldsymbol{f}) - \nabla^2 \boldsymbol{f} \right]_x.$$

(D.19) 式の x 成分が両辺で等しいことが示された．他の成分も同様である.

付録 E　マクスウェル方程式

E.1　積分形と微分形

任意の閉曲面 $\mathcal{S}$ 上に，大きさ da をもつ法線面積素ベクトル $d\boldsymbol{a} = da\,\boldsymbol{n}$ をとる．$\boldsymbol{n}$ は $\mathcal{S}$ の外側を向く単位法線ベクトルである．電場 $\boldsymbol{E}$ が存在するとき，$d\boldsymbol{a}$ を貫く電束は $\varepsilon_0 \boldsymbol{E} \cdot d\boldsymbol{a}$ で与えられる．すなわち閉曲面 $\mathcal{S}$ の電束 Φ は，面積分 $\Phi = \varepsilon_0 \int_{\mathcal{S}} \boldsymbol{E} \cdot d\boldsymbol{a}$ で与えられる．他方，閉曲面 $\mathcal{S}$ の内部に存在する電荷は，電荷密度を ρ，閉曲面 $\mathcal{S}$ の内部の体積領域を $\mathcal{V}$ としたとき，体積積分 $\int_{\mathcal{V}} \rho\, d\mathcal{V}$ で与えられる．したがって，ガウスの法則 2.1 は積分を使って

$$\varepsilon_0 \int_{\mathcal{S}} \boldsymbol{E} \cdot d\boldsymbol{a} = \int_{\mathcal{V}} \rho\, d\mathcal{V} \tag{E.1}$$

と表すことができる．(E.1) 式を**ガウスの法則の積分形**という．

ガウスの定理 (D.6) 式を使うと，(E.1) 式の左辺を $\varepsilon_0 \int_{\mathcal{S}} \boldsymbol{E} \cdot d\boldsymbol{a} = \varepsilon_0 \int_{\mathcal{V}} \nabla \cdot \boldsymbol{E}\, d\mathcal{V}$ と書き換えることができる．(E.1) 式の左辺に代入して整理すると

$$\varepsilon_0 \int_{\mathcal{V}} \nabla \cdot \boldsymbol{E}\, d\mathcal{V} = \int_{\mathcal{V}} \rho\, d\mathcal{V}$$
$$\implies \int_{\mathcal{V}} \left(\nabla \cdot \boldsymbol{E} - \frac{\rho}{\varepsilon_0} \right) d\mathcal{V} = 0. \tag{E.2}$$

任意に選ぶことができる閉曲面 $\mathcal{S}$ に対して (E.2) 式が成り立つためには，括弧内の被積分関数が零でなければならない：

$$\nabla \cdot \boldsymbol{E} = \frac{\rho}{\varepsilon_0}. \tag{E.3}$$

(E.3) 式を**ガウスの法則の微分形**という．

磁場 $\boldsymbol{B}$ について同様に考えると**磁荷不存在の法則の積分形**が

$$\int_{\mathcal{S}} \boldsymbol{B} \cdot d\boldsymbol{a} = 0, \tag{E.4}$$

磁荷不存在の法則の微分形が

$$\nabla \cdot \boldsymbol{B} = 0 \tag{E.5}$$

と求まる．

E.1 積分形と微分形 **181**

付録 D.2 節の図（177 ページの図 (b)）に描かれた微小閉経路の 1 つ δC_i に対して，一般化されたアンペールの法則 (4.4) は

$$\int_{\delta C_i} \boldsymbol{B} \cdot d\boldsymbol{l} = \mu_0 \left(\boldsymbol{j} + \varepsilon_0 \frac{\partial \boldsymbol{E}}{\partial t} \right) \cdot d\boldsymbol{a}_i \tag{E.6}$$

と表すことができる．ここで $d\boldsymbol{a}_i$ は右ねじの法則で決まる閉経路 δC_i の法線面積素ベクトルである．すべての微小閉経路についての和をとると (E.6) 式左辺は一番外側の閉経路 C についての線積分 $\int_C \boldsymbol{B} \cdot d\boldsymbol{l}$ だけが残り，右辺は閉経路 C を縁とする面 S に関する面積分になる：

$$\int_C \boldsymbol{B} \cdot d\boldsymbol{l} = \int_S \mu_0 \left(\boldsymbol{j} + \varepsilon_0 \frac{\partial \boldsymbol{E}}{\partial t} \right) \cdot d\boldsymbol{a}. \tag{E.7}$$

(E.7) 式を**アンペールの法則の積分形**という．ストークスの定理 (D.12) 式を使うと，(E.7) 式の左辺を $\int_C \boldsymbol{B} \cdot d\boldsymbol{l} = \int_S (\nabla \times \boldsymbol{B}) \cdot d\boldsymbol{a}$ と書き換えることができる．(E.7) 式の左辺に代入して整理すると

$$\int_S (\nabla \times \boldsymbol{B}) \cdot d\boldsymbol{a} = \int_S \mu_0 \left(\boldsymbol{j} + \varepsilon_0 \frac{\partial \boldsymbol{E}}{\partial t} \right) \cdot d\boldsymbol{a}$$

$$\implies \int_S \left\{ (\nabla \times \boldsymbol{B}) - \mu_0 \left(\boldsymbol{j} + \varepsilon_0 \frac{\partial \boldsymbol{E}}{\partial t} \right) \right\} \cdot d\boldsymbol{a} = 0. \tag{E.8}$$

任意に選ぶことができる閉曲面 S に対して (E.8) 式が成り立つためには，括弧内の被積分関数が零でなければならない：

$$\nabla \times \boldsymbol{B} = \mu_0 \left(\boldsymbol{j} + \varepsilon_0 \frac{\partial \boldsymbol{E}}{\partial t} \right). \tag{E.9}$$

(E.9) 式を**アンペールの法則の微分形**という．

同様の議論をファラデーの法則 (5.2) に適用すると，**ファラデーの法則の積分形**は

$$\int_C \boldsymbol{E} \cdot d\boldsymbol{l} = -\int_S \frac{\partial \boldsymbol{B}}{\partial t} \cdot d\boldsymbol{a}, \tag{E.10}$$

ファラデーの法則の微分形は

$$\nabla \times \boldsymbol{E} = -\frac{\partial \boldsymbol{B}}{\partial t} \tag{E.11}$$

と求まる．

電磁気学の 4 つの基本法則を積分の形で表した

$$\varepsilon_0 \int_S \boldsymbol{E} \cdot d\boldsymbol{a} = \int_V \rho \, dV, \tag{E.12}$$

$$\int_S \boldsymbol{B} \cdot d\boldsymbol{a} = 0, \tag{E.13}$$

182   付録 E　マクスウェル方程式

$$\int_{\mathcal{C}} \boldsymbol{B} \cdot dl = \int_{\mathcal{S}} \mu_0 \left(\boldsymbol{j} + \varepsilon_0 \frac{\partial \boldsymbol{E}}{\partial t} \right) \cdot d\boldsymbol{a}, \tag{E.14}$$

$$\int_{\mathcal{C}} \boldsymbol{E} \cdot dl = - \int_{\mathcal{S}} \frac{\partial \boldsymbol{B}}{\partial t} \cdot d\boldsymbol{a} \tag{E.15}$$

を**マクスウェル方程式の積分形**という．また，電磁気学の 4 つの基本法則を微分の形
で表した

$$\nabla \cdot \boldsymbol{E} = \frac{\rho}{\varepsilon_0}, \tag{E.16}$$

$$\nabla \cdot \boldsymbol{B} = 0, \tag{E.17}$$

$$\nabla \times \boldsymbol{B} = \mu_0 \left(\boldsymbol{j} + \varepsilon_0 \frac{\partial \boldsymbol{E}}{\partial t} \right), \tag{E.18}$$

$$\nabla \times \boldsymbol{E} = - \frac{\partial \boldsymbol{B}}{\partial t} \tag{E.19}$$

を**マクスウェル方程式の微分形**という．

(E.18) 式の両辺に発散演算子を左から作用させ，(E.16) 式を代入すると

$$\nabla \cdot (\nabla \times \boldsymbol{B}) = 0 = \mu_0 \left(\nabla \cdot \boldsymbol{j} + \varepsilon_0 \frac{\partial (\nabla \cdot \boldsymbol{E})}{\partial t} \right)$$

$$\implies \ \nabla \cdot \boldsymbol{j} + \frac{\partial \rho}{\partial t} = 0.$$

これは電荷保存の式 (D.15) に他ならない．マクスウェルの方程式は電荷保存の式を
内包してることがわかる．

E.2　電磁ポテンシャルを使った表現

(D.18) 式に示したように，偏微分を行う順番を交換しても結果が変わらないような
ベクトルの回転の発散は常に零である．ということは発散が常に零である磁場は

$$\boldsymbol{B} = \nabla \times \boldsymbol{A} \tag{E.20}$$

のように何らかのベクトルの回転であると考えることができる．ベクトル関数 $\boldsymbol{A}$ を
ベクトルポテンシャルとよぶ．ただし，偏微分を行う順番を交換しても結果が変わら
ないようなスカラー関数の勾配の回転も恒等的に零であることから，$\boldsymbol{A}$ に任意のスカ
ラー関数 χ の勾配を加えた

$$\boldsymbol{A}' = \boldsymbol{A} + \nabla \chi \tag{E.21}$$

も $\boldsymbol{A}$ と同じ磁場を与えることになる．ある磁場を与えるベクトルポテンシャルを一意
に決定することはできない．

次にファラデーの法則の微分形の式 (E.19) に (E.20) 式を代入し，時間微分と回転

E.2 電磁ポテンシャルを使った表現

演算子の順序を交換すると

$$\nabla \times \boldsymbol{E} = -\frac{\partial}{\partial t}(\nabla \times \boldsymbol{A})$$

$$\Longrightarrow \quad \nabla \times \left(\boldsymbol{E} + \frac{\partial \boldsymbol{A}}{\partial t}\right) = 0. \tag{E.22}$$

スカラー関数の勾配の回転は恒等的に零なので，電場 $\boldsymbol{E}$ はスカラー関数 ϕ を使って

$$\boldsymbol{E} + \frac{\partial \boldsymbol{A}}{\partial t} = -\nabla \phi \quad \Longleftrightarrow \quad \boldsymbol{E} = -\nabla \phi - \frac{\partial \boldsymbol{A}}{\partial t} \tag{E.23}$$

と表すことができる．スカラー関数 ϕ を**スカラーポテンシャル**とよぶ．また，スカラーポテンシャル ϕ とベクトルポテンシャル $\boldsymbol{A}$ を併せて**電磁ポテンシャル**とよぶ．

(E.21) 式の変換を行うと，磁場は不変のままであるが，電場 $\boldsymbol{E}$ は異なるものが与えられる．そこで，常に同じ電場と磁場を与えるためには，電磁ポテンシャルを同時に

$$\boldsymbol{A}' = \boldsymbol{A} + \nabla \chi, \quad \phi' = \phi - \frac{\partial \chi}{\partial t} \tag{E.24}$$

のように変換すればよい．χ を**ゲージ関数**といい，(E.24) を**ゲージ変換**という．また，ゲージ変換 (E.24) を行っても電場 $\boldsymbol{E}$ と磁場 $\boldsymbol{B}$ は変化しないことを，**電磁場のゲージ不変性**という．

ここで，ガウスの法則の微分形 (E.16) 式に (E.23) 式を代入すると

$$\nabla \cdot \boldsymbol{E} = -\nabla^2 \phi - \nabla \cdot \frac{\partial \boldsymbol{A}}{\partial t}$$

$$= \frac{\rho}{\varepsilon_0} \tag{E.25}$$

のように電磁ポテンシャルだけで記述されたガウスの法則を得る．同様にアンペールの法則の微分形 (E.18) 式を電磁ポテンシャルで表すと

$$\nabla \times (\nabla \times \boldsymbol{A}) = \mu_0 \left(\boldsymbol{j} - \varepsilon_0 \frac{\partial \nabla \phi}{\partial t} - \varepsilon_0 \frac{\partial^2 \boldsymbol{A}}{\partial t^2}\right).$$

演算子の公式 (D.19) を代入して整理すると

$$\nabla(\nabla \cdot \boldsymbol{A}) - \nabla^2 \boldsymbol{A} = \mu_0 \left(\boldsymbol{j} - \varepsilon_0 \frac{\partial \nabla \phi}{\partial t} - \varepsilon_0 \frac{\partial^2 \boldsymbol{A}}{\partial t^2}\right)$$

$$\Longrightarrow \quad -\nabla^2 \boldsymbol{A} + \mu_0 \varepsilon_0 \frac{\partial^2 \boldsymbol{A}}{\partial t^2} + \nabla \left(\nabla \cdot \boldsymbol{A} + \mu_0 \varepsilon_0 \frac{\partial \phi}{\partial t}\right) = \mu_0 \boldsymbol{j}. \tag{E.26}$$

ここで，ベクトルポテンシャルは (E.24) 式のような任意性をもつので，ベクトルポテンシャルの発散に

$$\nabla \cdot \boldsymbol{A} = -\frac{1}{c^2} \frac{\partial \phi}{\partial t} \tag{E.27}$$

という制約を課してみる．ベクトルポテンシャルの発散を決めることを**ゲージを決める**といい，(E.27) 式を**ローレンツゲージ**という．このローレンツゲージの下では，

184　　　　　　　　付録 E　マクスウェル方程式

(E.25) 式と (E.26) 式はそれぞれ

$$\nabla^2 \phi - \frac{1}{c^2}\frac{\partial^2 \phi}{\partial t^2} = -\frac{\rho}{\varepsilon_0}, \quad \nabla^2 \boldsymbol{A} - \frac{1}{c^2}\frac{\partial^2 \boldsymbol{A}}{\partial t^2} = -\frac{\boldsymbol{j}}{\varepsilon_0 c^2} \tag{E.28}$$

のように単純化される. ここで $\mu_0 \varepsilon_0 = \frac{1}{c^2}$ の関係を使っている. $\rho = 0$, $\boldsymbol{j} = 0$ のとき, これらの式は**波動方程式**とよばれる.

以上の議論をまとめると

① 電場 $\boldsymbol{E}$ と磁場 $\boldsymbol{B}$ は電磁ポテンシャル ϕ および $\boldsymbol{A}$ を使って, (E.23) 式および (E.20) 式からそれぞれ求めることができる.

② 電磁ポテンシャル ϕ および $\boldsymbol{A}$ は, (E.27) 式のローレンツゲージの下で, 方程式 (E.28) の解として求めることができる.

遅延ポテンシャルの式 (7.15) と (7.16) は, ローレンツゲージ (E.27) 式を満たした上で, 方程式 (E.28) の解になっている (証明は割愛).

定常状態の場合, 電場と磁場は電磁ポテンシャルから

$$\boldsymbol{E} = -\nabla\phi, \quad \boldsymbol{B} = \nabla \times \boldsymbol{A} \tag{E.29}$$

の関係から求まり, 電磁ポテンシャルはゲージ $\nabla \cdot \boldsymbol{A} = 0$ の下で, 方程式

$$\nabla^2 \phi = -\frac{\rho}{\varepsilon_0}, \quad \nabla^2 \boldsymbol{A} = -\frac{\boldsymbol{j}}{\varepsilon_0 c^2} \tag{E.30}$$

の解として求めることができる. 方程式 (E.30) は**ポアソン方程式**とよばれる.

演習問題解答

‖‖‖‖‖‖‖ 第 2 章 ‖‖‖

2.1 直線状電荷が作る電場は，それに垂直で，かつ，そこから放射状に湧き出す（または吸い込まれる）．電荷が正電荷であると仮定すると，x–z 面上の各点に，$y > 0$ 領域に存在する直線状電荷によって電場 $\bm{E}_右$ が，$y < 0$ 領域に存在する直線状電荷によって電場 $\bm{E}_左$ が，それぞれ図に示したように作られる．$\bm{E}_右$ と $\bm{E}_左$ のベクトル和をとると，y 軸に平行な成分は相殺されて，z 軸に平行な

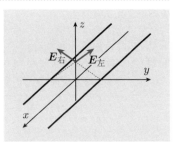

電場成分のみが残ることになる．このような直線状電荷の対を x–y 面に追加しても，x–z 面上に生じる電場は z 軸に平行なままである．同様の直線状電荷の対を一様な密度で追加していくと，最終的には x–y 面が電荷に埋め尽くされ，一様なシート状電荷が形成されることになる．こうなると，x–y 面に平行な移動を行っても，物理的な状況に変化は見られなくなる．すなわち，生じる電場は全空間で z 軸に平行になっている．

2.2 (1) 電場の大きさについては，既に確認例題 2.1 で求めていて，球内外でそれぞれ

$$E_{外部}(r) = \frac{Q}{4\pi\varepsilon_0}\frac{1}{r^2} \quad (r > R), \quad E_{内部}(r) = \frac{Q}{4\pi\varepsilon_0}\frac{r}{R^3} \quad (r < R)$$

である．$r > R$ における静電ポテンシャルは，点電荷の静電ポテンシャルである (2.10) 式と同じなので，無限遠点を基準点として

$$\phi_{外部}(r) = \frac{Q}{4\pi\varepsilon_0}\frac{1}{r}$$

で与えられる．$r < R$ における静電ポテンシャル $\phi_{内部}$ は，$r = R$ で電場の大きさを表す式が切り替わることに留意して積分を行うと

$$\begin{aligned}
\phi_{内部}(r) &= -\int_\infty^r E(r')\,dr' = -\left(\int_\infty^R + \int_R^r\right) E(r')\,dr' \\
&= -\int_\infty^R E_{外部}(r')\,dr' - \int_R^r E_{内部}(r')\,dr' = \phi_{外部}(R) - \int_R^r \frac{Q}{4\pi\varepsilon_0}\frac{r'}{R^3}\,dr' \\
&= \frac{3Q}{8\pi\varepsilon_0}\frac{1}{R} - \frac{Q}{8\pi\varepsilon_0}\frac{r^2}{R^3}
\end{aligned}$$

と求まる.

電場の大きさは $0 \leq r \leq R$ では r に比例して増加し, $r \geq R$ では r^2 に反比例して減少する. 静電ポテンシャルの大きさは $0 \leq r \leq R$ では 2 次関数的に減少し, $r \geq R$ では r に反比例して減少する. 図を参照.

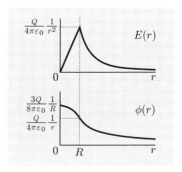

(2) 半径 r および $r + dr$ (ただし $r < R$) の 2 つの球に挟まれた薄い球殻に含まれる電荷は $\rho \times 4\pi r^2 \, dr$ である. この値を r について零から R まで積分したものが全電荷 Q なので

$$Q = \int_0^R 4\pi r^2 \rho(r) \, dr = \int_0^R 4\pi A r^3 \, dr = \pi A R^4 \implies A = \frac{Q}{\pi R^4}$$

のように定数 A が決定される.

$r > R$ では電場も静電ポテンシャルも,電荷 Q の点電荷が作るものと同じである. $0 \leq r \leq R$ の領域における,電場の大きさ $E_{内部}$ を求めるために,半径 r のガウス球面上でガウスの法則を計算する. 電束の値は $\varepsilon_0 \times 4\pi r^2 E_{内部}$ で与えられ,半径 r のガウス球面内部に存在する電荷量は

$$\text{ガウス球面内部の電荷量} = \int_0^r 4\pi r'^2 \rho(r') \, dr' = Q \left(\frac{r}{R}\right)^4$$

で与えられる. よって,ガウスの法則より

$$4\pi \varepsilon_0 r^2 E_{内部} = Q \left(\frac{r}{R}\right)^4 \implies E_{内部} = \frac{Q}{4\pi \varepsilon_0} \frac{r^2}{R^4}$$

と求まる. $0 \leq r \leq R$ における,静電ポテンシャルは

$$\phi_{内部}(r) = -\int_\infty^R E_{外部}(r') \, dr' - \int_R^r E_{内部}(r') \, dr' = \frac{Q}{4\pi \varepsilon_0} \frac{1}{R} - \int_R^r \frac{Q}{4\pi \varepsilon_0} \frac{r'^2}{R^4} \, dr'$$

$$= \frac{Q}{3\pi \varepsilon_0} \frac{1}{R} - \frac{Q}{12\pi \varepsilon_0} \frac{r^3}{R^4}$$

と求まる.

2.3 (1) 静電場ということは,すべての電荷が動きを止めているはずである. ここで,静電場が導体の内部にも存在すると仮定すると,自由電子は電場に駆動されて動いてしまうことになる. これは電荷の動きはないとしたことと矛盾する. よって,導体内部に静電場は存在していないことになる.

(2) i. 導体表面に平行な静電場の成分が存在すると仮定すると,導体表面の自由電子は電場に駆動されて動いてしまう. これは静電場中にあるという仮定に矛盾するため,導体表面に平行な静電場成分の存在は否定される.

ii. 導体中の自由電子が全く動かないということは，導体表面を含めた導体内部全体が等電位であることを意味する．電場は電位の勾配であり，等電位面に直交している．よって，静電場は等電位面である導体表面に対して直交することになる．

(3) 電場は真空と導体の境界面に垂直なので，ガウス円筒面の側面を電場が貫くことはない．また，導体内部に静電場は存在しないので，導体側にあるガウス円筒面の底面の電束は零である．電場が貫通するのは円筒の上面だけであり，その面積を A，その位置における電場の大きさを E とすれば，電束は $\varepsilon_0 EA$ である．ガウス円筒面の内部に存在する総電荷は ρA なので，ガウスの法則より

$$\varepsilon_0 EA = \rho A \iff E = \frac{\rho}{\varepsilon_0}$$

と求まる．

2.4 (1) 導体内部の電場が零になるように電荷が移動する．内球の電荷は内部の電場を零にするために，内球の表面に均等に分布しなければならない．また，外球内部の電場が零になるためには，半径 r（ただし $b \leq r \leq c$）の同心球面をガウス球面に選んだとき，ガウス球面内部の電荷が零にならなければならない．したがって，外球の内側表面に $-Q_\text{内}$ の電荷が均等に分布する（図）．外球内部の正味の電荷は零であり，外球全体で $Q_\text{外}$ の電荷が存在するので，外球の外側表面には $Q_\text{外} + Q_\text{内}$ の電荷が一様に分布する．

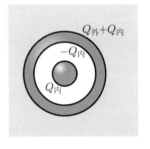

(2) 小問 (1) の答えをもとにガウスの法則を使うと

$$r > c \quad E = \frac{1}{4\pi\varepsilon_0} \frac{Q_\text{外} + Q_\text{内}}{r^2},$$
$$b \leq r \leq c \quad E = 0,$$
$$a < r < b \quad E = \frac{1}{4\pi\varepsilon_0} \frac{Q_\text{内}}{r^2},$$
$$r \leq a \quad E = 0$$

と求まる．

(3) 導体内部は等電位なので

$$r \geq c \quad \phi(r) = \frac{1}{4\pi\varepsilon_0} \frac{Q_\text{外} + Q_\text{内}}{r},$$
$$b \leq r \leq c \quad \phi(r) = \phi(c) = \frac{1}{4\pi\varepsilon_0} \frac{Q_\text{外} + Q_\text{内}}{c},$$
$$a \leq r \leq b \quad \phi(r) = \phi(b) - \int_b^r \frac{1}{4\pi\varepsilon_0} \frac{Q_\text{内}}{r'^2} \, dr'$$

$$= \frac{1}{4\pi\varepsilon_0}\left(\frac{Q_\text{外}+Q_\text{内}}{c}+\frac{Q_\text{内}}{r}-\frac{Q_\text{内}}{b}\right),$$
$$r\leq a\quad \phi(r)=\frac{1}{4\pi\varepsilon_0}\left(\frac{Q_\text{外}+Q_\text{内}}{c}+\frac{Q_\text{内}}{a}-\frac{Q_\text{内}}{b}\right)$$

となる.

2.5 静電ポテンシャルの等高線を実線で，電気力線を点線で正確に描いたものを図に示す.

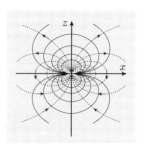

第3章

3.1 (1) 導入例題3.5の答えを利用すると，$\sqrt{\frac{\mu_0}{\varepsilon_0}}$ の単位は

$$\left[\frac{\mu_0}{\varepsilon_0}\right]=\frac{\text{m}\cdot\text{kg}\cdot\text{s}^{-2}\cdot\text{A}^{-2}}{\text{m}^{-3}\cdot\text{kg}^{-1}\cdot\text{s}^{4}\cdot\text{A}^{2}}\quad\Longrightarrow\quad\left[\sqrt{\frac{\mu_0}{\varepsilon_0}}\right]=\text{m}^2\cdot\text{kg}\cdot\text{s}^{-3}\cdot\text{A}^{-2}$$

と求まる. 確認例題3.4で求めた V（ボルト）の単位を使うと，Ω（オーム）の単位は

$$[\Omega]=\frac{[V]}{\text{A}}=\frac{\text{m}^2\cdot\text{kg}\cdot\text{s}^{-3}\cdot\text{A}^{-1}}{\text{A}}=\text{m}^2\cdot\text{kg}\cdot\text{s}^{-3}\cdot\text{A}^{-2}$$

と求まる. 以上より, $\sqrt{\frac{\mu_0}{\varepsilon_0}}$ と Ω（オーム）が同じ単位をもつことが確認できた.

(2) i. 光速 $c=\frac{1}{\sqrt{\mu_0\varepsilon_0}}$ と長さの次元をもつ定数 a を使うと

$$[c]=\frac{1}{[\sqrt{\mu_0\varepsilon_0}]}=\text{m}\cdot\text{s}^{-1}\quad\Longrightarrow\quad\text{s}=\frac{\text{m}}{[c]}=[a\sqrt{\mu_0\varepsilon_0}].$$

すなわち, $a\sqrt{\mu_0\varepsilon_0}$ が時間の単位をもつ定数の組合せとなる.

ii. A（アンペア）と C（クーロン）は [C] = [A·s] で関係付けられている. 小問(2) i. の答えを利用すると, $\frac{Q}{a\sqrt{\mu_0\varepsilon_0}}$ が A（アンペア）の単位をもつ変数の組合せであることがわかる.

iii. 電圧 V（ボルト），抵抗 R（オーム）および電流 I（アンペア）の関係は $V=IR$ である. 小問(1)と小問(2) ii. の答えより

$$[V]=[\Omega]\,\text{A}=\left[\sqrt{\frac{\mu_0}{\varepsilon_0}}\right]\left[\frac{Q}{a\sqrt{\mu_0\varepsilon_0}}\right]=\left[\frac{Q}{a\varepsilon_0}\right].$$

V（ボルト）の単位をもつ組合せは $\frac{Q}{a\varepsilon_0}$ である.

演習問題解答　　　**189**

3.2　(1)　抵抗 R_1 の両端の電位差はオームの法則の式 (3.11) より IR_1, 抵抗 R_2 の電位差は IR_2 である. これらの和が V に等しいので

$$V = IR_1 + IR_2 = I \times (R_1 + R_2).$$

この式は, 合成の抵抗値が $R_1 + R_2$ であることを示している.

(2)　(3.20) 式より $I_1 = \frac{V}{R_1}$, $I_2 = \frac{V}{R_2}$ である. これを (3.19) 式に代入すると

$$I = \frac{V}{R_1} + \frac{V}{R_2} = \left(\frac{1}{R_1} + \frac{1}{R_2} \right) V.$$

最後の等式における V の係数は, 合成抵抗の逆数 $\frac{1}{R}$ に等しい. よって (3.18) 式が導かれた.

3.3　(1)　キルヒホッフの第 1 法則より

$$I_1 = I_2 + I_3. \tag{①}$$

また電源 $V_1 \to$ 抵抗 $R_1 \to$ 抵抗 $R_2 \to$ 電源 V_1 の経路に, キルヒホッフの第 2 法則を適用すると

$$V_1 - I_1 R_1 - I_2 R_2 = 0, \tag{②}$$

電源 $V_2 \to$ 抵抗 $R_2 \to$ 抵抗 $R_3 \to$ 電源 V_2 の経路に適用すると, 抵抗 R_2 を流れる電流の向きが経路を進む向きと逆であることに注意して

$$V_2 + I_2 R_2 - I_3 R_3 = 0 \tag{③}$$

と, 3 つの式が求まる.

①–③式は**行列**を使って

$$\begin{pmatrix} -1 & 1 & 1 \\ R_1 & R_2 & 0 \\ 0 & -R_2 & R_3 \end{pmatrix} \begin{pmatrix} I_1 \\ I_2 \\ I_3 \end{pmatrix} = \begin{pmatrix} 0 \\ V_1 \\ V_2 \end{pmatrix} \tag{④}$$

と表すことができる.

$$A = \begin{pmatrix} -1 & 1 & 1 \\ R_1 & R_2 & 0 \\ 0 & -R_2 & R_3 \end{pmatrix}, \quad \boldsymbol{I} = \begin{pmatrix} I_1 \\ I_2 \\ I_3 \end{pmatrix}, \quad \boldsymbol{V} = \begin{pmatrix} 0 \\ V_1 \\ V_2 \end{pmatrix}$$

と定義すれば, ④式を $A\boldsymbol{I} = \boldsymbol{V}$ と書くことができる. A に**逆行列** A^{-1} が存在すれば, 等式 $A\boldsymbol{I} = \boldsymbol{V}$ の両辺に左から A^{-1} をかけることで, $A^{-1}A\boldsymbol{I} = \boldsymbol{I} = A^{-1}\boldsymbol{V}$ のように I_1, I_2, I_3 を求めることができる. 一般に逆行列 A^{-1} の i 行 j 列成分 a_{ij}^{-1} は

$$a_{ij}^{-1} = \frac{\widetilde{a}_{ji}}{|A|}$$

である．ここで $|A|$ は A の**行列式**で，$\widetilde{a}_{ji}$ は A の j 行 i 列をとり除いた行列の行列式に $(-1)^{j+i}$ で定まる符号を付けた数であり**余因子**[1] とよばれる．A の行列式は，行列式の展開公式により

$$|A| = \begin{vmatrix} R_2 & 0 \\ -R_2 & R_3 \end{vmatrix} \cdot (-1) - \begin{vmatrix} R_1 & 0 \\ 0 & R_3 \end{vmatrix} \cdot (1) + \begin{vmatrix} R_1 & R_2 \\ 0 & -R_2 \end{vmatrix}$$

$$= -(R_1 R_2 + R_1 R_3 + R_2 R_3).$$

また，余因子を

$$\widetilde{a}_{11} = (-1)^{1+1} \begin{vmatrix} R_2 & 0 \\ -R_2 & R_3 \end{vmatrix} = R_2 R_3,$$

$$\widetilde{a}_{21} = (-1)^{2+1} \begin{vmatrix} 1 & 1 \\ -R_2 & R_3 \end{vmatrix} = -(R_2 + R_3),$$

$$\widetilde{a}_{31} = (-1)^{3+1} \begin{vmatrix} 1 & 1 \\ R_2 & 0 \end{vmatrix} = -R_2$$

のように求めていくと，A の逆行列が

$$A^{-1} = \frac{1}{R_1 R_2 + R_1 R_3 + R_2 R_3} \begin{pmatrix} -R_2 R_3 & R_2 + R_3 & R_2 \\ R_1 R_3 & R_3 & -R_1 \\ R_1 R_2 & R_2 & R_1 + R_2 \end{pmatrix}$$

と求まる．$\boldsymbol{I} = A^{-1}\boldsymbol{V}$ に代入することで

$$I_1 = \frac{(R_2 + R_3)V_1 + R_2 V_2}{R_1 R_2 + R_1 R_3 + R_2 R_3}, \quad I_2 = \frac{R_3 V_1 - R_1 V_2}{R_1 R_2 + R_1 R_3 + R_2 R_3},$$

$$I_3 = \frac{R_2 V_1 + (R_1 + R_2)V_2}{R_1 R_2 + R_1 R_3 + R_2 R_3}$$

と求まる．

(2) 電流計に電流が流れ込まないためには，$R_{未知}$ と R_1 の両端の電位差と，$R_{可変}$ と R_2 の両端の電位差がそれぞれ等しくなければならない．このとき $R_{未知}$ と $R_{可変}$ には同じ大きさ（$I_上$ とする）の電流が，R_1 と R_2 にも同じ大きさ（$I_下$ とする）の電流が流れているので

$$I_上 R_{未知} = I_下 R_1, \quad I_上 R_{可変} = I_下 R_2$$

が成り立っている．2 つの式の右辺と左辺をそれぞれ割り算すると

$$\frac{R_{未知}}{R_{可変}} = \frac{R_1}{R_2} \quad \Longleftrightarrow \quad R_{未知} = \frac{R_1}{R_2} R_{可変}$$

---

[1] 海老原 円，『例題から展開する線形代数』，サイエンス社．

演習問題解答　　　　　　**191**

と求まる.

3.4　(1)　極板に蓄積された電荷の大きさを Q とすると，静電容量の定義より $Q = C_1 V_1 = C_2 V_2$ である．ここで V_1 と V_2 は，静電容量 C_1 と C_2 のコンデンサーのそれぞれの極板間の電位差である．電位差 V_1 と V_2 の和が V なので

$$V = V_1 + V_2 = \frac{Q}{C_1} + \frac{Q}{C_2} = \left(\frac{1}{C_1} + \frac{1}{C_2}\right)Q.$$

最後の等式における Q の係数は，合成された静電容量の逆数 $\frac{1}{C}$ に等しい．よって (3.21) 式が導かれた.

(2)　2 つのコンデンサーの極板間の電位差は $V = \frac{Q_1}{C_1} = \frac{Q_2}{C_2}$ と表すことができる．ここで Q_1 と Q_2 は，静電容量 C_1 と C_2 のコンデンサーにそれぞれ蓄積される電荷の大きさである．合成コンデンサーが蓄える電荷は $Q = Q_1 + Q_2$ なので

$$Q = Q_1 + Q_2 = C_1 V + C_2 V = (C_1 + C_2)V.$$

この式は，合成コンデンサーの静電容量が $C_1 + C_2$ であることを示している.

|||||||||| 第 4 章 ||||||||||||||||||||||||||||||||||||||||||||||||||||||||||||||||||||||||||

4.1　導線の軸を中心とする半径 r の円周を閉経路に選んで，アンペールの法則を適用すればよい.

(1)　導線外部 $(r > a)$ では，閉経路の内部を貫く電流は I なので，アンペールの法則より

$$2\pi r B(r) = \mu_0 I \implies B(r) = \frac{\mu_0 I}{2\pi r}.$$

導線内部 $(r < a)$ では，電流密度が $j = \frac{I}{\pi a^2}$ であることから，閉経路の内部を貫く電流は $\frac{I}{\pi a^2} \times \pi r^2 = I\left(\frac{r}{a}\right)^2$．よって，アンペールの法則より

$$2\pi r B(r) = \mu_0 I \left(\frac{r}{a}\right)^2 \implies B(r) = \frac{\mu_0 I r}{2\pi a^2}$$

と求まる.

(2)　$r < a$ および $a < r < b$ における磁場の強さは，小問 (1) の答えより

$$B(r) = \frac{\mu_0 I r}{2\pi a^2} \quad (r < a), \quad B(r) = \frac{\mu_0 I}{2\pi r} \quad (a < r < b).$$

$b < r < c$ の領域における（外部の導線の）電流密度は $j = \frac{I}{\pi c^2 - \pi b^2}$ である．ただし，外側の導線では内側と逆に電流が流れるので，閉経路を貫く正味の電流は

$$I - j(\pi r^2 - \pi b^2) = I \frac{c^2 - r^2}{c^2 - b^2}.$$

よって，アンペールの法則より

$$2\pi r B(r) = \mu_0 I \frac{c^2 - r^2}{c^2 - b^2} \implies B(r) = \frac{\mu_0 I}{2\pi} \frac{c^2 - r^2}{(c^2 - b^2)r}$$

と求まる．$r > c$ では，閉経路を貫く正味の電流は零なので $B(r) = 0$ である．

4.2 電場が零のとき，ローレンツ力は $\bm{f} = q\bm{v} \times \bm{B}$ となる．q を電流のキャリアーがもつ電荷，$\bm{v}$ をその速度と考えれば，$\bm{f}$ は電流 I 中の 1 つのキャリアーにはたらくローレンツ力を表している．単位長さあたりのキャリアーの数 n を，ローレンツ力の式の両辺にかけると，$n\bm{f} = nq\bm{v} \times \bm{B}$ を得る．ここで $n\bm{f}$ は電流の単位長さあたりにはたらく力 $\bm{F}$ のことであり，また $nq\bm{v}$ は電流ベクトル $\bm{I}$ である．すなわち，$\bm{F} = \bm{I} \times \bm{B}$ である．

4.3 電流 I_1 が流れる位置に，電流 I_2 は大きさ $\frac{\mu_0 I_2}{2\pi a}$ で上向きの磁場を作る．この磁場から電流 I_1 が受ける力は，(4.7) 式より大きさが $\frac{\mu_0 I_1 I_2}{2\pi a}$ で右向きである．電流 I_1 が電流 I_3 から受ける力も同様に考えると，大きさが $\frac{\mu_0 I_1 I_3}{2\pi (a+b)}$ で右向きであることがわかる．右向きを力の正の向きとしたので，電流 I_1 が受ける力 F_1 は

$$F_1 = \frac{\mu_0 I_1 I_2}{2\pi a} + \frac{\mu_0 I_1 I_3}{2\pi (a+b)}$$

ということになる．電流 I_2 と I_3 が受ける力（それぞれ F_2 と F_3 とする）も同様に

$$F_2 = -\frac{\mu_0 I_1 I_2}{2\pi a} + \frac{\mu_0 I_2 I_3}{2\pi b}, \quad F_3 = -\frac{\mu_0 I_1 I_3}{2\pi (a+b)} - \frac{\mu_0 I_2 I_3}{2\pi b}$$

と求まる．

4.4 極板に挟まれた円筒形領域の外周を閉経路として選んで，アンペールの法則を適用することにする．まず対称性より，磁場の大きさは経路上で同じである．また，閉経路を進む向きを，図に示すように反時計回りに選ぶと，閉経路を覆う面の法線ベクトルは上向きになり，極板間に存在する電場と同じ向きをもつことになる．極板に挟まれた領域では，電流密度は零であり，変位電流のみが存在している．よって一般化されたアンペールの法則より，円筒状領域の側面上における磁場の大きさ B は

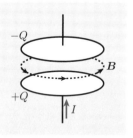

点線はアンペールの法則の閉経路である．
矢印は閉経路を進む向きであり，磁場の向きでもある．

$$2\pi r B = \mu_0 \varepsilon_0 \frac{dE}{dt} \times \pi r^2 \implies B = \frac{\mu_0 \varepsilon_0}{2} \frac{dE}{dt} r$$

と求まる．ここで E は極板間における電場の大きさである．この式に，平行板コンデンサーの電荷 Q と極板間の電場の大きさ E の関係式 (3.15) である $E = \frac{Q}{\varepsilon_0 \pi r^2}$ を代入すると，磁場の大きさが

$$B = \frac{\mu_0 \varepsilon_0}{2} \frac{d}{dt}\left(\frac{Q}{\varepsilon_0 \pi r^2}\right) r = \frac{\mu_0}{2\pi r}\dot{Q}$$

と求まる．充電中なので $\dot{Q} > 0$ であり，$B > 0$ である．これは磁場の向きが，閉経路を進む向きと一致していることを示している（図）．

4.5 (1) 導入例題 2.6 の答えより，x 軸に平行な電場成分は零であり，x 軸に直交する電場成分の大きさは $E_\perp = \frac{\rho}{2\pi\varepsilon_0 r}$ である．ここで r は x 軸からの距離を表す．また，電荷は静止しているので，磁場は存在しない．以上より

$$E_{/\!/} = 0, \quad E_\perp = \frac{\rho}{2\pi\varepsilon_0 r}, \quad B_{/\!/} = 0, \quad B_\perp = 0 \qquad\qquad ①$$

となる．

(2) 小問 (1) の答えと同様，x 軸に平行な電場成分は零であり，x 軸に直交する電場成分の大きさは $E'_\perp = \frac{\rho'}{2\pi\varepsilon_0 r}$ である．ここで r は x 軸からの距離を表す ♠2．また，導入例題 4.1 の答えより，x 軸に平行な磁場成分は零であり，x 軸に直交する磁場成分の大きさは $B_\perp = \frac{\mu_0 I'}{2\pi r}$ である．以上より

$$E'_{/\!/} = 0, \quad E'_\perp = \frac{\rho'}{2\pi\varepsilon_0 r} = \frac{\gamma\rho}{2\pi\varepsilon_0 r}, \quad B'_{/\!/} = 0, \quad B'_\perp = \frac{\mu_0 I'}{2\pi r} = \frac{\mu_0 \gamma\rho v}{2\pi r} \qquad ②$$

となる．

(3) 電場と磁場の x 軸に平行な成分は，S 系と S′ 系ですべて零である．よって，$E'_{/\!/} = E_{/\!/}$，$B'_{/\!/} = B_{/\!/}$ であり，これはローレンツ変換式 (B.22) および (B.23) の最初の式と同じである．電場の x 軸と直交する成分については，②式より

$$E'_\perp = \frac{\gamma\rho}{2\pi\varepsilon_0 r} = \gamma E_\perp \qquad\qquad ③$$

である．$B_\perp = 0$ なので，この式は (B.22) 式の第 2 式の両辺について，絶対値をとったものに等しい．磁場の x 軸と直交する成分については，②式より

$$B'_\perp = \frac{\mu_0 \gamma\rho v}{2\pi r} = \gamma\mu_0 v \frac{\rho}{2\pi r}. \qquad\qquad ④$$

ここで (3.9) 式 $\mu_0 = \frac{1}{\varepsilon_0 c^2}$ を④式に代入すると

$$B'_\perp = \gamma \frac{v}{c^2} \frac{\rho}{2\pi\varepsilon_0 r} = \gamma \frac{v}{c^2} E_\perp \qquad\qquad ⑤$$

を得る．他方，(B.23) 式の第 2 式に $B_\perp = 0$ を代入すると

♠2 相対論では，時間と位置の座標を S 系では (t, x, y, z)，S′ 系では (t', x', y', z') のように区別して考える．よって，正確には「ここで r' は x' 軸からの距離を表す」とし，S 系と区別すべきであるが，ここでは r のままにしてある．というのは，S′ 系の進行方向に垂直な向きである y, z 成分については $y' = y$，$z' = z$ であり，x' 軸から垂線を引いた距離は $r' = \sqrt{y'^2 + z'^2} = \sqrt{y^2 + z^2} = r$ のように，S 系と S′ 系とで同じだからである．

$$B'_\perp = \gamma\left(-\frac{1}{c^2}\,v \times E_\perp\right) \qquad ⑥$$

を得るが，ベクトル v と $E_\perp$ は直交するので $|v \times E_\perp| = vE_\perp$ である．すなわち，$B'_\perp = |B'_\perp| = \gamma \frac{v}{c^2} E_\perp$ であり，これは⑤式に一致している．以上より，電場と磁場の大きさに関して，小問 (1) と (2) の答えはローレンツ変換式 (B.22) および (B.23) から得られる結果と一致していることが確かめられた．

【参考】ベクトル $B'_\perp$ の向きに関して，⑥式から図のような関係が得られる．（ただし $\rho > 0$ を仮定している．）S' 系の観測者には "x 軸の負の向きに，大きさ $I' = \rho'v = \gamma\rho v$ の電流が存在する" ので，$\rho > 0$ ならば，x 軸の負の向きを右ねじが進む向きと考えたとき，磁場の向きは右ねじが回る向きに一致しているはずであり，これはまさに図に示された通りである．電場に関しても，$E_\perp$ と $E'_\perp$ は同じ向きをもつことから，ローレンツ変換式 (B.22) および (B.23) は電場と磁場の向きに関しても正しい答えを与えていることになる．

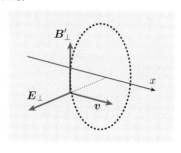

第 5 章

5.1 (1) 導線を流れる電流によって生じる磁場は，回路を紙面表から裏へ向けて貫通する．導線から距離 r の位置における磁場の大きさは $B(r) = \frac{\mu_0 I}{2\pi r}$ である．この位置に高さ a，幅 dr の微小な幅の面を置くと，それを貫く磁束は $d\Phi = B(r) \times a\,dr$ で与えられる（図）．正方形回路の全体を貫く磁束 Φ は，$d\Phi$ を r について $r = l$ から $r = l + a$ まで積分することで得られる：

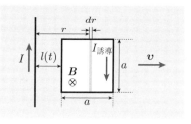

$$\Phi = \int_l^{l+a} aB(r)\,dr = \int_l^{l+a} \frac{\mu_0 aI}{2\pi r}\,dr = \frac{\mu_0 aI}{2\pi}\{\ln(l+a) - \ln l\}.$$

(2) 時間に依存する変数は l であり，また $\frac{dl}{dt} = v$ である．誘導起電力は (5.1) 式より

$$V_{誘導} = -\frac{d\Phi}{dt} = -\frac{\mu_0 aI}{2\pi}\left(\frac{1}{l+a} - \frac{1}{l}\right)\frac{dl}{dt} = \frac{\mu_0 a^2 vI}{2\pi l(l+a)}$$

と求まる．回路が移動するにつれ，回路を紙面 $\otimes$ 向きに貫く磁束が減少するので，誘導電流は同じ向きをもつ磁場を生じさせるように時計回りに流れる．また，誘導電流

の大きさは

$$I_{誘導} = \frac{V_{誘導}}{R} = \frac{\mu_0 a^2 v I}{2\pi R l(l+a)}$$

である.

(3) (4.7) 式より,回路の左端の 1 辺にはたらく力は,水平左向きで,大きさは $F_{左} = B(l) I_{誘導} a$ である.また,右端の 1 辺にはたらく力は,水平右向きで,大きさは $F_{右} = B(l+a) I_{誘導} a$ である.(上側の 1 辺にはたらく力は上向き,下側の 1 辺にはたらく力は下向きで,これらの力は互いに釣り合う.) ただし,導線に近い左側の 1 辺にはたらく力の方が強いので,回路全体としては左向きの力を受けることになる.ローレンツ力に逆らって,回路を等速で動かすために必要な力の大きさ $F_{外力}$ は

$$F_{外力} = F_{左} - F_{右} = \left\{ B(l) - B(l+a) \right\} I_{誘導}\, a$$
$$= \left\{ \frac{\mu_0 I}{2\pi l} - \frac{\mu_0 I}{2\pi(l+a)} \right\} \frac{\mu_0 a^2 v I}{2\pi R l(l+a)}\, a = \left\{ \frac{\mu_0 a^2 I}{2\pi l(l+a)} \right\}^2 \frac{v}{R}$$

である.よって,外力が回路に加える仕事率は

$$W_{外力} = F_{外力} \times v = \left\{ \frac{\mu_0 a^2 I}{2\pi l(l+a)} \right\}^2 \frac{v^2}{R}$$

である.他方,回路の単位時間あたりの発熱量は

$$W_{発熱} = V_{誘導} \times I_{誘導} = \frac{\mu_0 a^2 v I}{2\pi l(l+a)} \times \frac{\mu_0 a^2 v I}{2\pi R l(l+a)} = \left\{ \frac{\mu_0 a^2 I}{2\pi l(l+a)} \right\}^2 \frac{v^2}{R}$$

である.以上より,外力によって加えられる仕事率と単位時間あたりの回路からの発熱による仕事率が等しいことが確かめられた.

5.2 (1) 微小経路の位置には実効的に $vB = r\omega B$ の大きさの電場が存在しているので,長さ dr の微小経路の両端に生じる電位差は $r\omega B\, dr$ である.

(2) 小問 (1) の答えを,r について零から a まで積分すればよい:

$$V = \int_0^a r\omega B\, dr = \frac{\omega B a^2}{2}.$$

(3) 電流の大きさは

$$I = \frac{V}{R} = \frac{\omega B a^2}{2R}$$

である.キャリアーが正電荷の場合,円盤の中心から縁へ向かう力を受ける.よって,電流も同じ向きに流れる.

5.3 (1) 定常状態の電流を表す式 (5.20) を微分方程式 (5.18) に代入して整理すると

$$-\omega L I_s \sin(\omega t + \varphi) + R_s I_s \cos(\omega t + \varphi) = \mathcal{E}_0 \cos \omega t$$
$$\implies (-\omega L I_s \sin \varphi + R_s I_s \cos \varphi - \mathcal{E}_0) \cos \omega t$$
$$- (\omega L I_s \cos \varphi + R_s I_s \sin \varphi) \sin \omega t = 0. \quad \text{①}$$

いかなる時刻においても①式が成立するためには，①式の $\cos \omega t$ と $\sin \omega t$ の係数が常に零でなければならない．よって，($\sin \omega t$ の係数) $= 0$ より

$$\omega L I_s \cos \varphi + R_s I_s \sin \varphi = 0 \implies \tan \varphi = -\frac{\omega L}{R} \quad \text{②}$$

が，($\cos \omega t$ の係数) $= 0$ より

$$-\omega L I_s \sin \varphi + R_s I_s \cos \varphi - \mathcal{E}_0 = 0 \implies I_s = \frac{\mathcal{E}_0}{-\omega L \sin \varphi + R \cos \varphi} \quad \text{③}$$

が求まる．②式より

$$\cos \varphi = \frac{R}{\sqrt{R^2 + (\omega L)^2}}, \quad \sin \varphi = -\frac{\omega L}{\sqrt{R^2 + (\omega L)^2}}$$

であり（図），これらを③式に代入すると

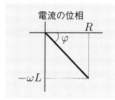

$$I_s = \frac{\mathcal{E}_0}{-\omega L \sin \varphi + R \cos \varphi} = \frac{\sqrt{R^2 + (\omega L)^2}\, \mathcal{E}_0}{(\omega L)^2 + R^2}$$
$$= \frac{\mathcal{E}_0}{\sqrt{(\omega L)^2 + R^2}}.$$

以上より，回路に流れる電流は

$$I = \frac{\mathcal{E}_0}{\sqrt{(\omega L)^2 + R^2}} \cos(\omega t + \varphi), \quad \varphi = \tan^{-1}\left(-\frac{\omega L}{R}\right). \quad \text{④}$$

(2) 抵抗を流れる電流は $I_R = \frac{\mathcal{E}_0}{R} \cos \omega t$ である．コイルに流れる電流を $I_L = I_l \cos(\omega t + \varphi_l)$ （ただし $I_l > 0$）と仮定して (5.22) 式に代入すると

$$-\omega L I_l \sin(\omega t + \varphi_l) = \mathcal{E}_0 \cos \omega t$$
$$\implies \omega L I_l \cos \varphi_l \sin \omega t + (\omega L I_l \sin \varphi_l + \mathcal{E}_0) \cos \omega t = 0. \quad \text{⑤}$$

⑤式の $\sin \omega t$ の係数は恒等的に零でなければならないので，$\cos \varphi_l = 0 \Leftrightarrow \varphi_l = \pm \frac{\pi}{2}$ である．また⑤式の $\cos \omega t$ の係数より

$$\omega L I_l \sin \varphi_l + \mathcal{E}_0 = 0 \implies I_l = -\frac{\mathcal{E}_0}{\omega L \sin \varphi_l}.$$

$I_l > 0$ を仮定したので

$$\varphi_l = -\frac{\pi}{2}, \quad \text{かつ} \quad I_l = \frac{\mathcal{E}_0}{\omega L}$$

と決まる．以上より，交流電源に流れる電流が

演習問題解答   **197**

$$I = I_L + I_R = \frac{\mathcal{E}_0}{\omega L}\cos\left(\omega t - \frac{\pi}{2}\right) + \frac{\mathcal{E}_0}{R}\cos\omega t = \frac{\mathcal{E}_0}{\omega L}\sin\omega t + \frac{\mathcal{E}_0}{R}\cos\omega t$$

と求まる．電流 I を

$$I = \sqrt{\left(\frac{1}{\omega L}\right)^2 + \left(\frac{1}{R}\right)^2}\,\mathcal{E}_0$$

$$\times\left(\frac{\frac{1}{R}}{\sqrt{\left(\frac{1}{\omega L}\right)^2 + \left(\frac{1}{R}\right)^2}}\cos\omega t - \frac{-\frac{1}{\omega L}}{\sqrt{\left(\frac{1}{\omega L}\right)^2 + \left(\frac{1}{R}\right)^2}}\sin\omega t\right)$$

と式変形する．ここで位相 φ を

$$\tan\varphi = -\frac{\frac{1}{\omega L}}{\frac{1}{R}} \tag{6}$$

と定義すると（図），交流電源を流れる電流は

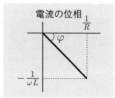

$$I = \sqrt{\left(\frac{1}{\omega L}\right)^2 + \left(\frac{1}{R}\right)^2}\,\mathcal{E}_0(\cos\varphi\cos\omega t - \sin\varphi\sin\omega t)$$

$$= \sqrt{\left(\frac{1}{\omega L}\right)^2 + \left(\frac{1}{R}\right)^2}\,\mathcal{E}_0\cos(\omega t + \varphi) \tag{7}$$

という形で記述することができる．

5.4 (1) i. 合成インピーダンスは $Z_{合成} = Z_{コイル} + Z_{抵抗} = i\omega L + R$ である．よって，その逆数は

$$\frac{1}{Z_{合成}} = \frac{1}{i\omega L + R} = \frac{-i\omega L + R}{(\omega L)^2 + R^2}$$

$$= \frac{\sqrt{(\omega L)^2 + R^2}}{(\omega L)^2 + R^2}\left(\frac{R}{\sqrt{(\omega L)^2 + R^2}} + i\frac{-\omega L}{\sqrt{(\omega L)^2 + R^2}}\right)$$

$$= \frac{e^{i\varphi}}{\sqrt{(\omega L)^2 + R^2}}, \quad \text{ただし} \quad \tan\varphi = -\frac{\omega L}{R}.$$

ii. 前問の答えと交流電源の電圧 $V = \mathcal{E}_0 e^{i\omega t}$ を $I = \frac{1}{Z_{合成}}V$ に代入すると

$$I = \frac{1}{Z_{合成}}V = \frac{e^{i\varphi}}{\sqrt{(\omega L)^2 + R^2}}\mathcal{E}_0 e^{i\omega t} = \frac{\mathcal{E}_0}{\sqrt{(\omega L)^2 + R^2}}e^{i(\omega t + \varphi)}. \tag{①}$$

①式の実部は

$$\operatorname{Re}I = \frac{\mathcal{E}_0}{\sqrt{(\omega L)^2 + R^2}}\cos(\omega t + \varphi)$$

であり，確かに演習 5.3 小問 (1) で求めた答えと一致している．

(2) 並列回路なので合成アドミッタンスを計算すると

198   演習問題解答

$$Y_{合成} = Y_{コイル} + Y_{抵抗} = -\frac{i}{\omega L} + \frac{1}{R}$$

$$= \sqrt{\left(\frac{1}{\omega L}\right)^2 + \left(\frac{1}{R}\right)^2}\left(\frac{\frac{1}{R}}{\sqrt{\left(\frac{1}{\omega L}\right)^2 + \left(\frac{1}{R}\right)^2}} + i\,\frac{-\frac{1}{\omega L}}{\sqrt{\left(\frac{1}{\omega L}\right)^2 + \left(\frac{1}{R}\right)^2}}\right)$$

$$= \sqrt{\left(\frac{1}{\omega L}\right)^2 + \left(\frac{1}{R}\right)^2}\,e^{i\varphi}, \quad ただし \quad \tan\varphi = \frac{-\frac{1}{\omega L}}{\frac{1}{R}}.$$

$I = Y_{合成}V$ に $Y_{合成}$ と交流電源の電圧 $V = \mathcal{E}_0\,e^{i\omega t}$ を代入して,実部をとると

$$I = \sqrt{\left(\frac{1}{\omega L}\right)^2 + \left(\frac{1}{R}\right)^2}\,e^{i\varphi} \times \mathcal{E}_0\,e^{i\omega t}$$

$$\implies \mathrm{Re}\,I = \sqrt{\left(\frac{1}{\omega L}\right)^2 + \left(\frac{1}{R}\right)^2}\,\mathcal{E}_0\cos(\omega t + \varphi).$$

演習 5.3 小問 (2) で求めた答えを再び得ることができた.

5.5　(1)　(5.26) 式を付録 B のローレンツ変換式 (B.20) および (B.21) に代入すると

$$E'_x = 0, \quad E'_y = 0, \quad E'_z = \gamma v B, \qquad \qquad ①$$

$$B'_x = 0, \quad B'_y = \gamma B, \quad B'_z = 0 \qquad \qquad ②$$

を得る.

　(2)　①式より,S′ 系では z 成分の電場が存在し,その向きは $v > 0$ かつ $B > 0$ より,z 軸の正の向きである.よって,S′ 系の観測者は,導体棒中の自由電子が z 軸の負の向きに移動することを観測することになる.

|||||||||| 第 6 章 |||||||||||||||||||||||||||||||||||||||||||||||||||||||||||||||||||||||||||||||||||||||||||||||

6.1　(1)　4 つの点電荷の中から 2 つを選び,それらの静電エネルギーを計算する.すべての点電荷対の組合せについて,静電エネルギーの和をとればよい.点電荷対の選び方は,以下の 6 通りが存在する:

点電荷の組	点電荷間の距離
1 と 2	$2a\sin\theta$
1 と 3, 1 と 4, 2 と 3, 2 と 4	a
3 と 4	$2a\cos\theta$

すなわち,4 つの点電荷の静電エネルギーは

$$U = \frac{1}{4\pi\varepsilon_0}\left(\frac{q^2}{2a\sin\theta} + \frac{4qQ}{a} + \frac{Q^2}{2a\cos\theta}\right) \qquad ①$$

となる.

演習問題解答　　　　　　　　　　**199**

(2)　①式の静電エネルギーが極値をとる条件は

$$\frac{dU}{d\theta} = \frac{1}{4\pi\varepsilon_0}\left(-\frac{q^2\cos\theta}{2a\sin^2\theta} + \frac{Q^2\sin\theta}{2a\cos^2\theta}\right) = 0$$

$$\Longleftrightarrow \quad \tan^3\theta = \left(\frac{q}{Q}\right)^2. \qquad\qquad ②$$

$\theta \to 0$ または $\theta \to \frac{\pi}{2}$ で $U \to \infty$ であることから，②式が静電エネルギー U の最小値（極小値）を与える条件となる．

6.2　(1)　まず (6.33) 式の減衰振動解を無次元化してみる．無次元の時間 τ を使うと，指数関数の部分は $e^{-\frac{R}{2L}t} = e^{-\frac{R}{2}\sqrt{\frac{C}{L}}\tau}$ となる．ここで無次元のパラメーターを

$$b = \frac{R}{2}\sqrt{\frac{C}{L}} \qquad\qquad ①$$

として定義すると，指数関数部分は $e^{-b\tau}$ となる．また，三角関数の部分は

$$\sin\sqrt{\frac{1}{LC} - \left(\frac{R}{2L}\right)^2}\,t = \sin\sqrt{1 - \left(\frac{R}{2}\sqrt{\frac{C}{L}}\right)^2}\,\tau = \sin\sqrt{1-b^2}\,\tau$$

に，さらに条件式は

$$\left(\frac{R}{2L}\right)^2 < \frac{1}{LC} \quad\Longleftrightarrow\quad \left(\frac{R}{2}\sqrt{\frac{C}{L}}\right)^2 < 1 \quad\Longleftrightarrow\quad (0<)\,b<1$$

となる．結局，(6.33) 式の減衰振動解は

$$Q(t) = e^{-\frac{R}{2L}t}\left(A_1\sin\sqrt{\frac{1}{LC}-\left(\frac{R}{2L}\right)^2}\,t + A_2\cos\sqrt{\frac{1}{LC}-\left(\frac{R}{2L}\right)^2}\,t\right)$$

$$\Longrightarrow \quad q(\tau) = e^{-b\tau}\left(\frac{A_1}{Q_0}\sin\sqrt{1-b^2}\,\tau + \frac{A_2}{Q_0}\cos\sqrt{1-b^2}\,\tau\right)$$

となる．臨界減衰と過減衰の解も同様に無次元化すると，結果は

$$b<1\text{ のとき}\quad q(\tau) = e^{-b\tau}\left(a_1\sin\sqrt{1-b^2}\,\tau + a_2\cos\sqrt{1-b^2}\,\tau\right), \qquad ②$$

$$b=1\text{ のとき}\quad q(\tau) = (a_3 + a_4\tau)e^{-b\tau}, \qquad\qquad ③$$

$$b>1\text{ のとき}\quad q(\tau) = a_5 e^{(-b+\sqrt{b^2-1}\,)\tau} + a_6 e^{(-b-\sqrt{b^2-1}\,)\tau} \qquad ④$$

となる．なお，定数部分も $A_1 = Q_0 a_1$ のように無次元化している．$b<1$，$b=1$，$b>1$ はそれぞれ減衰振動，臨界減衰，過減衰の状態に対応する．また，b を増加させることは，抵抗値 R を増加させることに対応する．

　(2)　減衰振動解②に初期条件 $q(0)=1$ を適用すると，まず $a_2=1$ が決定される．電流は

$$j(\tau) = -\frac{dq}{d\tau} = be^{-b\tau}(a_1 \sin\sqrt{1-b^2}\,\tau + \cos\sqrt{1-b^2}\,\tau)$$
$$- e^{-b\tau}(a_1\sqrt{1-b^2}\cos\sqrt{1-b^2}\,\tau - \sqrt{1-b^2}\sin\sqrt{1-b^2}\,\tau).$$

電流の初期条件 $j(0) = 0$ より

$$j(0) = b - a_1\sqrt{1-b^2} = 0 \iff a_1 = \frac{b}{\sqrt{1-b^2}}$$

と求まる.以上より,減衰振動解($b < 1$)における電荷と電流が

$$q(\tau) = e^{-b\tau}\left(\frac{b}{\sqrt{1-b^2}}\sin\sqrt{1-b^2}\,\tau + \cos\sqrt{1-b^2}\,\tau\right),$$
$$j(\tau) = \frac{e^{-b\tau}}{\sqrt{1-b^2}}\sin\sqrt{1-b^2}\,\tau$$

と求まる.同様に,臨界減衰($b = 1$)の解は

$$q(\tau) = (1+\tau)e^{-b\tau}, \quad j(\tau) = \tau e^{-b\tau},$$

過減衰($b > 1$)の解は

$$q(\tau) = \frac{1}{2\sqrt{b^2-1}}\left\{-\frac{e^{(-b+\sqrt{b^2-1})\tau}}{-b+\sqrt{b^2-1}} + \frac{e^{(-b-\sqrt{b^2-1})\tau}}{-b-\sqrt{b^2-1}}\right\},$$
$$j(\tau) = \frac{1}{2\sqrt{b^2-1}}\left\{e^{(-b+\sqrt{b^2-1})\tau} - e^{(-b-\sqrt{b^2-1})\tau}\right\}$$

と求まる.

(3) 回路のエネルギーは,コイルとコンデンサーに蓄えられたエネルギーの和

$$E = \frac{1}{2}LI^2 + \frac{Q^2}{2C} \quad \text{⑤}$$

である.⑤式に (6.36) 式の Q と I を代入すると

$$E = \frac{1}{2}L\left(\frac{Q_0}{\sqrt{LC}}j\right)^2 + \frac{(Q_0 q)^2}{2C} \iff E = \frac{Q_0^2}{2C}(j^2 + q^2).$$

無次元のエネルギー e を $E = \frac{Q_0^2}{2C}e$ のように導入すると,無次元化したエネルギーは

$$e = j^2 + q^2$$

のように表すことができる.

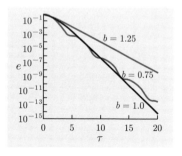

無次元化したエネルギー e を $b = 0.75, 1.00, 1.25$ について描画したものを図に示す.過減衰は抵抗 R の値が最も大きいにもかかわらず,エネルギーの減衰が一番遅くなっていることが確認でき

演習問題解答　　**201**

る．この原因は ④ 式における指数関数 $e^{(-b+\sqrt{b^2-1}\,)\tau}$ の存在により，減衰に時間がかかることにある．**エネルギーの減衰は，臨界減衰のときが最も速い．**

6.3　(1)　回路を流れる電流は $I(t) = \frac{V}{R} = \frac{V_0}{R}\cos\omega t = I_0\cos\omega t$ である．また，交流電圧の周期は $T = \frac{2\pi}{\omega}$ なので，平均の電力は

$$\langle P \rangle = \frac{\omega}{2\pi}\int_0^{\frac{2\pi}{\omega}} V_0 I_0 \cos^2\omega t\, dt$$

で与えられる．ここで $\cos^2\omega t$ の 1 周期平均は

$$\langle \cos^2\omega t \rangle = \frac{\omega}{2\pi}\int_0^{\frac{2\pi}{\omega}}\cos^2\omega t\, dt = \frac{\omega}{2\pi}\int_0^{\frac{2\pi}{\omega}}\frac{1 + \cos 2\omega t}{2}\, dt$$

$$= \frac{\omega}{2\pi}\left[\frac{t}{2} + \frac{\sin 2\omega t}{4\omega}\right]_0^{\frac{2\pi}{\omega}} = \frac{1}{2}$$

のように計算できる．よって

$$\langle P \rangle = V_0 I_0 \langle \cos^2\omega t \rangle = \frac{1}{2}V_0 I_0.$$

(2)　50 Hz とは "1 秒間に 50 回振動する" ことを意味する．よって振動の周期は $T = \frac{1}{50}$ s であり，角振動数は $\omega = \frac{2\pi}{T} \simeq 314$ と求まる．また実際の電源電圧は

$$V_{\text{実効}} = 100\,\text{V} = \frac{V}{\sqrt{2}} \implies V = 100 \times \sqrt{2} \simeq 141\,\text{V}$$

である．以上より，交流電圧の時間変化は

$$V(t) = 141\cos(314\,t)$$

のように表すことができる．

(3)　i.　直列接続なので，合成のインピーダンスは各素子のインピーダンスの和として

$$Z_{\text{合成}} = Z_R + Z_L + Z_C = R + i\omega L - \frac{i}{\omega C} = R + \left(\omega L - \frac{1}{\omega C}\right)i$$

$$= \sqrt{R^2 + \left(\omega L - \frac{1}{\omega C}\right)^2}\, e^{-i\varphi}, \quad \text{ただし} \quad \tan\varphi = \frac{-\left(\omega L - \frac{1}{\omega C}\right)}{R}$$

のように求まる．流れる電流は，複素数のオームの法則 $I = \frac{1}{Z_{\text{合成}}}V$ に電圧 $V = V_0 e^{i\omega t}$ を代入し，実部をとることにより

$$I(t) = \frac{V_0}{\sqrt{R^2 + \left(\omega L - \frac{1}{\omega C}\right)^2}}\cos(\omega t + \varphi) \qquad ①$$

と求まる．

ii. 電流の最大の振幅を与える角振動数は，①式右辺第 1 因子の分母を最小にする振動数である．つまり

$$\omega_0 L - \frac{1}{\omega_0 C} = 0 \quad \Longrightarrow \quad \omega_0 = \frac{1}{\sqrt{LC}}$$

である．これは LC 回路の固有振動数に等しい．

iii. 瞬間的な消費電力は

$$P = I(t)V(t) = \frac{V_0^2}{\sqrt{R^2 + \left(\omega L - \frac{1}{\omega C}\right)^2}} \cos \omega t \cos(\omega t + \varphi)$$

で与えられる．ここで

$$\begin{aligned}\cos \omega t \cos(\omega t + \varphi) &= \cos \omega t (\cos \omega t \cos \varphi - \sin \omega t \sin \varphi) \\ &= \cos \varphi \cos^2 \omega t - \sin \varphi \sin \omega t \cos \omega t \\ &= \cos \varphi \cos^2 \omega t - \frac{1}{2} \sin \varphi \sin 2\omega t\end{aligned}$$

である．$\langle \cos^2 \omega t \rangle = \frac{1}{2}$ であり，また $\sin 2\omega t$ の 1 周期平均は

$$\langle \sin 2\omega t \rangle = \frac{\omega}{2\pi} \int_0^{\frac{2\pi}{\omega}} \sin 2\omega t \, dt = \frac{\omega}{2\pi} \left[-\frac{1}{2\omega} \cos 2\omega t\right]_0^{\frac{2\pi}{\omega}} = 0$$

と計算されるので，結局

$$\langle \cos \omega t \cos(\omega t + \varphi) \rangle = \cos \varphi \langle \cos^2 \omega t \rangle - \frac{1}{2} \sin \varphi \langle \sin 2\omega t \rangle = \frac{1}{2} \cos \varphi$$

である．以上より，平均の消費電力は

$$\begin{aligned}\langle P \rangle &= \frac{V_0^2}{\sqrt{R^2 + \left(\omega L - \frac{1}{\omega C}\right)^2}} \langle \cos \omega t \cos(\omega t + \varphi) \rangle \\ &= \frac{1}{2} V_0 I_0 \cos \varphi, \quad \text{ただし} \quad I_0 = \frac{V_0}{\sqrt{R^2 + \left(\omega L - \frac{1}{\omega C}\right)^2}}\end{aligned}$$

と求まる．

6.4 (1) 抵抗内部における電場は，電流と同じ向きをもち，大きさは $E = \frac{V}{l}$ である．抵抗の側面上で，磁場は図に示すような向きをもち，大きさは $B = \frac{\mu_0 I}{2\pi r}$ である．電場 $\boldsymbol{E}$ と磁場 $\boldsymbol{B}$ は直交しており，またベクトル $\boldsymbol{E} \times \boldsymbol{B}$ は，抵抗側面の外側から内側に垂直に入り込む向きをもつ．よって，抵抗の側面全体に流れ込む単位時間あたりのエネルギーの大きさは

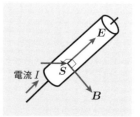

ポインティングベクトル $\boldsymbol{S}$ は，抵抗表面の外側から内側に垂直に侵入する．

$$|S| \times 円筒側面の面積 = \left(\frac{1}{\mu_0} \times \frac{V}{l} \times \frac{\mu_0 I}{2\pi r}\right) \times 2\pi rl = VI.$$

VI（電圧 × 電流）は，抵抗における単位時間あたりの発熱量に等しい．

(2) 極板間に存在する電場は，電流と同じ向きをもち，大きさは (3.15) 式より $E = \frac{Q}{\varepsilon_0 \pi r^2}$ である．ここで Q は極板に蓄積された電荷量を表す．極板に挟まれた円筒領域の側面上に存在する磁場は，第 4 章末の演習 4.4 の答えによれば，図に示した向きをもち，大きさは $B = \frac{\mu_0}{2\pi r}\dot{Q}$ である．電場 E と磁場 B は直交しており，またベクトル $E \times B$ は，円筒領域の外側から内側に垂直に入り込む向きをもつ．よって，コンデンサーの側面全体に流れ込む単位時間あたりのエネルギーの大きさは

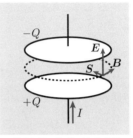

ポインティングベクトルは極板間の円筒形領域側面の外側から垂直に侵入する．

$$|S| \times コンデンサーの側面面積 = \left(\frac{1}{\mu_0} \times \frac{Q}{\varepsilon_0 \pi r^2} \times \frac{\mu_0}{2\pi r}\dot{Q}\right) \times 2\pi rd$$
$$= \frac{d}{\varepsilon_0 \pi r^2} Q\dot{Q}.$$

$\frac{d}{\varepsilon_0 \pi r^2}$ は (3.16) 式より，コンデンサーの静電容量 C の逆数である．よって

$$|S| \times コンデンサーの側面面積 = \frac{1}{C} Q\dot{Q} \qquad ①$$

と求まる．電荷 Q に帯電した静電容量 C のコンデンサーのエネルギーは，(6.7) 式によれば $U = \frac{Q^2}{2C}$ である．すなわち，単位時間あたりにコンデンサーに蓄えられるエネルギーは

$$\frac{dU}{dt} = \frac{d}{dt}\left(\frac{Q^2}{2C}\right) = \frac{1}{C} Q\dot{Q}$$

である．これは①式に等しい．

|||||||||| 第 7 章 ||||||||||

7.1 (1) 長さ ds の部分に含まれる電荷量 q は，単位長さあたりのキャリア数を n_e，その電荷量を e として $q = en_e ds$ で与えられる．これを (7.35) 式に代入すると

$$dB = \frac{1}{c^2}v \times \frac{en_e ds}{4\pi \varepsilon_0}\frac{r'}{|r'|^3}.$$

v は電流素片の速度ベクトルであり，ds に平行である．すなわち $v\,ds = (tv)\,ds = v(t\,ds) = v\,ds$. よって

204 演習問題解答

$$dB = \frac{1}{4\pi\varepsilon_0 c^2} \frac{(en_e v)\,ds \times r'}{|r'|^3}.$$

この式に $\frac{1}{\varepsilon_0 c^2} = \mu_0$ と $en_e v = I$ を代入すると，(7.36) 式が導かれる.

(2) 導体は環状なので，ベクトル r' の大きさは定数 $|r'| = r$ である．また r' と電流素片ベクトル ds は常に直交しているので，紙面裏から表に向かう方向を z 軸の正の向きとすると $ds \times r' = r\,ds\,\hat{z}$ である．以上を (7.36) 式に代入すると

$$dB = \frac{\mu_0}{4\pi r^3} \frac{I(r\,ds\,\hat{z})}{r^3} = \hat{z}\,\frac{\mu_0 I}{4\pi r^2}\,ds.$$

dB を環状導線に沿って周回積分すると，$\oint ds = 2\pi r$ より

$$B = \oint dB = \hat{z}\,\frac{\mu_0 I}{4\pi r^2}\oint ds = \hat{z}\,\frac{\mu_0 I}{4\pi r^2} \times 2\pi r = \hat{z}\,\frac{\mu_0 I}{2r}.$$

環状導体の中心における磁場の大きさは $B = \frac{\mu_0 I}{2r}$ である.

7.2 (7.10) 式の左辺に回転演算子を作用させたものは，定義により磁場 $B = \nabla \times A$ である．右辺に回転演算子を作用させるとき，微分の計算に関係するのは分母に現れる $r = (x, y, z)$ のみであり，$'$（プライム）が付いた変数 $r' = (x', y', z')$ および $dV' = dx'\,dy'\,dz'$ は定数として扱う：

$$\nabla \times A = B = \nabla \times \frac{\mu_0}{4\pi}\int_V \frac{j(r')\,dV'}{|r - r'|} = \frac{\mu_0}{4\pi}\int_V dV'\left(\nabla \times \frac{j(r')}{|r - r'|}\right). \qquad \text{①}$$

ここで $j = (j_x, j_y, j_z)$ とすると

$$\nabla \times \frac{j(r')}{|r - r'|} = \nabla \times \left(\frac{j_x(r')}{|r - r'|}, \frac{j_y(r')}{|r - r'|}, \frac{j_z(r')}{|r - r'|}\right). \qquad \text{②}$$

j の各成分は微分に無関係であることに注意して，②式右辺の x 成分を計算すると

$$j_z\frac{\partial}{\partial y}\frac{1}{|r - r'|} - j_y\frac{\partial}{\partial z}\frac{1}{|r - r'|} = -j_z\frac{y - y'}{|r - r'|^3} + j_y\frac{z - z'}{|r - r'|^3}$$

$$= \frac{j_y(z - z') - j_z(y - y')}{|r - r'|^3}. \qquad \text{③}$$

③式の分子は $j \times (r - r')$ の x 成分である．y, z 成分も同様の計算を行うと

$$\nabla \times \frac{j(r')}{|r - r'|} = \frac{j \times (r - r')}{|r - r'|^3} \qquad \text{④}$$

が求まる．④式を①式に代入すると (7.37) 式が導かれる.

索　引

──────── **あ 行** ────────

アドミッタンス　115
アンペア　59
アンペールの法則　11, 72
アンペールの法則の積分形　181
アンペールの法則の微分形　181

位置エネルギー　30
インピーダンス　115
引力　2

永久磁石　8

オイラーの公式　115
オームの法則　61

──────── **か 行** ────────

外界　4
外積　9
回転演算子　137
回転対称性　23
ガウスの定理　130, 175
ガウスの法則　11, 15
ガウスの法則の積分形　180
ガウスの法則の微分形　131, 180
ガウス面　17
核力　3
過減衰　133
重ね合わせの原理　35
荷電粒子　8
過渡現象　107
過渡的な状態　114

ガリレイ変換　160
ガンマ線　4

逆行列　189
キャリアー　43, 62
球面対称性　16
共振振動数　134
行列　189
行列式　190
極板　64
キルヒホッフの第1法則　67
キルヒホッフの第2法則　68

クーロン　1
クーロンの法則　2, 19

ゲージ　183
ゲージ関数　183
ゲージ変換　183
原子　3
原子核　3
原子番号　3
原子力　3
減衰振動解　133

コイル　79
光速度不変の原理　161
勾配　32
交流電源　114
交流発電機　98
固有時間　163
固有の長さ　49, 162
孤立系　4

206 索　引

コンデンサー　64
コンデンサーの容量の合成則　69

──────── さ 行 ────────

磁荷　46
磁荷不存在の法則　46
磁荷不存在の法則の積分形　180
磁荷不存在の法則の微分形　180
時間の伸び　163
磁極　89
軸対称性　24
自己インダクタンス　103
仕事率　63
自己誘導　103
磁束　46
実効値　134
磁場　8
周回積分　73
自由電子　43, 48
常微分方程式　104
磁力線　8, 47
真空中の透磁率　59

スカラー場　6
スカラーポテンシャル　136, 183
ストークスの定理　178
スピン　57

静止エネルギー　164
静止質量　163
静電エネルギー　117
正電荷　1
静電気力　18
静電場　11
静電ポテンシャル　30

静電容量　64
積分定理　130
斥力　2
絶縁体　64
線形微分方程式　133
線積分　72
線密度　26

相互作用　2
相対性理論　9, 49
相対論　9, 49
相対論的　161
速度場　10
速度ベクトル　8
素電荷　1
素粒子　1
ソレノイド　79

──────── た 行 ────────

体積積分　35
ダイナモ　113

遅延ポテンシャル　143
中心力　30
中性子　1
直流発電機　113

抵抗　61
抵抗の合成法則　67
定常状態　10
定常電流　11
定常流　10
テスラ　60
電圧　61
電圧降下　68
電位　30

索　引　　　　**207**

電荷　　1
電荷の保存則　　49
電荷保存の法則　　4
電荷密度　　4, 10, 20, 36
電気双極子　　39
電気素量　　1
電気力線　　8
電子　　1
電磁場　　8
電磁波　　86, 112
電磁場のゲージ不変性　　183
電磁ポテンシャル　　136, 183
電磁誘導　　91
電磁誘導の法則　　11, 93
電束　　13, 15
点電荷　　4
電場　　8
電流　　11, 48
電流密度　　10, 83
電力　　63

導線　　48
導体　　43, 48
トロイダルコイル　　105

─────── **は 行** ───────

場　　5
発散演算子　　130
発振　　124
波動方程式　　184
反転対称性　　23
反陽子　　1
反粒子　　1

ビオ–サバールの法則　　155

光　　4
ピタゴラスの定理　　40

ファラデーの法則　　11, 93
ファラデーの法則の積分形　　181
ファラデーの法則の微分形　　137, 181
ファラド　　64
負電荷　　1

閉曲面　　14
平均の電力　　134
閉経路　　72
平行板コンデンサー　　64
並進対称性　　23
平面波　　112
ベクトル積　　9
ベクトル場　　6
ベクトルポテンシャル　　136, 182
変位電流　　11, 86

ポアソン方程式　　184
ホイートストンブリッジ　　68
ポインティングベクトル　　134
法線方向　　14

─────── **ま 行** ───────

マクスウェル方程式の積分形　　182
マクスウェル方程式の微分形　　182

右ねじの法則　　56

面積分　　130
面積ベクトル　　83
面密度　　27

誘電率　　13
誘導電流　　91

208　　　　　　　　　索　　引

―――――― **や 行** ――――――

余因子　190

陽子　1

陽電子　1

余弦定理　40

4元ベクトル　165

―――――― **ら 行** ――――――

ラプラシアン　179

ラプラス演算子　179

リエナール–ヴィーヘルトポテンシャル
　144

流束　174

流量　13

量子力学　3

臨界減衰　133

レンツの法則　92

ローレンツゲージ　183

ローレンツ収縮　49, 162

ローレンツ変換　161

ローレンツ変換式　88

ローレンツ力　8

―――――― **わ 行** ――――――

ワット　63

著者略歴

香 取 眞 理
（かとり　まこと）

1988 年　東京大学大学院理学系研究科博士課程修了
現　　在　中央大学教授　理学博士

主要著書
『物理数学の基礎』（サイエンス社，共著）
『問題例で深める物理』（サイエンス社，共著）
『例題から展開する 力学』（サイエンス社，共著）

森 山 　修
（もり　やま　おさむ）

1998 年　中央大学大学院理工学研究科博士課程修了
現　　在　中央大学理工学部講師　博士（理学）

主要著書
『詳解と演習 大学院入試問題〈物理学〉』（数理工学社，共著）
『例題から展開する 力学』（サイエンス社，共著）

ライブラリ 例題から展開する大学物理学＝ 2

例題から展開する電磁気学

2018 年 7 月 10 日 ⓒ　　　　　　　　初 版 発 行
2023 年 10 月 10 日　　　　　　　　初版第 2 刷発行

著　者　香取眞理　　　　発行者　森平敏孝
　　　　森山　修　　　　印刷者　大道成則

発行所　　株式会社　サイエンス社

〒151-0051　東京都渋谷区千駄ヶ谷 1 丁目 3 番 25 号
営業 ☎ (03)5474-8500（代）　振替 00170-7-2387
編集 ☎ (03)5474-8600（代）
FAX ☎ (03)5474-8900

印刷・製本　太洋社
《検印省略》
本書の内容を無断で複写複製することは，著作者および出
版社の権利を侵害することがありますので，その場合には
あらかじめ小社あて許諾をお求め下さい．

サイエンス社のホームページのご案内
http://www.saiensu.co.jp
ご意見・ご要望は
rikei@saiensu.co.jp　まで．

ISBN978-4-7819-1425-1

PRINTED IN JAPAN

━━新・演習物理学ライブラリ━━

新・演習 物理学
阿部・川村・佐々田共著　２色刷・Ａ５・本体2000円

新・演習 力学
阿部龍蔵著　２色刷・Ａ５・本体1850円

新・演習 電磁気学
阿部龍蔵著　２色刷・Ａ５・本体1850円

新・演習 量子力学
阿部龍蔵著　２色刷・Ａ５・本体1800円

新・演習 熱・統計力学
阿部龍蔵著　２色刷・Ａ５・本体1800円

＊表示価格は全て税抜きです.

━━━━サイエンス社━━━━

グラフィック演習 **力学の基礎**
和田純夫著　2色刷・Ａ5・本体1900円

グラフィック演習 **電磁気学の基礎**
和田純夫著　2色刷・Ａ5・本体1950円

グラフィック演習 **熱・統計力学の基礎**
和田純夫著　2色刷・Ａ5・本体1950円

グラフィック演習 **量子力学の基礎**
和田純夫著　2色刷・Ａ5・本体1950円

＊表示価格は全て税抜きです.

サイエンス社

━━━━━━━━━━ セミナーライブラリ物理学 ━━━━━━━━━━

演習力学 [新訂版]

今井・高見・高木・吉澤・下村共著
2色刷・A 5・本体1500円

演習電磁気学 [新訂版]

加藤著　和田改訂　2色刷・A 5・本体1850円

演習量子力学 [新訂版]

岡崎・藤原共著　A 5・本体1850円

演習熱力学・統計力学 [新訂版]

広池・田中共著　A 5・本体1850円

＊表示価格は全て税抜きです.

━━━━━━━━━━ サイエンス社 ━━━━━━━━━━

━━━━━━ 理工基礎物理学演習ライブラリ ━━━━━━

電磁気学演習 ［第3版］
山村・北川共著　Ａ５・本体1900円

熱・統計力学演習
瀬川・香川・堀辺共著　Ａ５・本体1748円

＊表示価格は全て税抜きです.

━━━━━━ サイエンス社 ━━━━━━

■科学の最前線を紹介する月刊雑誌 （毎月20日刊）

数理科学

MATHEMATICAL
SCIENCES

自然科学と社会科学は今どこまで研究されているのか──.

そして今何をめざそうとしているのか──.

「数理科学」はつねに科学の最前線を明らかにし,

大学や企業の注目を集めている科学雑誌です. **本体 954 円 （税抜き）**

■本誌の特色■

①基礎的知識　②応用分野　③トピックス

を中心に，科学の最前線を特集形式で追求しています.

■予約購読のおすすめ■

年間購読料：　11,000 円　（税込み）

　　　半年間：　 5,500 円　（税込み）

（送料当社負担）

SGC ライブラリのご注文については，予約購読者の方には商品到着後の

お支払いにて受け賜ります.

当社営業部までお申し込みください.

────── サイエンス社 ──────